流量國度
EXTREME ONLINE

泰勒・羅倫茲──著
Taylor Lorenz
朱怡康──譯

獻給奶奶

目　錄 Contents

序：名媛排行榜 015
Introduction: The Social Ranking

現在的社群媒體生態系就像更大的名媛排行榜，由機器操作。如今每一個人都很清楚自己的地位、指標，以及小小出名或快速爆紅的可能性。即使我們的目標不是成為百萬網紅，還是會在意親友有沒有按「讚」，還是會樂於結交新網友，即使那個人你幾乎不認識。這種現象既是潛在商機，也是焦慮來源。

這本書想談的是網路及其對人類生活的影響，但不是完整的歷史，毋寧說是一部社群媒體社會史，談的是顛覆傳統權力的網路力量與產業，以及塑造這個新世界的人——而其中許多人並不在矽谷。

PART 1
網路影響力發軔

1　部落格革命 026
The Blogging Revolution

在部落格時代以前，如果你想和大眾分享自己的看法，必須先通過一層又一層的把關。不論是投書報章雜誌、叩應廣播節目，或是投稿文章或著作，都必須進入門禁森嚴的機構，獲得神祕的權威人士同意。但部落格不一樣。你想說什麼就說什麼，從內容、主題到風格，全都由你決定。以前你只能望著媒體高牆興嘆，不得其門而入，部落格出現後再也不是如此。

到 2000 年代末，隨著頂尖部落格擴大編制，延聘專業記者、設計師、技術支援人員，部落格變得越來越像傳統媒體公司，成立新聞編輯室和業務部之後更是五臟俱全。許多傳統媒體也發現最佳策略是邀部落客加入。

2　媽媽部落客 ……… 037
The Mommy Bloggers

希瑟・阿姆斯壯是媽媽部落格的先鋒，2004 年她決定開始讓自己的部落格 Dooce.com 接廣告。雖然科技和政治類部落格早已和廣告商合作，但讀者看到媽媽部落客決定跟進，還是氣急敗壞。大眾長久以來對主婦工作存有刻板印象，認為當個賢妻良母本來就是媽媽部落客的本分，無法接受她們因為寫下養兒育女的辛勞而獲得報酬。儘管幾乎每個頂尖媽媽部落客都全職經營部落格，但她們自己和讀者似乎都已內化這種負面的刻板印象，並不認可主婦工作也有經濟價值。

在獲取薪酬和關閉網站之間，阿姆斯壯還是選擇了前者。Dooce.com 成為第一個接受大量廣告的媽媽部落格。最後，阿姆斯壯認為這個決定為她「帶來力量」……

3　人際圈 ……… 050
The Friend Zone

到 2010 年，臉書終於超越 MySpace，而且不只是小贏，而是痛宰。MySpace 在成為全球最大網站僅僅幾年後，變得無足輕重。矽谷觀察家無不認為臉書的勝利證明一條鐵律：社群媒體用戶只想和親朋好友廝混。至於另有所圖的用戶——不論圖的是商機還是名氣——他們是禍害，遲早會拖垮你的平台。

可是在接下來十年，隨著大牌網路創作者逼矽谷高層承認他們的價值，「社群網路就該以朋友為主」這個原則逐漸被拋諸腦後。雖然臉書崛起、MySpace 衰落的原因很多，但儘管 MySpace 失去了平台的魅力，但早期那些頂尖用戶確實做對了某件事，某件祖克柏花了不少時間才想通的事。

4 新明星 ……… 067
The New Celebrity

在2000年代中期，媒體常常把芭莉絲·希爾頓當成負面教材。《紐約時報》說：「很少有名人這麼努力搏八卦小報版面，一心建立一事無成和魯莽行事的名聲。」但即使在那個時候，希爾頓已經在走自己的路。

希爾頓在社群媒體普及之前便已走紅，她是最早一群懂得透過炒作新聞拉抬自己、進而成功建立數位品牌的人。她一步一步利用八卦小報、實境節目，最後是網路，讓自己成為無所不在的品牌，當一晚DJ就能進帳一百多萬，代言一次香水或其他商品就能海撈幾百萬。她創造出她的粉絲崇拜的人物，在文化階梯上不斷向上爬，直到成為眾所公認的A咖名人。

PART 2
第一批創作者

5 YouTube崛起 ……… 090
The Rise of YouTube

1980年代某日，查理·施密特閒著無聊，拿起錄影機拍愛貓肥肥，後製成肥肥彈電子琴的影片。2007年他將影片上傳YouTube，下標「酷貓」，一開始沒吸引多少流量。到2009年，多頻道電視網的歐法瑞爾取得施密特允許之後，用鍵盤貓製作混搭影片，寄給幾個紐約網路圈的朋友。

肥肥彈電子琴的影片幾乎一夕爆紅，但施密特完全不知道怎麼取得法律保障或談條件。為了理出頭緒，他找上死黨的兒子班·萊希斯，他倆合作用他們想到的每一種方式變現。萊希斯因為鍵盤貓一戰成名，成為早期網路爆紅明星求教的不二人選。

6 創作者突破重圍 ⋯⋯⋯⋯⋯⋯⋯⋯⋯⋯⋯⋯⋯⋯⋯⋯0126
Creators Break Through

塔達醬是隻碧眼混血母貓,招牌特徵是永遠看似皺眉,她的招牌「不爽」表情其實是因為下頜前突加侏儒症,無論如何,她很快成為迷因,被網路稱為「不爽貓」,一夕之間無所不在。在萊希斯協助下,不爽貓成為實力雄厚的品牌,開啟爆紅動物的營利模式,直到現在仍有許多寵物飼主爭相仿效。

萊希斯結論道:「不爽貓帶來任何人、任何事物都可以成為網紅的時代。只要你有創意和動力,就有潛力讓事物爆紅。這隻貓讓主流觀眾了解迷因的概念,讓他們承認網路上創造的事物也可以建立迷你王國。」不爽貓在 2019 年因尿道感染去世,但和真正的名人一樣,她建立的品牌並沒有劃下句點。

PART 3
新勢力

7 推特拚追蹤 ⋯⋯⋯⋯⋯⋯⋯⋯⋯⋯⋯⋯⋯⋯⋯⋯⋯⋯ 146
Twitter Follows Back

初版推特上線沒幾個月,2006 年 8 月的一場小地震讓許多人對它另眼相看。那時推特用戶只有寥寥幾百人,大多數是公司的員工和他們的朋友。地震那晚杜錫坐在桌前,感到房子微微晃動,第一個反應是拿起手機發推文。

這場地震規模不大,但影響不小。推特把短暫的個人經驗變成連結眾人的時刻。這一刻讓威廉斯看見推特的另一種可能:它不只能分享個人狀態,也能分享新聞,讓用戶「看見世界上正在發生的事」。接下來一年,隨著越來越多用戶經歷自己的地震時刻,推特跨出幾名共同創辦人和他們的矽谷小圈圈。從 2007 到 2008 年,申請推特帳號的從個人、小圈圈,擴大到部落客、公司和組織。

8 Tumblr 網紅 ································ 166
Tumblr Famous

在 2010 年代，Tumblr、YouTube、部落格等各種網路創作中心雖然經歷驚人成長，但主要仍是自給自足的泡泡。在此同時，臉書和推特都想成為網路的霸主，拚命收集網路上最紅的內容餵給用戶。結果是創作中心和社群網路之間出現套利機會，讓 BuzzFeed 或 Mashable 能潛入這些泡泡，收割創作者的心血結晶，重新包裝成最有機會在臉書爆紅的形式。

這些網站和 Tumblr 及其創作者發展出共生關係（也有人說是寄生關係）。不過，BuzzFeed 這類網站固然能為 Tumblr 帳號帶來流量，但最後能藉這些作品賺錢的仍是 BuzzFeed。……在那段時間，Tumblr 爆紅的最好結果是得到一份全職工作，通常是數位媒體或科技公司。

9 Instagram 的影響 ························ 182
Instagram's Influence

從創立 Instagram 開始，希斯特羅姆對廣告的態度就毫不模糊：堅決反對。推廣精緻美學的負面影響，是讓 Instagram 失去最初那種輕鬆隨意、沒有壓力的貼文方式，多少降低了使用樂趣。更重要的是，Instagram 對廣告的戒心無法阻止網站塞滿廣告，只改變了誰把廣告帶進網站。

排斥廣告和選擇性扶植素人用戶的結果，是刺激廠商另尋門路。Instagram 固然協助幾百名精選用戶獲得數十萬追蹤，但有部落客、YouTuber 的先例在前，這群 Instagram 用戶知道擁有受眾和線上廣告意味著什麼。在支持麗茲・艾斯溫等原生創作者的同時，Instagram 無意間建立起網紅工廠。雖然 Instagram 還不知道如何因應這種發展，但部分網紅已不願繼續枯等。

PART 4
平台爭奪創作者

10 Vine 時代……………………………………………… 204
Vine Time

Vine 應用程式提供用戶操作簡單的編輯工具,只用手機就能創作自己的迷你作品。影片長度設有六秒上限,雖然在某些人看來短得可憐,但 Vine 創辦團隊不這樣想,他們認為 GIF 的循環動畫也不過幾秒,卻照樣紅透半邊天,到處都看得到。

在 beta 版測試階段,Vine 團隊已經發現用戶的行為出乎他們意料。儘管有六秒的限制,且試用者只有十到十五人,但他們還是不只記錄和分享自己的生活,也設法構思小故事。共同創辦人多姆・霍夫曼說:「看到社群和工具相互刺激,著實令人興奮,好得簡直不像真實的。我們幾乎立刻看出 Vine 的文化會走向創意和實驗性。」

11 競爭者混戰,用戶新時代……………………………… 213
A Tangle of Competitors, A New Era for Users

2013 年 6 月 20 日,Instagram 新增影片功能,讓用戶能在現有的應用程式內製作十五秒短片,也為影片量身定做十多種濾鏡。不料,這時出現了新的競爭對手:Snapchat。2011 年秋便已成立的 Snapchat,直到 2013 年 10 月才推出真正扭轉戰局的功能——限時動態。

Snapchat 共同創辦人伊凡・史匹格希望能循臉書的前例,把焦點放在有心和朋友保持聯繫的一般用戶,但它的用戶很快把限時動態當微型部落格用,拍影片記錄生活,三不五時上傳十秒短片。隨著越來越多明星開始使用,Snapchat 和 Vine、Instagram 一樣成為熱門話題。同年,這場影片應用程式大戰又加入了一個新角色:Musical.ly——也就是最後變成 TikTok 的應用程式。

12　平行線 ……………………………………… 227
Parallel Lines

隨著主流網路創作者宇宙逐漸拓展，另一個暗黑板的平行宇宙也悄悄出現。網路言論日趨激進，極端主義則一再被放逐到更幽暗的角落。2014年8月，這一切都被稱為「玩家門」的一連串事件改變。那是一場多方聯手、深具厭女情結的騷擾，藉人為操作的憤怒循環恐嚇支持進步價值的女性。

惡意在網路上不是新鮮事，性別歧視也不是（種族主義、反閃族主義、恐同和任何形式的惡意歧視，統統不是）。玩家門之所以是網路文化的轉捩點，是因為它提供了藍圖，操弄媒體對網路文化的無知，利用媒體只看網路表象的習性，將社群媒體平台改造成散播仇恨的武器。

13　讀秒 ……………………………………… 246
Counting Seconds

2014年初，Vine和創作者之間的緊張到達高峰，公司延請YouTube產品經理傑森·托夫擔任產品總監。托夫希望能與高人氣用戶建立更溫暖的關係。2014年秋，YouTube一舉豪撒幾百萬元，用自家明星蜜雪兒·潘、貝莎妮·莫塔、羅珊娜·潘森大打廣告。一時，電視廣告、印刷廣告和全國各地的廣告招牌都是她們。

《華爾街日報》報導這場宣傳時說：「只要事關推銷YouTube，Google的策略都很簡單：昭告天下我們的創作者可以多紅。」Vine想依樣畫葫蘆，但為時已晚。許多Viner正在擴大曝光範圍，在YouTube、Instagram和其他更新的應用程式上發表內容，為自己開闢更多條路。簡言之，他們正從Vine外移。

14 重新洗牌 ································· 267
The Shuffle

隨著 Vine 關閉，臉書突然獲得大好機會，它督促創作者發表越來越長的作品，最後更要求影片必須三分鐘以上，以便在開頭或中間插進廣告。可是在臉書吸引許多 1600 Vine 住客加入一年後，大規模的變現模式仍不見蹤影。

創作者苦等之餘，開始覺得臉書只容許他們透過它賺錢，別的方式都不考慮。舉例來說，雖然贊助內容在 Instagram 和 YouTube 已隨處可見，但創作者認為臉書老是降低贊助內容在動態消息的排序。臉書似乎也刻意斬斷創作者的其他收入來源。1600 Vine 幫本來想在臉書使出老招數，透過彼此分享內容拉抬聲勢，或是收費代為分享，但臉書的人暗示這樣做可能被處罰。

PART 5
創作者盛世

15 贏家 ····································· 284
The Winners

2017 年 2 月，Musical.ly 面臨中國科技集團字節跳動嚴峻挑戰。字節跳動當時剛剛收購了應用程式 Flipagram，將它重新設計，看起來和 Musical.ly 一模一樣。此外字節跳動還在中國推出複製 Musical.ly 的應用程式「抖音」。雖然 Musical.ly 有自己的科技和資料科學團隊，但它難以複製字節跳動遙遙領先的內容推薦演算法。另一方面，中國因為人口龐大，抖音吸收國內用戶的速度比 Musical.ly 爭取國際用戶還快。

Musical.ly 高層一心擴大全球版圖，經過無數討論，高層決定：面對抖音的挑戰，最好的因應策略是「打不過就加入」。2017 年夏天，他們開始和字節跳動洽談。同年 11 月，Musical.ly 以八億六千萬賣給字節跳動。

16　Instagram 登上顛峰 ……………………… 298
Peak Instagram

隨著「付費合作」標示和主題標籤「#廣告」出現,業界屏息以待,等著看參與度雪崩,廣告客戶和創作者也做好收入驟降的心理準備。媒體和科技業許多人為網紅即將沒落額手稱慶,矽谷創投人士和記者幸災樂禍。2017年一篇尖刻的報導說:「網紅總是急著證明靠影響力吃飯是正經生意,但沒人知道他們除了自拍以外還會幹什麼。」但巨禍並未降臨。這段插曲顯示:追蹤者喜愛社群媒體明星的程度,勝過對廣告的厭惡。受眾對網路創作者已經產生深厚的情感,足以讓他們愛屋及烏,正面看待廠商合作,為創作者拿下越來越大的合約高興,也感到自己對喜愛創作者的成功有所貢獻。

17　廣告末日 ………………………………………… 316
The Adpocalypse

YouTube 現在讓廣告客戶過濾影片,排除含有「悲劇或衝突」、「敏感社會議題」或「性暗示」的內容。演算法掃描後如果認定影片屬於上述廣泛分類,那些影片就會失去收益。但這樣一來,大學裡教《馬克白》的課程影片還能不能過關?分享怎麼做巧克力餅乾會不會遭到抗議,因為非洲許多可可豆農民受到剝削?沒人知道怎麼做才能不受影響。
「提供廣告客戶新選擇的結果,是讓們大多數人沒有廣告。」伊森・克萊恩在推文中說,同時附上 YouTube 新廣告政策的截圖:「最棒的是 @TeamYouTube 正常發揮,不解釋為什麼搞出這些新政策,也不告訴你如何保護自己,一聲不吭整死每一個人。」

18　網紅倦勤與崩潰 ……………………………… 337
Breakdown and Burnout

暫停在 YouTube 和 Instagram 貼文或直播的後果,不只是觀看次數

和收益暫時降低而已。由於現在演算法偏好頻繁貼文和重複觀看，休息停更等於向它釋出非常負面的訊號。一旦創作者脫離這個循環，生計可能跟著消失。

因此，有抱負的創作者無不咬緊牙關，拚命推出新作，大多數站穩腳跟的明星創作者更是幾乎日更。可是到了2018年中，駱駝終於再也撐不住另一根稻草。頂尖內容創作者開始倒下。最初只有少數幾個，接著更多人鼓起勇氣，坦言自己受夠了長時間工作、壓力和惡劣的環境。許多人放棄線上內容創作事業，另一些人決定暫時休息，花點時間重新思考職業生涯。

PART 6
網路影響無所不在

19　TikTok 稱霸 362
TikTok Dominates

「為你推薦」頁面是 TikTok 作為社群媒體平台最大的創新。這個頁面運用 AI 編輯符合演算法的動態牆，將最可能引起用戶興趣的內容推送給他們。TikTok 的推薦引擎則根本不管你追蹤誰，只注意你停下來看哪些內容、哪些內容滑過不看。一旦發現你對某類影片看得較久，它就推送更多同類內容給你。這項創新把爆紅循環加速到極致⋯⋯

隨著洛杉磯年輕網紅競爭白熱化，隨著 TikTok 協作屋搶盡鋒頭，過去一向自認網路菁英地位穩固的 YouTuber，突然感受到新生代網紅的威脅。「TikTok 帶來一批更年輕的創作者，他們的創作能量對許多年紀較大的創作者形成壓力。」

20　解鎖 376
Unlocked

OnlyFans 於 2016 年成立，從一開始就把焦點放在訂閱制色情內

容，表演者能分得八成的訂閱收益，以及全部的周邊商品收益。由於Apple和Google明令禁止色情內容，OnlyFans和其他社群媒體平台不一樣，沒有應用程式版。但它的網站還是經營得有聲有色，疫情期間成長尤其快速。

雖然OnlyFans獲利甚豐，要是以為網站上的性工作者大多賺滿荷包，恐怕過於天真。然而，對某些創作者來說，OnlyFans解開了諸多束縛。事實上，OnlyFans反映出更大的轉變：從2020年初期開始，創作者透過訂閱收益直接從粉絲賺錢。在此同時，隨著越來越多人看見網路創作者的價值，願意為數位內容付費的用戶也大幅增加。

21 競爭與擴張 392
The Scramble and the Sprawl

疫情期間，上網購物的人數突破新高，但廠商跟不上社群媒體創造新網紅的速度。許多創作者為增加收益，轉向聯盟行銷。亞馬遜在這方面起步得較早，成立後沒有多久就歡迎第三方協助銷售，2017年更成立「亞馬遜網紅」計畫，協助內容創作者開設自己的亞馬遜商店。現在，亞馬遜更加速招募幾千名新TikTok內容創作者，為他們創設獨特的人名連結，方便追蹤者記憶並找到他們的店面。

據高盛預測，到2027年，創作者產業的市場規模將增長一倍，估值五千億元。這種轉變的結果是個人創作者現在更有野心，希望能賺取過去只有大企業才能達成的獲利。

結語 399
致謝 403

備註：書中貨幣單位皆為美元

序：名媛排行榜

Introduction: The Social Ranking

　　這本書談的是一場革命。和大多數革命一樣，這場革命實際做到的比某些先驅承諾的要少，卻比任何人預測的都多。它徹底顛覆我們了解世界的方式，重塑我們與世界的互動，推倒傳統藩籬，賦予以往被邊緣化的無數人力量。這場革命為我們的經濟創造龐大的新契機，卻也讓傳統機構一蹶不振。儘管守舊的人對這場革命經常不屑一顧，譏為一時熱潮，但它其實是現代資本主義最大、破壞力也最強的改變。

　　每當回顧過去二十年的網路成就，我們往往把焦點放在科技巨頭：大企業、創立公司的狠角色、天馬行空的創新者，以及他們一手操縱的龐大力量。但只看這些，故事只聽了一半。對一般人而言，帶來真正變革的是矽谷創造的平台和測試的演算法。科技巨頭的生意不取決於發明了什麼，而在於促成了什麼。從第一個業餘部落格到最新的 TikTok 熱潮[1]，創作能量一直來自使用者和他們周圍的人，他們創造的豐富內容和吸引的廣大注意力，是科技公司飛黃騰達的重要推

手。這場革命的主角是使用者，是他們重新定義二十一世紀的工作、娛樂、名氣和野心。這場變革首次引起注意，是網路遇上了對身分地位最敏感的一群人：紐約名流。

・・・

有頭有臉的紐約名流可以一路追溯到1800年代。葛洛瑞亞・范德比（Gloria Vanderbilt）、南・肯普納（Nan Kempner）、布魯克・阿斯特（Brooke Astor）等女性經常登上雜誌，成為時裝設計師的繆思，往往也在《時尚》（*Vogue*）等刊物擔任要職。每次宴會都有少數心腹攝影師和專欄作家受邀與會，相關報導總是光鮮亮麗。雖然名流之間從來不乏爭議和不當言行，但通常不會洩漏到小圈子外。

然而，2006年4月24日，這顆精心維持的泡泡傳來破裂聲。跑出來攪局的是一個神祕的網站：一個部落格。

socialrank.wordpress.com 不知是從哪冒出來的，網頁以淡紫色為底[2]，黑色字體，香檳酒杯橫幅上是一張名單：「曼哈頓前20大名媛」。

「一切要從整整兩週前說起。」[3] 名媛排行榜的第一篇貼文寫道：「在四季酒店的一場宴會上，評審團為紐約名媛排行榜圈定132名人選⋯⋯入圍者個個芳名遠播，風采動人，不僅深受媒體矚目，也是人人爭睹的焦點。是她們的存在讓紐約宴會競爭如此激烈，也如此令人激賞。」

貼文也說，排名是由評審團依四個項目評分而定：
・個人風格與設計師人脈（1-20分）
・重要刊物與八卦專欄曝光率（10分）
・能見度和參與度（10分）
・熱門特質——成為當紅炸子雞的原因（10分）

名媛排行榜列出25名女性的姓名和近照，拔得頭籌的是婷絲莉・莫迪梅（Tinsley Mortimer）。

雖然部落格當時在網路正紅，但絕大多數和時尚沾不上邊。因為在眾人印象裡，網路仍是穿運動褲、戴厚眼鏡的無聊宅男沉迷的東西。不過，儘管沒人承認，紐約上流社會開始認真察看名媛排行榜。隨著部落格的消息越傳越廣，部分女士開始較勁，穿著打扮更加用心，熱門宴會的邀請也水漲船高。雖然排名是依主觀評分而定，但理論上可以一較高下。「名次仍未底定。」[4]網站上說：「死了以後有的是時間睡，但名媛排行榜看的是宴會、華服和公開亮相。」

猜測作者（群）的身分和察看排行榜本身一樣有趣。名流一向樂於在紅毯上為自己編造童話故事，現在卻不得不照著別人的劇本演出。但寫下劇本的到底是誰？寫這些匿名貼文需要知道宴會內幕，換句話說，這個圈子一定有臥底。但那些文章的文字十分彆腳，讀來充滿偷窺的味道。

從2006年春季到夏季，部落格幾乎天天都有八卦貼文，每兩週公布一次新的名媛排行榜。不令人意外的是，婷絲

莉‧莫迪梅在排行榜上始終名列前茅。莫迪梅是典型的南方佳麗，最早在維州里奇蒙（Richmond）的舞會上引起注意，後來先後在勞倫斯維爾（Lawrenceville）寄宿學校和哥倫比亞大學就讀，嫁入石油豪門後經常出席慈善舞會。在穿著低調的紐約上流社會，莫迪梅卻偏愛粉紅褶邊洋裝，打扮得像個洋娃娃，還喜歡對著鏡頭眨眼。

隨著網站人氣與日俱增，受眾的情緒起伏也越來越激烈，兩週更新一次的排行更不斷加柴添火。留言區充滿侮辱和謾罵[5]，行為不端和嗑藥的謠言滿天飛。在此之前，出了紐約沒什麼人在意上流社會，豈料一夕之間，有網路的人都在追蹤最新進度。

據《紐約雜誌》（New York Magazine）報導[6]，短短幾個月內，「全市的八卦無不繞著名媛排行榜打轉，原本沒沒無聞的女人一下子變得路人皆知，吸引大批讀者留下尖酸刻薄的留言，內容常常惡毒無比。」

排名和留言讓部分名媛深受打擊。其中一位的朋友對《紐約雜誌》透露[7]，她的閨蜜因為部落格批評她「圓滑奸巧又有張馬臉」，「哭了好幾天」。但哭泣歸哭泣，這位名媛顯然也發現自己的名氣因此傳到上東城外，對這樣的發展樂觀其成。那名朋友說：「因為那個網站的關係，她現在成了社群紅人。」（這裡的「社群」指的是上流社會，畢竟我們熟悉的社群媒體那時還沒出現。）

序：名媛排行榜
Introduction: The Social Ranking | 019

　　到2007年初，名媛排行榜已持續更新將近一年。節慶宴會來來去去，同一批女子仍在相互廝殺，爭奪雙週榜名次。莫迪梅則始終穩居后座，不動如山。

　　2007年2月8日〔8〕，事態發生變化，《紐約郵報》（*New York Post*）宣布出現競爭者——奧莉維雅·巴勒摩（Olivia Palermo）。報導說在最近一次時裝秀上，當攝影師請婷絲莉·莫迪梅擁抱「後起之秀」巴勒摩，莫迪梅「面露不悅」，「場面活像《辣妹過招》（*Mean Girls*）。」

　　名媛排行榜一開始待巴勒摩尚稱溫和〔9〕，她的名次越來越高。和莫迪梅一樣，巴勒摩具備成為A咖的各種條件：啣著金湯匙出生，父親是房地產開發商，母親是室內設計師，童年在富得流油的紐約和康乃狄克州格林威治度過，當時正在紐約新學院（New School）讀時裝設計。

　　巴勒摩是紐約上流社會的熟面孔，經常出現在名流宴會御用攝影師派翠克·麥可穆蘭（Patrick McMullan）的鏡頭下。她迅速掌握成為社交名媛的一切技能：向設計師大獻殷勤，加入慈善組織，還聘了一位公關。但名媛排行榜不但將她比做鮪魚罐頭——過度包裝，假掰——還寫了不少謠言和殘酷的八卦攻擊她。在此同時，網站也用厭女的口吻譏諷巴勒摩「想紅成痴」，挖苦莫迪梅「年老色衰」、「過氣」、「廢」，繪聲繪影編出一場兩個女人的戰爭。

　　不過一年，名媛排行榜不但憑空捏造出一場雙姝之戰，

還將兩人的競爭炒作得勢同水火。可是在戰況節節升高之後，名媛排行榜消失了。

據傳是巴勒摩的父親忍無可忍，請求法院下令揭露部落格寫手的真實身分。但他的威脅尚未成真，《大道》(Avenue)雜誌的彼得・戴維斯（Peter Davis）便已挖出真相。2007年4月，他終於堵到名媛排行榜的幕後藏鏡人——原來暗中操作的不是一群頂尖名流，也不是任何一個大家熟悉的名人。這個喊水會結凍的網站，居然是兩個根本沒人認識的俄國移民弄出來的，他們說架這個網站基本上是社會實驗。這對二人組叫華倫汀・烏霍夫斯基（Valentine Uhovski）和歐爾佳・雷（Olga Rei），出身和上流社會八竿子打不著。

消息一出，眾人譁然。《紐約雜誌》以封面故事報導[10]，菁英社會都驚呆了——兩個根本沒人理睬的無名小卒，竟然能讓他們流淚、讓他們瘋狂，甚至把他們踩在地上。圈外人居然能整垮菁英圈裡的菁英，而且花的錢還不夠他們去一次美髮沙龍。

我相信對許多人來說，這件事雖然奇怪，但不過是插曲。名媛排行榜已經是將近二十年前的事，而且只存在一年，現在何須重談？因為我認為這個網站雖然關閉，但一切再也沒有恢復原狀。紐約上流社會沒能返回城堡安生度日，只能眼看破洞越來越大。名媛排行榜的故事是往後二十年網路生活的前兆。

序：名媛排行榜
Introduction: The Social Ranking

　　名媛排行榜也預示了社群媒體行將崛起。不久以後，我們都將沉溺於公共指標和線上排名，也都將面臨把自己商品化、以及為自己建立線上品牌的壓力。不論是名媛排行榜內建的厭女情結，或是留言板上對女性評頭論足的方式，反映的都是今日女性仍在面對的性別歧視和偏見。

　　名媛排行榜關站後，婷絲莉・莫迪梅和奧莉維雅・巴勒摩都曾受邀參加實境節目。事後來看，巴勒摩是最大的贏家：上過MTV台實境秀《都會女子》（The City）之後，巴勒摩順勢成為網路時尚和生活風格網紅，建立起自己的事業。到2016年，據說請她走一次紅毯要價三萬元。[11]現在她的Instagram帳號有八百萬人追蹤，不但經常與其他品牌合作，還成立自己的美容品牌「奧莉維雅・巴勒摩美妝」。在所有捲入名媛排行榜浪潮的人裡，她最懂得善用高速成長的網路世界所帶來的新機會。

・・・

　　網路已經改變我們周遭的一切，改變我們能認識哪些人，改變我們如何相識、如何工作、如何約會、如何玩樂、如何成名，也改變我們相信誰、想要什麼，以及想成為什麼樣的人。越來越多人透過社群媒體接收大部分資訊，也從事大多數娛樂。現在，人們可以花好幾年慢慢爬上職涯高峰，也可以志在一夕爆紅，短時間內完全改變人生軌道。舊世界

已經消失,但我們還不清楚新世界會是什麼樣子。

網路剛剛出現時[12],艾爾・高爾(Al Gore,1993年至2001年的美國副總統)將它比做公路網:公路網浮現後,人們會需要新地方吃飯、新地方娛樂,也需要價廉物美的新地方住。但隨著全國公路網完成,小本經營的小店會消失,鄉鎮市中心也會沒落,取而代之的是購物商場和郊區住宅。家庭、日常生活和鄰近地區的步調也會改變——即使在最後一哩柏油路鋪好幾十年後,改變仍不會停止。

三十年後回過頭看,高爾的預言讀來既樂觀又充滿警訊。網路自己帶來一波又一波發展,第一波是發明技術本身。等到基礎建設到位,家家戶戶都有電腦上網,價值上兆的問題變成:上網要做什麼?

為了回答這個問題,世界先後出現YouTube、臉書、Musical.ly、Twitch、TikTok,每一種都為在家上網提供新的體驗、新的看與被看方式、新的八卦方式,以及新的分享最新消息方式。不過,每一種的崛起都需要時間,就在我們思考上網要做什麼的時候——就在我們思考沉溺上網會對自己造成什麼影響的時候——世界已不斷改變。

直到今日,我們仍然在思考同樣的問題。儘管我們已經進入數位時代數十餘年,網路依舊日復一日帶來變化。當年撥接上網的人,怎麼想得到現在居然有假追蹤者、迷因股、QAnon[13]、TikTok爆紅新聞,還有許多人因為Instagram

而去動整型手術？

　　2000年代中的紐約名流只是比我們早一步遇見未來，現在的社群媒體生態系就像更大的名媛排行榜，由機器操作。如今每一個人都很清楚自己的地位、指標，以及小小出名或快速爆紅的可能性。即使我們的目標不是成為百萬網紅，還是會在意親友有沒有按「讚」，還是會樂於結交新網友，即使那個人你幾乎不認識。這種現象既是潛在商機，也是焦慮來源。

　　這本書想談的是網路及其對人類生活的影響，但不是完整的歷史。這個主題的完整歷史如果真的寫得出來，恐怕需要好幾萬頁的篇幅。《流量國度》毋寧說是一部社群媒體社會史，談的是顛覆傳統權力的網路力量與產業，以及塑造這個新世界的人——而其中許多人並不在矽谷。

　　一切再也不同。

註解

1. 譯註：TikTok和抖音雖然性質相似，亦均為中國企業「字節跳動」旗下應用程式，但前者為國際版，與中國國內可下載使用的抖音有別。
2. socialrank, "News from Social Rank," Social Rank, July 16, 2006, http://web.archive.org/web/20060716102836/http://socialrank.wordpress.com/2006/04.
3. socialrank, "New York So- cial Elite Power Ranking (Ranking Period April 26, 2006– May 10, 2006)," Social Rank, May 5, 2006, http://web.archive.org/web/20060505235304/http://socialrank.wordpress.com/2006/04/24/new-york-social-elite-power-ranking-ranking-period-april-26-2006-may-10-2006.
4. socialrank, "NY Social Elite Power Ranking (July 19–August 2, 2006)," Social Rank, August 19, 2006, http://web.archive.org/web/20060819140205/http://socialrank.wordpress.com/2006/07/19/ny-social-elite-power-ranking-july-19-august-7-2006.
5. Jessica Pressler, "How an Anonymous Gossip Website Changed New York Society For- ever," *Town & Country*, August 10, 2016, https://www.townandcountrymag.com/society/a7307/socialite-rank.
6. Isaiah Wilner,"The Number-One Girl,"*New York Magazine*, May 4, 2007, https://nymag.com/news/people/31555.
7. Wilner, "Number-One Girl."
8. Danica Lo, "Mean Girls Get Camera-Shy," *New York Post*, February 8, 2007, https://nypost.com/2007/02/08/mean-girls-get-camera-shy.
9. Pressler, "How an Anonymous Gossip Website Changed New York Society For- ever."
10. Wilner, "Number-One Girl."
11. Pressler,"How an Anonymous Gossip Website Changed New York Society Forever."
12. Janna Quitney Anderson, Imagining the Internet: Personalities, Predictions, Perspectives (Rowman & Littlefield, 2005), 78.
13. 譯註：川普任內出現之匿名爆料帳號，主張有反對川普之「深層政府」（deep state）存在。

PART 1
網路影響力發軔
ONLINE INFLUENCE
BEGINNINGS

1 部落格革命
The Blogging Revolution

讓我們回到公元2000年。

那是出現Y2K恐慌和網路泡沫到達顛峰的一年。網路在1990年代初已經誕生，時間久到足以帶來期待和憂慮。第一個瀏覽器已經在七年前問世，但透過網路傳輸資料還是十分費時。雖然野心勃勃的公司紛紛搭上網路熱潮，但許多觀察家小看了它們翻天覆地的潛力。舉例來說，許多人看出亞馬遜（Amazon）對書店和唱片行的威脅，但也僅止於此。數百萬人開始享受上網之樂，以龜速的撥接數據機登入AOL等入口網站。但只要上線，就能和朋友即時通訊、收發郵件、加入聊天室、購物，甚至能閱讀少數報社實驗性放上網的內容。在這個時代，高像素相片、Flash動畫、ASCII藝術只顯得浮誇，因為56K數據機的戰力不足為恃，下載一部TikTok影片就得花上十二個鐘頭。至於網路影響力，《戰慄時空》（*Half-Life*）論壇管理員或許勉強有一些。

但隨著部落格崛起，這一切都將改變。

「網路紀錄檔」(web log)起於1990年代[1]，由早期網路核心使用者帶頭架設自己的網站，與同好分享自己的想法和喜歡的連結。由於當時架設網站必須購買網域和懂得寫程式，入門門檻相對偏高。

到了世紀之交，隨著Blogger、Blogspot、WordPress等部落格平台紛紛問世，情況開始改變。雖然這些平台的視覺設計乏善可陳，不但千篇一律，而且往往只有文字，但陽春的外表之下隱藏著生猛的革命力量。有平台相助，不消幾分鐘就能建立部落格。一時之間，只要有網路連線就能發表作品。媒體消費者搖身一變成為媒體生產者。

現在很難想像這種變化多麼新奇。在部落格時代以前，如果你想和大眾分享自己的看法，必須先通過一層又一層的把關。不論是投書報章雜誌、叩應廣播節目，或是投稿文章或著作，都必須進入門禁森嚴的機構，獲得神祕的權威人士同意。即使你已經翻過傳統媒體高牆，還是必須花上好幾年慢慢晉級、討好大老，再加上一些運氣，才能獲得出版機會。你當然可以一手包辦，自己辦地下雜誌或自行出書，但只要把關者還在把關，你的讀者就十分有限。

但部落格不一樣。你想說什麼就說什麼，從內容、主題到風格，全都由你決定。以前你只能望著媒體高牆興嘆，不得其門而入，部落格出現後再也不是如此。

不難想見，最早引起注意的部落格有一些是談科技的。[2]

它們的影響力在科技圈裡或許不小,但踏出圈外幾乎沒人認識。政治類部落格不一樣,影響力可以擴大到業內人士的小圈圈外,名稱聽來沉悶的《要點備忘》(Talking Points Memo)就是如此。

《要點備忘》是喬許・馬歇爾(Josh Marshall)在2000年架設的。當時總統選舉才結束幾天,布希和高爾誰勝誰負仍在未定之天。馬歇爾那時是雙月刊《美國瞭望》(American Prospect)的政治記者,懂一點網頁設計,剛好在選舉之後排了一週休假。隨著布希和高爾的爭議愈演愈烈[3],馬歇爾開設《要點備忘》,隨時發表評論。

馬歇爾收集重要新聞點評,加上自己向記者同業和競選幹部打聽來的內部消息。和別人相比,他的發文速度簡直是光速,而且立場鮮明,說話直率,與傳統媒體截然不同。沒過多久,華府圈內人刷《要點備忘》的頻率就比他自己還勤。

不過,《要點備忘》並不是第一個隨時跟進政治新聞的網站。在馬歇爾架設部落格幾年以前,曾任CBS禮品店經理的麥特・德拉吉(Matt Drudge)就做過類似嘗試,發行政治八卦通訊《德拉吉報導》(Drudge Report)。雖然這個網站大受歡迎,在柯林頓與陸文斯基(Lewinsky)傳出醜聞期間更紅透半邊天,但德拉吉只是彙整新聞,不是部落格寫手。馬歇爾則不僅產出原創報導,還提供獨到評論。幾個月後,他決定放手一搏,辭去《美國瞭望》的工作,當全職部落客。[4]

馬歇爾選對了時機，成為第一批擄獲大量線上讀者的部落客。《要點備忘》深入探究政策辯論細節與華府千奇百怪的謠言，兼有政策控的專業和素人的直率，完全不走政治新聞重度讀者司空見慣的客觀中立風格——這正是《要點備忘》大受歡迎的關鍵。

隨著《要點備忘》及類似網站竄紅，部落格如雨後春筍般暴增，每半年數量翻倍。[5] 2006年大約已有六千萬個部落格。部落格平台讓不懂技術的人也能輕鬆上手，一夕之間，各種主題的新部落格紛紛成立，從獨立音樂、經典電影、流行時尚、親子教養，到賭博和毒品文化，應有盡有。在此同時也出現了成千上萬個私人部落格，用來寫線上日記。

大多數傳統媒體一開始不把部落格當回事。對他們來說，部落客是一群獵奇的怪胎，文筆不怎麼樣，偏偏時間特別多。老派人嘲笑部落客只有三腳貓功夫，搆不上《紐約時報》或《浮華世界》的標準，沒有傳統媒體壟斷的消息管道和新聞本事，他們不可能寫出多重要的東西。

但讀者不這樣看，他們反倒喜歡部落格樸拙的風格。因為在幾波媒體整併之後，1990年代的新聞界只剩幾個大型集團，資源集中，風向一致，內容精心打磨，觀點四平八穩，毫無驚人之語。2002年《連線》(*Wired*) 雜誌宣告「部落格革命」已經到來，人們散布和接收資訊的方式出現典範轉移：「儘管大型媒體字號響亮，編制龐大，但讀者越來越懷疑《華

盛頓郵報》或《國家評論》的權威性。因為他們知道新聞幕後的寫手和編輯也會出錯，不一定比已經獲得讀者敬重的孤鳥部落客值得信任。」[6] 部落格給讀者傳統媒體給不了的一切，大方吐露作者真正的想法。更重要的是，作者和讀者能透過貼文底下的留言即時互動。和網路留言板不同，部落格貼文有獨特而豐富的內容，容易進行討論。

沒過多久，小眾品味的社群開始成形，並逐漸進入主流。

2002年12月，馬歇爾經由讀者得知了一件消息：在長期支持種族隔離的參議員史壯・塞蒙德（Strom Thurmond）的百歲壽宴上，參院多數黨領袖特倫特・羅特（Trent Lott）嚴重失言，公開讚美塞蒙德1948年參選總統時的種族主義立場。[7]

雖然《華盛頓郵報》和ABC新聞都有稍微提到塞蒙德的壽宴，但沒有一家媒體報導羅特的發言。[8] 馬歇爾不打算保持沉默，獲讀者告知消息之後，他對羅特的言論及其餘波寫了大約二十篇貼文。馬歇爾收集羅特以往的類似發言，對他提出全面指控[9]，指出他一貫支持新聯盟國（neo-Confederate）立場，拒絕譴責種族隔離。不久，其他部落客和華府媒體也開始關注這件事。雖然羅特設法上電視挽救形象，但他迴避道歉的態度引來左右陣營一致撻伐。[10]

在馬歇爾的第一篇部落格貼文之後不到兩週，羅特名譽掃地，辭去多數黨領袖職務。華府圈內人士清楚：要不是馬歇爾和其他部落客出手，事情不會如此發展。在此之前，沒

人想得到區區部落客竟能整垮參院多數黨領袖。

2002年12月13日,《紐約郵報》這樣下標:「網路的第一個祭品」。[11]

・・・

整個2000年代,部落格攻無不克,繞過每個領域的把關者,一一摧毀舊的結構。建立部落格幾乎一分錢都不用花,是一門人人能做的生意。

正是因為這項巨大優勢,部落格才有辦法挑戰歷史遠比網路悠久的資本主義。只要努力以赴加上投資幾片大披薩,你就有機會撂倒員工上千、年收入數百萬的大公司。

2002年成立了一家名叫BlogAds的公司,協助部落客在自己的網站上販售展示型廣告。Google的廣告AdSense和其他競爭者隨即跟進,讓頂尖部落格也能採用印刷出版品的廣告商業模式,目標受眾更清楚,但費用低廉得多。

馬歇爾從2003年開始使用BlogAds[12],隔年每月收入已將近一萬元,幾年後,廣告收入金流已經增加到能聘請記者團隊(多半從傳統媒體挖角)。[13]到2012年,他的員工已有二十五人左右。十年之間,馬歇爾從記者、部落客,變成經營一家有模有樣的媒體公司。這樣的例子屢見不鮮:高客網(Gawker)、FiveThirtyEight等熱門網站一開始也只有一、兩個人,隨著受眾增加才升級成正式的新聞編輯室。

部落客人數大增之後，不再只是依循傳統路數，還開始為他們書寫的領域創造新的文化。2005年，嘉瑞特‧葛拉夫（Garrett Graff）成為第一位取得白宮記者證的部落客（葛拉夫與政界頗有淵源，曾在民主黨總統初選中協助霍華‧狄恩〔Howard Dean〕進行網路宣傳）。同一年在娛樂圈[14]，裴瑞茲‧希爾頓（Perez Hilton）令好萊塢難堪不已，他的部落格「666頁」（PageSixSixSix）比八卦小報更八卦，後來被稱為「好萊塢最痛恨的網站」。在音樂界，「乾草耙」（Pitchfork）等部落格帶動獨立音樂熱潮，讓大型音樂公司不得不設法急起直追。在時尚圈，「裁縫師」（Sartorialist）等部落格獨具慧眼，比印刷精美的老牌雜誌更早看出新的潮流。在夜生活部落格方面，「行家擂臺」（Hipster Runoff）和攝影師馬克‧杭特（Mark Hunter）的「眼鏡蛇」（The Cobrasnake）為時代塑造新的美感，讓網路素人美女（"It" girls）一躍成為主流明星。

　　2021年，《W》雜誌寫道：「杭特不加修飾的夜生活照片定義了早期數位美學，迎來社群媒體時代。」[15]

　　杭特告訴我：「我的網站是Instagram之前的Instagram。」由於派對照片被放上網路而大量曝光，這是「普通人」第一次有機會被大眾看見。作家莉娜‧阿巴斯卡（Lina Abascal）曾在《不再孤單》（*Never Be Alone Again*）中寫過這個主題，她說：「夜生活被鉅細靡遺記錄下來，放上網路。當然，54俱樂部（Studio 54）也有攝影師[16]，但那些照片沒放上網……

馬克這些人不一樣,不只拍下整個夜晚,還上傳網路,任人瀏覽。」有人因為入鏡成了網路紅人,柯蕊・甘迺迪(Cory Kennedy)是典型的例子。

2009年,布萊恩小子(Bryan Boy)、葛蘭絲・朵荷(Garance Dore)等時尚部落客再下一城,打進高級時尚圈。在紐約時裝週,部落客突然坐上人人垂涎的前排座位[17],後來在米蘭時裝週的杜嘉班納(Dolce & Gabbana)秀上也是如此。時尚名流大感驚愕,稱之為「部落客門」(blogger gate)。[18]《紐約時報》的艾瑞克・威爾森(Eric Wilson)說:「時尚編輯長久以來的潛規則是重視地位和經驗,貶抑毫不掩飾的野心或享樂。[19]可是在部落客這麼快從後排晉身前排之後,這道規則已經打破。」

隨著部落格大行其道,傳統媒體的壓力日益龐大,地方性和區域性的報紙尤其如此。[20]各地訂報率急速下降,畢竟讀者已能透過網路獲得大量免費資訊,即使他們不再購買實體報紙,還是能讀到裡頭的報導。報社百年以來的營利模式失效,全國新聞編輯室不得不大舉裁員,甚至關閉。在此同時,原本的把關者對部落格的態度,從輕視變成仇視。《巴爾的摩太陽報》(Baltimore Sun)前記者及《火線重案組》(The Wire)製作人大衛・西蒙(David Simon)在國會作證的時候警告[21]:部落格正讓媒體陷入死亡螺旋,「讀者從彙整消息的部落格看新聞,卻拋棄新聞的源頭──報紙本身。簡

言之,寄生蟲正慢慢殺死宿主。」

不過,到2000年代末,寄生蟲和宿主似乎比較接近合而為一。隨著頂尖部落格擴大編制,延聘專業記者、設計師、技術支援人員,部落格變得越來越像傳統媒體公司,成立新聞編輯室和業務部之後更是五臟俱全。許多傳統媒體也發現,因應部落格崛起的最佳策略是邀部落客加入,從《紐約時報》、《大西洋》雜誌、《Glamour》到《Elle》,大型報章雜誌紛紛延攬菁英部落客擔任記者和寫手。[22] 在此同時,這些出版機關有的開始建立自己的部落格,有的直接買下成功的網站。到2009年,流量前五十名的部落格有將近半數是媒體巨頭所有,如CNN、ABC、AOL等。不過,儘管最受矚目的仍是科技和政治類明星部落客,另一種類型的部落客正悄悄帶來更大的轉變。

最後,部落格時代的代表人物不是科技宅或政策控,而是媽媽部落客。

第 1 章——部落格革命
The Blogging Revolution | 035

註解

1 Jeffrey Rosen, "Your Blog or Mine?," *New York Times Magazine*, December 19, 2004, https://www.nytimes.com/2004/12/19/magazine/your-blog-or-mine.html.
2 Dianna Gunn, "The History of Blogging: From 1997 Until Now (With Pictures)," Themeisle blog, February 6, 2023, https://themeisle.com/blog/history-of-blogging/#gref.
3 "Q&A with Josh Marshall," C-SPAN, January 12, 2012, https://www.c-span.org/video/?303536-1/qa-josh-marshall.
4 David Glenn, "The (Josh) Marshall Plan," *Columbia Journalism Review*, https://www.cjr.org/feature/the_josh_marshall_plan.php.
5 Rodd Zolkos, "First Word: Big Blog Bang, World of Opportunity," Business Insurance, https://www.businessinsurance.com/article/20061119/STORY/100020270?template=printart.
6 Andrew Sullivan, "The Blogging Revolution," *Wired*, May 2002, https://www.wired.com/2002/05/the-blogging-revolution.
7 "Senator Thurmond 100th Birthday," C-SPAN, December 5, 2002, https://www.c-span.org/video/?174100-1/senator-thurmond-100th-birthday.
8 "Q&A with Josh Marshall," C-SPAN.
9 Sean Flynn, "Men of the Year: Give This Man a Pulitzer," *GQ*, November 13, 2007, https://www.gq.com/story/men-of-the-year-josh-marshall-alberto-gonzalez.
10 Jim Rutenberg and Felicity Barringer, "DIVISIVE WORDS: ON THE RIGHT; Attack on Lott's Remarks Has Come from Variety of Voices on the Right," *New York Times*, December 17, 2002, https://www.nytimes.com/2002/12/17/us/divisive-words-right-attack-lott-s-remarks-has-come-variety-voices-right.html.
11 John Podhoretz, "THE INTERNET'S FIRST SCALP," *New York Post*, December 13, 2002, https://nypost.com/2002/12/13/the-internets-first-scalp.
12 Simon Owens, "This Guy Invented Blog Advertising. Here's What He's up to Now," The Business of Content, May 13, 2019, https://medium.com/the-business-of-content/this-guy-invented-blog-advertising-heres-what-he-s-up-to-now-ef1650d98774.
13 "Q&A with Josh Marshall."
14 Andrea Chang, "Turning a Blog into an Empire," *Los Angeles Times*, June 13, 2008, https://www.latimes.com/archives/la-xpm-2008-jun-13-fi-howimadeit13-story.html.
15 Kyle Munzenrieder, "Mark Hunter (AKA 'The Cobrasnake') Revisits His Early

Aughts Heyday," *W*, March 24, 2021, https://www.wmagazine.com/life/the-cobrasnake-mark-hunter-party-photographs-interview.
16 譯註：1970年代紐約著名夜生活俱樂部。
17 Kerry Folan, "Dolce & Gabbana Has Totally Made Up with the Sartorialist, and They Have This Video to Prove It," *Racked*, June 1, 2012, https://www.racked.com/2012/6/1/7723037/scott-schuman-and-garance-dor-would-like-to-redefine-successful-media.
18 Christina Binkley, "Bloggers Join Fashion's Front Row," *Wall Street Journal*, October 2, 2009, https://www.wsj.com/articles/SB10001424052748704471504574445222739373290.
19 Eric Wilson, "Bloggers Crash Fashion's Front Row," *New York Times*, December 24, 2009, https://www.nytimes.com/2009/12/27/fashion/27BLOGGERS.html.
20 "Newspapers Fact Sheet," Pew Research Center's Journalism Project, June 29, 2021, https://www.pewresearch.org/journalism/fact-sheet/newspapers.
21 Testimony of David Simon. Before the relevant Senate Committee on Commerce, Science, and Transportation Subcommittee on Communications, Technology, and the Internet Hearing on the Future of Journalism. May 6, 2009. (David Simon, *Baltimore Sun*, 1982–85, Blown Deadline Productions, 95-09, Baltimore, MD), https://www.commerce.senate.gov/services/files/9392D321-43E8-4053-BDBB-466070864D5E
22 Benjamin Carlson, "The Rise of the Pro- fessional Blogger," *Atlantic*, September 11, 2009, https://www.theatlantic.com/magazine/archive/2009/09/the-rise-of-the-professional-blogger/307696.

2 媽媽部落客

The Mommy Bloggers

2005年,莉貝佳・沃夫(Rebecca Woolf)和她幾乎不熟的丈夫生下第一個孩子。當時她23歲,已經從聖地牙哥搬到洛杉磯,當過文案、影子寫手、證件照攝影師,閒暇時寫寫部落格。2002年,她在早期出版平台Blogspot建立第一個部落格。「尖頭鞋工廠」(Pointy Toe Shoe Factory)是她開的第二個,寫旅遊札記,也寫單身生活。

意外懷孕後,沃夫決定生下孩子,和孩子的父親結婚,她在部落格寫下從縱情狂歡到即將為人母的激烈轉變。2005年5月生下兒子亞契(Archer)之後沒有多久,她決定再開新部落格記錄當媽媽的心得,一開始取名「育兒達人」(Childbearing Hipster),幾個月後改名「當女孩變成媽」(Girl's Gone Child)。

在2000年代初,太陽底下沒有部落客不寫的事,養兒育女當然也不例外。部落格提供傳統媒體找不到的內容[1],如《紐約時報》所說:「媽媽部落客是第一個直接向媽媽發

聲的媒體，也是第一個只對媽媽發聲的媒體。」媽媽部落客開始在網路上彼此結識。沃夫建立新部落格後，也成為這個新興網路社群的一員。這群年輕媽媽開闢的路和發展的策略，將為往後幾十年的網路創作者做好準備。

希瑟・阿姆斯壯（希瑟 Armstrong）金髮碧眼，外型亮麗，是媽媽部落格的先鋒，在2001年建立Dooce.com（名稱來自她有一次和前同事線上聊天時拼不出「dude」一字）。她的部落格很快吸引大批追蹤者。

對於育兒問題，2000年代初不太容易看到直言不諱的討論。女性雜誌勾勒的母親形象往往過度理想化，帶有厭女色彩，和現代媽媽距離越來越遠。在那段時間，社會普遍認為居家生活是私領域的事，家人和子女互動是私人問題。媽媽們往往只在私下場合談這些事，沒有公諸於世的念頭。

性別角色正在改變，經常和傳統對於媽媽的期待衝突。莉貝佳・沃夫和希瑟・阿姆斯壯在兩種身分的夾縫之間奮戰，卻發現既有媒體對她們視若無睹。她們成為母親之前，都有成功的職涯，並不以操持家務為志。如今坐困家中，看著朋友繼續過單身生活，她們心情複雜。

於是，一整代的媽媽轉向網路，有的成為讀者，有的成為作者，有的既讀也寫。部落格帶給她們宣洩創作能量的出口，也讓她們有機會結識其他處境相似的人。寫部落格原本只是興趣，最後卻吸引了幾百萬名讀者，在這個容易孤立無

援、精疲力盡的人生階段，讓同樣亟需慰藉和娛樂的媽媽找到同溫層。

沃夫、阿姆斯壯和其他媽媽部落客不吝如實分享私事，絲毫不加美化，讓讀者看見育兒書籍中看不見的母職面向。她們百無禁忌，坦率寫下產後憂鬱症的痛苦、餵母乳的艱辛，或是在遊戲時間喝了杯小酒。在阿姆斯壯帶頭下，許多人也道出自己正與精神健康問題奮戰。

「早期的部落格都是在說事情又如何變得一團糟。」[2]凱瑟琳・康納斯（Catherine Connors）說。她在 2005 年開設部落格「她的不良老媽」（Her Bad Mother），現在是作家，在洛杉磯擔任顧問。「那時大家的感覺是：想要吸引讀者，你必須非常坦誠，坦誠到殘酷。」傳統媒體描繪的母職總是過度理想化，讀者都希望有人戳破這種幻想——她們在部落格上找到了。

現在回頭去看當時的部落格，你一定會驚訝大多竟然如此普通。那時的媽媽不太會公開抱怨小孩吃飯不乖，或是帶孩子和其他孩子玩壓力很大，大家看到這類貼文還很新奇。但十多年後的現在，這種出口成髒、不加修飾的聊天口吻已經成為常態——事實上，這正是拜媽媽部落客之賜，是她們最早將這種直白風格帶進公共領域。

媽媽部落格出現為女性打開一道出口。只要能上網找到自己人，對沃夫這些作家來說就像解開束縛，終於能敞開心

胸暢所欲言，不怕引人非議。「我們都感到獲得許多力量和勇氣。」沃夫對我說：「我們都忠實寫下自己在都市或鄉村當媽媽的經驗。我們各有不同的背景，但都想忠實記錄自己的人生，為彼此提供支持。於是，我們一起創造出這個虛擬的媽媽社群。」

隨著部落格界在2000年代中期不斷擴大，「媽媽界」也跟著拓展。媽媽部落客形成鬆散的合作團體，彼此互通聲氣，將別的媽媽的部落格加進「友情連結」（blog roll），亦即網站一側的部落格連結清單。

當時的部落格以文字為主，沒有擺拍的相片，也不會炫耀自己過得多麼光鮮。有的讀者甚至不知道自己喜歡的部落客長什麼樣子，但這不妨礙她們產生強烈的連結。當時幾乎沒有別的媒體像部落格一樣深具私人色彩，瘋狂粉絲越來越多。常有讀者對內容感同身受，像是和部落客一起經歷了她的風風雨雨。莉貝佳・沃夫回憶道：「那時還有粉絲跑到我家門口。」

到2000年代末，尼爾森（Nielsen）市調公司估計，網路人口有兩成是「25到54歲、至少有一名子女的女性」。[3] 尼爾森將這一萬多個部落格形成的龐大網絡稱為「有力媽媽」（The Power Moms），並從中選出「前50大有力媽媽」。

接下來的問題是：「有了力量之後，我們還可以做些什麼？」

第 2 章　　媽媽部落客
The Mommy Bloggers

・・・

　　媽媽部落客知道自身人數可觀，經濟潛力不容小覷。想看她們談主婦工作的人很多，非常多。這份工作耗時費力，有時和全職上班一樣辛苦，但她們往往沒有薪水。

　　雖然 BlogAds 為大型部落格提供了營利模式（此時也有少數媽媽部落格受惠），但絕大多數部落客的流量都不足以變現。即使是流量充足的部落客，試圖透過網路賺錢仍是困難的決定。畢竟媽媽部落客的賣點是真實，廣告可能讓讀者產生俗氣、不真實的觀感，覺得她們出賣自己。

　　2004 年，阿姆斯壯決定開始讓 Dooce.com 接廣告。她向讀者解釋，利用網站賺錢是為了減輕家中經濟負擔。她寫道：「我考慮過出門上班。但這代表我可能不得不放棄這個網站。我沒辦法同時兼顧好幾件事，不太可能一邊照顧孩子，一邊全職或兼職工作，一邊繼續維持現在的寫作量。」[4]

　　儘管阿姆斯壯誠惶誠恐，坦白說明，這篇貼文還是引起一波反彈。[5] 有的留言極為苛刻，她不得不加以封鎖。她後來對沃克斯新聞網（Vox）說：「粉絲真的氣瘋了。」。她也告訴《紐約時報》：「粉絲痛罵：『你以為你誰啊？憑什麼憑你的網站賺錢？』」[6]

　　雖然科技和政治類部落格早已和廣告商合作，但讀者看到媽媽部落客決定跟進，還是氣急敗壞。阿姆斯壯的難處

是：大眾長久以來對主婦工作存有刻板印象，認為當個賢妻良母本來就是媽媽部落客的本分，無法接受她們因為寫下養兒育女的辛勞而獲得報酬。儘管幾乎每個頂尖的媽媽部落客都全職經營部落格，但她們自己和讀者似乎都已內化這種負面的刻板印象，並不認可主婦工作也有經濟價值。

在獲取薪酬和關閉網站之間，阿姆斯壯最終選擇了前者。[7] Dooce.com 成為第一個接受大量廣告的媽媽部落格。最後，阿姆斯壯認為這個決定為她「帶來力量」，正如她在2019年對沃克斯新聞網所說：「因為我知道我不需要紐約哪個男老闆的肯定，對我說這些故事值得出版──我自己就做得到。」[8]

接受廣告讓阿姆斯壯作自己的老闆，把寫部落格當生意經營。與絲滑（Suave）和其他消費品牌的合作都引起不少關注，她也和新成立的廣告商聯盟媒體（Federated Media）合作，同時向多個部落格投放廣告。沒過多久，廣告收益成為阿姆斯壯家中的主要經濟來源。最後她的丈夫索性辭去工作，協助她經營部落格。

・・・

在媽媽部落格界，阿姆斯壯接受廣告的決定吹皺一池春水，其他媽媽也開始將部落格變現。她們為網路創作者建立的模式至今依然適用。

第2章──媽媽部落客
The Mommy Bloggers

媽媽部落格的成功雖屬無心插柳，卻為線上創業開闢出新的道路。當時網路上的大型部落格都以彙整連結為主，媽媽部落格則別樹一幟，提供深具個性的原創內容，規模也比較小。部落格的彈性特質深獲媽媽部落客青睞，畢竟她們在寫部落格之外還有育兒責任。

在此同時，消費品牌其實也有興趣對媽媽下廣告。[9] 媽媽控制高達八成的家庭消費，光是在美國就有幾兆元的市場。只要你有辦法讓媽媽們談到你的產品，就有希望賺一大筆。[10] 寶橋（Procter & Gamble）在2000年代早期進行過一項計畫，送60萬名媽媽免費試用品，拜託她們在閒話家常時和別的媽媽談到這個產品。調查成果後，寶橋發現每個媽媽每天平均和五個人說話，「活躍媽媽」（connector mom）則是20人。[11] 可是和媽媽部落客相比還是小巫見大巫──只要找對媽媽部落客，隨便都能觸及幾百、甚至幾千個消費者。

這種突破讓行銷人員眼睛一亮。藥妝品牌開始送產品給部落客免費試用，請她們在貼文中多多美言（這段時間許多部落客沒有揭露幕後交易，導致聯邦貿易委員會〔Federal Trade Commission〕後來發布新的揭露準則）。部落客往往不費吹灰之力便能輕鬆達標。幾乎每次線上曝光都比活躍媽媽觸及更多人。

雖然媽媽部落客打破許多藩籬，但有辦法透過這種新媒體做出一番成績的人逐漸刻板化，人口組成出現傾斜：佼佼

者多半是亮麗、纖瘦的白人女性，黑人和其他邊緣族群的媽媽談不到豐厚的報酬。這種偏見不只存在於部落格界，在社群媒體越來越重視視覺之後更形嚴重。

　　名利雙收之後，媽媽部落客開始舉辦會議，彼此交流。BlogHer是早期這類活動中的一大盛事，2005年由創業家艾莉莎・卡馬霍特・佩吉（Elisa Camahort Page）、喬莉・德・夏當（Jory des Jardins）、麗莎・史東（Lisa Stone）發起。媽媽部落客們在這類聚會中建立聯繫，交流資訊，彼此分享管理部落格的訣竅、精進內容的方法、與讀者交流的祕訣，以及網站設計技巧。

　　籌辦BlogHer的人相信，與會者建立的情誼可以轉化成議價力。在這場會議上，媽媽部落客們已經開始討論廣告費率，認為與其以貼文換取免費商品，不如向廠商要求薪酬。BlogHer有意成立類似聯盟媒體的廣告網，將媽媽部落客間非正式的互惠合作制度化。到2007年，BlogHer在一千多個媽媽部落格投放廣告，協助更多媽媽走上財務獨立之路。[12] 莉・莊蒙德（Ree Drummond）也是BlogHer的受惠者，她在2006年成立部落格「先鋒女性」（Pioneer Woman），幾年後已是百萬大亨，除了監製電視節目《先鋒女性》和相關烹飪書之外，也銷售服飾和廚具。

・・・

發現追蹤人數比免費洗衣粉值錢之後，媽媽部落客在2008年向合作廠商提出更高的要求。不久，阿姆斯壯再次開風氣之先，談下「贊助內容」合約，由丈夫為她拍攝一系列影片，聽她介紹她的新家具和新電腦，再貼上部落格。每段影片的開頭和結尾都有威訊（Verizon）商標。阿姆斯壯夫婦為達成合約要求，在裝修期間甚至從iPhone改用Android手機。

對小咖部落客來說，這些福利就是回報。舉例來說，根據《富比士》（Forbes）2012年的報導：「品牌公司主管和女性部落客表示：價值300元的廚房用品，行情是每月500瀏覽數；免費夏威夷之旅則是每月至少兩萬瀏覽數。」〔13〕可是對頂級媽媽部落客來說，廣告和內容贊助才是重頭戲，收益高得驚人。沃夫對我說：「一夜之間，我們的收入從趨近於零跳到十萬。一切發生得太快〔14〕，大家的感覺就像：靠！我們最好打鐵趁熱。目標百貨公司（Target）突然找我拍了一系列影片，訂金就付了兩萬。」2011年，隨著各大公司推出新的「聯盟行銷」（affiliate marketing）計畫，讓部落客從他們推薦的商品賺取佣金，賺錢的機會進一步擴大。

Instagram出現後，有的媽媽徹底改造自己，減少說「真心話」，改成發布精挑細選、賞心悅目的照片。有的人咬緊牙關繼續寫部落格，也有人完全退出網路。

・・・

阿姆斯壯這段時間很不好過。[15] 2013年，她先是在媒體密切關注下離婚，接著精神健康也出了問題。儘管部落格界人去樓空、廣告費率節節下跌，她仍勉力維持Dooce.com。但那年年尾，連她也到了臨界點。

那次爭議是因香蕉共和國（Banana Republic）活動而起。2013年，香蕉共和國招待阿姆斯壯和她的助理去猶它州帕克城（Park City）玩三天，最後一個行程是騎駱駝。公司希望阿姆斯壯為此寫幾篇自然、有趣的文章。但阿姆斯壯成名的原因之一，就是她經常說話說過頭。騎了兩個小時駱駝以後，她痛到不得不使出生產時學的呼吸技巧，同時忍不住想起在自然生產書上看過的東西。[16] 在記錄這次旅行的貼文裡，她用兩個字總結這一趟最深的回憶——「機掰」（hairy vaginas）。

讀者愛死這篇爆笑有趣的貼文，但香蕉共和國氣個半死。他們要求阿姆斯壯在聯盟媒體的經紀人轉告：如果阿姆斯壯不撤文，香蕉共和國的母公司會從聯盟媒體的網絡撤資幾百萬元。雖然香蕉共和國最後讓步[17]，但從此以後，許多贊助廠商都要求其贊助內容得先經過它們批准。

對阿姆斯壯來說，新的規定讓寫部落格失去意義。在此同時，她的孩子也到了不願生活點滴被公諸於世的年紀，表示不論貼文有沒有接受贊助，他們都不想被寫進去。另一方面，阿姆斯壯也得面對網路成名的負面影響。部落客都想建

立自己的社群，但他們進入大眾視野之後，立刻成為酸民攻擊的對象。仇恨言論此時儼然已是網路娛樂，女性尤其容易成為目標。

「事情從那個時候開始變得很糟，到處都是惡意。」另一位早期媽媽部落客凱瑟琳・康納斯說：「部落客只要成名，就會成為仇恨對象，女網紅尤其如此。」

傳統媒體記者對媽媽部落客下筆從不留情。「媽媽部落客」這個詞本身就帶著輕視，令人不快，許多女性認為它具有貶意和厭女色彩。凱瑟琳・傑瑟－摩頓（Kathryn Jezer-Morton）曾經為此寫過電子報：「媒體用這個詞的時候充滿不屑[18]，潛台詞永遠是：這些女人用孩子賺錢，分享太多私事。大家說她們自戀，看她們不順眼，覺得這種事不正常。」

部落客為了在新環境生存，必須做好面對酸言酸語的心理準備。「我還在寫部落格的時候，許多曾經非常活躍的部落客都已離開。」凱瑟琳・康納斯回憶道：「那裡的氣氛越來越壞，而且似乎不會好轉。」到2015年，希瑟・阿姆斯壯相信除了停筆之外別無他法，也真的不再發文。幾年後她短暫復出，再次寫下真摯而坦誠的貼文，談自己對抗憂鬱症和酒癮的歷程。2023年5月9日，阿姆斯壯在鹽湖城家中舊疾復發而過世，享年47歲。

・・・

「媽媽部落客改變了關於母職的論述,影響至今猶存,這點再怎麼強調也不為過。」傑瑟－摩頓說:「從餵母乳到養孩子,媽媽部落客真的讓很多事可以正常討論。現在普遍認為媽媽們的生活雖然不完美,但還是有不少樂趣。這種想法其實是從媽媽部落客開始的。」

歸根究柢來說,往後幾十年內容創作者和平台持續改進的模式,其實是媽媽部落客最早創造的,她們的貢獻比任何一群人都大。她們是第一批在網路上將自己商品化的人,第一批發文剖白個人生活的人,也是第一批藉此營利的人。她們偶然成為網路名人,自己開闢出一條新路。不久以後,還會有其他人帶著更強大的工具,走上同樣的路。

註解
1 Kathryn Jezer-Morton, "Did Moms Exist Before Social Media?" *New York Times*, April 16, 2020, https://www.nytimes.com/2020/04/16/parenting/mommy-influencers.html.
2 Jezer-Morton, "Did Moms Exist."
3 "Socializing and Shopping the Power of Power Moms Online," Nielsen, May 2009, https://www.nielsen.com/insights/2009/socializing-and-shopping-the-power-of-

power-moms-online.
4   Heather B. Armstrong, "Chchchch-Changes," *Dooce*, August 13, 2004, https://dooce.com/2004/08/13/chchchch-changes.
5   Chavie Lieber, "She Was the 'Queen of the Mommy Bloggers.' Then Her Life Fell Apart," *Vox*, April 25, 2019, https://www.vox.com/the-high light/2019/4/25/18512620/dooce-heather-armstrong-depres sion-valedictorian-of-being-dead.
6   Lisa Belkin, "Queen of the Mommy Bloggers," *New York Times Magazine*, February 23, 2011, https://www.nytimes.com/2011/02/27/magazine/27armstrong-t.html.
7   Belkin, "Queen of the Mommy Bloggers."
8   Lieber, "She Was the 'Queen.'"
9   "Marketing to Women – Women Control 80% of Spending," TrendSight, April 10, 2014, https://web.archive.org/web/20140410211225/http:/www.trendsight.com/content/view/40/204.
10 "P&G's Vocalpoint – Using Moms for W.O.M.," ICMR marketing case study, 2006, https://www.icmrindia.org/casestudies/catalogue/marketing/P%20 and%20G%20 Moms.htm.
11 Jack Neff, "P&G Provides Product Launchpad, a Buzz Network of Moms," *Ad Age*, March 20, 2006, https://adage.com/article/news/p-g-product-launchpad-a-buzz-network-moms/107290; Bittner, Bill. "BrainTrust Query: Does P&G's Tremor Have the Formula for Building 'The Buzz'?" *RetailWire*, December 5, 2006, https://retailwire.com/discussion/braintrust-query-does-p-and-gs-tremor-have-the-formula-for-building-the-buzz.
12 Janis Mara, "As More Women Flock Online, BlogHer Caters to What They Want," *East Bay Times*, November 19, 2007, www.eastbaytimes.com/2007/11/19/as-more-women-flock-online-blogher-caters-to-what-they-want.
13 Larissa Faw, "Is Blogging Really a Way for Women to Earn a Living?" *Forbes*, April 25, 2012, https://www.forbes.com/sites/larissafaw/2012/04/25/is-blog ging-really-a-way-for-women-to-earn-a-living-2.
14 Belkin, "Queen of the Mommy Bloggers."
15 Lieber, "She Was the 'Queen.'"
16 XOXO Festival (@xoxofest), "Heather Armstrong, Dooce – XOXO Festival (2015)," YouTube, October 26, 2015, https://www.youtube.com/watch?v=fe-7kHmArAs.
17 Lieber, "She Was the 'Queen.'"
18 "Kathryn Jezer-Morton | Substack," Substack.com, substack.com/profile/116857-kathryn-jezer-morton.

3 人際圈
The Friend Zone

　　現在講到網路，我們想到的常常是推特、YouTube、Instagram、TikTok等科技巨頭，也會想當然耳地認為社群網路的目標就是吸引用戶，設計原則就是要讓人成癮。但早期的社群媒體其實充滿瑕疵又不好上手，大多數平台不僅不知道怎麼定義自己，更不清楚未來的發展方向。現在回過頭看，社群媒體居然花了這麼久才懂得運用名人的影響力，著實令人詫異。社群媒體的第一個十年固著於人際圈。在2000年代末，每個社群應用程式都強調它是**讓你和朋友分享的地方**！——即使用戶已經想到利用網路人氣開創事業，早期社群媒體並不打算更進一步。到2010年代中期為止，大多數平台公司並沒有培植創作者的打算；2010年代中期以後之所以改弦易轍，也只是因為創作者那時已經強大到能逼它們行動。

　　為什麼社群媒體巨頭這麼晚才發現自己擁有什麼？為什麼它們沒有從一開始就藉助網路名人的力量？

這都要從MySpace和臉書用戶之間的第一場大戰說起。社群媒體那時固然是新奇的科技玩意,但仍在摸索目標,每間公司都有不同的願景。它們的戰爭是零和遊戲,一方成功,另一方就一無所有。它們爭奪的是娛樂和媒體的未來,雙方的衝突將影響往後幾十年的發展。

• • •

數位社群網路從1990年代中期開始出現。1995年,康乃爾大學學生史蒂芬・派特諾(Stephan Paternot)和陶德・克利茲曼(Todd Krizelman)創造出TheGlobe.com。他們發下豪語,要用一個網站連結世界上的每一個人。1998年11月13日,公司一上市就成為新聞焦點,首次公開募集第一天就湧入大量資金,金額之高至今仍未打破。但一年後,隨著網路泡沫破裂,TheGlobe.com股價大跌,從此一蹶不振。[1]

1997年,SixDegrees.com問世,讓用戶自行填寫簡介,和也在站上註冊的朋友聯繫。加入朋友以後,網站會為每位用戶的人際網路繪製地圖,讓你看見你的朋友、你的朋友的朋友等等。SixDegrees頭兩年就吸引到350萬名用戶[2],後來在網路泡沫高點以一億兩千五百萬元出售,買家是行銷公司「青春流媒體網路」(YouthStream Media Networks)。

這些產物可謂領先時代——當時大多數人甚至不會上網,用戶的地圖無法反映他們在現實世界的社群網路。對大

多數人來說，網路交友還是十分陌生的概念。

2002年Friendster出現時，網路已是主流。多數美國人上網，青少年和大學生越來越常在網路上消磨閒暇時光。數位相機普及，上傳照片變得輕而易舉。用戶註冊之後，可以透過共同朋友認識新的朋友。一夕之間，原本虛無飄渺的人際網變得有形可見，任你探索。有的用戶在Friendster上找到約會對象，有的用戶重新和老朋友或親戚建立聯繫。小眾品味的用戶也找到同好，成立網路社團。自1990年代末網路泡沫以來，矽谷沒有出現過比Friendster更熱門的資產，投資人的目光轉向社群媒體。[3]

然而，Friendster跟不上自己的快速成長。由於沒有足夠的伺服器，問世才六個月就出現流量超載的問題。到2003年夏，用戶得花上二十秒才能載入Friendster頁面，這讓競爭者有機可乘。[4]

MySpace立刻乘虛而入，在2003年8月上市。創辦MySpace的克里斯・迪沃夫（Chris DeWolfe）和湯姆・安德森（Tom Anderson）原本在科技業底層打滾，到處粗製濫造山寨網站，靠散發垃圾郵件、設計間諜軟體混飯吃，MySpace大剌剌地抄襲Friendster的功能[5]，唯一真正的創新是讓用戶排序「前八名」朋友，而且可以用假名開帳號（Friendster則要求用戶用實名註冊）。為了加快載入速度，MySpace刪減了一些功能。此外，MySpace的程式碼還出了一個幸運的小

差錯,讓用戶能進入自己頁面的HTML碼,用浮誇的字體、亮麗的顏色和動畫標題、背景音樂,設計出獨一無二的個性化網頁。年輕人發現MySpace可以創造自己專屬的頁面,無不為之瘋狂。

Friendster的災難就是MySpace的機會,後起之秀很快成為美國青少年最喜歡的社群媒體網站。兩名創辦人抓住一切機會加速成長。首先,他們利用MySpace母公司能取得的所有電郵地址。另一方面,他們也善用總部在洛杉磯的地利之便,到大小酒吧推銷MySpace。安德森清楚MySpace能提供大量免費曝光機會,是渴望成名的歌手和亟需宣傳的活動夢寐以求的利器。於是,他使出三寸不爛之舌,逢人就說。

最後,安德森還招來一群特殊的Friendster用戶。包括越南裔小模蒂菈・特齊拉(Tila Tequila)在內,有些Friendster用戶想出快速增加幾萬名網友的絕招:上傳暴露照片。特齊拉一再因此違反Friendster的使用規定,五次之後帳號被關。這時,MySpace的湯姆・安德森找上了她,保證不論她做什麼,MySpace都不干涉。[6]於是她決定帶槍投靠,也邀請朋友名單上的幾萬名網友一起轉移陣地。

特齊拉在MySpace華麗登場,成功引來大批青少年、歌手和小模。這群雜牌軍讓MySpace看起來新鮮又刺激。[7]到2004年2月,MySpace僅僅成立六個月後,用戶已經到達一百萬。

許多青少年在MySpace的全盛時期加入，其中也包括當時13歲的柯絲登・「琪琪」・歐斯川根（Kirsten "Kiki" Ostrenga）。2006年，家住佛州珊瑚泉市（Coral Springs）寧靜郊區的歐斯川根決定申請帳號。由於MySpace可以使用假名，所以她以「食人族琪琪」（Kiki Kannibal）之名註冊。

歐斯川根一開始是因為在學校被人欺負，想在網路找避風港。她之所以成為霸凌目標，一方面是因為她是轉學生，另一方面是因為她的穿搭風格很難不引人側目：她剪短頭髮並拚命反梳，讓頭髮蓬成兩倍，再染成亮粉紅色。除此之外，她還喜歡化濃妝和黑眼線，穿漁網褲襪和Hello Kitty衣服。八年級時因為霸凌情況太嚴重，父母決定讓她輟學。

在家自學讓歐斯川根獲得喘息，但一成不變的日子相當無趣。她想在MySpace上認識同齡的孩子，也取得父母同意。沒過多久，歐斯川根開始上傳自己和穿搭風格的照片。由於她身材纖瘦，膚色蒼白，五官醒目，又總是穿得五顏六色，在網路上很快引起注意。

她很快發現MySpace上還有其他人喜歡這種風格。對這種美學最好的形容是「奇觀」（scene），因為它和主流文化截然不同。歐斯川根和全國各地遭到排擠的青少年在MySpace找到歸屬。這群用戶在學校裡是邊緣人，卻一起創造出流行全國的次文化。

MySpace的個人頁面當時預設公開，但也可以送出交友

邀請。隨著歐斯川根更新近況，她開始收到大量交友邀請，而且每個新朋友似乎又帶來十多個新朋友。不到三個月，她的MySpace朋友已經超過兩萬五千人。

她後來對《滾石》雜誌（Rolling Stone）說：「我比較把它當成數字，而不是真人，有點像打電動。」[8]隨著數字越來越高，歐斯川根發現自己正引領時尚潮流。她和另外幾個青少女用戶被稱為MySpace的「奇觀女王」（Scene Queens）。

MySpace在文化上的重要性是兩名創辦人始料未及的。「短短幾年之內，文化消費原本主要來自電視和雜誌的一整代孩子，突然能接觸到大量同輩、名人、甚至陌生人，隨時看到他們喜歡什麼、不喜歡什麼。」《Input》雜誌作者莎拉・塔迪夫（Sara Tardiff）說：「對許多人來說，時尚次文化是Myspace當時最具影響力的輸出。」[9]

隨著歐斯川根的朋友名單迅速膨脹，MySpace儼然成為社群媒體的領跑者，用戶人數在兩年內從零暴增到兩千萬，瞬間超車最後因為伺服器超載而落敗的Friendster。2005年7月，新聞集團（News Corp）以五億八千萬買下MySpace，隔年與Google簽下規模之大前所未聞的廣告合約，預計將以三年的時間，為MySpace及其他幾間旗下公司帶來超過九億元的收益。在此同時，MySpace的用戶仍然每月增加數百萬人，到2007年時，已成為全世界造訪人數最多的網站。[10]從各種標準評估，MySpace似乎都是網路的未來。

・・・

2004年2月，馬克・祖克柏（Mark Zuckerberg）在哈佛大學創立 TheFacebook.com。這個網站正如其名，是數位版的「臉書」（face book，附有照片的大學通訊錄），但也多了一些新的功能。用戶可以寫下自己的感情狀況、修了哪些課，也可以彼此傳訊息或加上頭像。在互動緊密的大學校園裡，這個新產物足以顛覆哈佛的社交生活。同年春末，臉書已紅得發紫。到了那年夏天，祖克柏決定休學，全力投入把自己的社群網路推廣到其他大學。[11]

臉書成立頭兩年仍僅限大學生申請，使用者必須有 .edu 電郵才能開設帳戶。[12] 沒過多久，許多大學生紛紛加入。臉書的設計理念和 MySpace 不同，頁面簡潔俐落，整齊劃一。學生開設帳號後先填好興趣、課程、感情狀況等基本資訊，就能和朋友建立聯繫，在彼此的塗鴉牆上留言。從 2005 年開始還可以上傳照片和「標記」（tag）朋友。

臉書方便學生規劃派對，也能輕鬆看到朋友（還有愛慕對象）在做什麼，很快成為大學生活不可或缺的一部分。2005 年，臉書擴大範圍，讓高中生也能加入。同年，用戶從 100 萬增加到 550 萬。[13] 2006 年，臉書進一步向大眾開放，只要年滿 13 歲就能開設帳號。那年年底，用戶增加到一千兩百萬。

雖然MySpace和臉書都出現指數成長，但兩者對社群媒體的想法十分不同。MySpace像時代廣場，頁面俗豔惹眼，朋友名單長不見底，可以使用假名帳號，審查寬鬆，到處是歌手和小模的挑逗內容；臉書則混和常春藤名校的排外和矽谷的極簡風格。MySpace以洛杉磯為基地，樂見用戶在社群網路創造新身分；社群網路源於哈佛，要求實名註冊和教育背景相似。MySpace頁面預設公開，臉書頁面只容朋友觀看。MySpace沒有朋友上限，臉書最多只能有五千個臉友。[14]

　　這些差異是有意為之，其中一部分是臉書的核心策略。祖克柏一心想要做網路上沒人做過的事——在線上重建既有社群網路。他說臉書是「工具」，是「連結全世界」的科技突破。[15]

　　MySpace的創辦人則看出網路創作者的價值[16]，視頂尖用戶為藝人，把網路平台當媒體兼娛樂公司。他們對投資人說過：「我們想成為網路的MTV台。但MySpace和傳統媒體公司不一樣，我們藉由用戶生產免費內容，透過用戶邀請朋友創造免費流量，各位要做的只有賣廣告！」經營模式這麼好，誰能不心動？

　　正如部落客偶然發現網路觸及大眾的新力量，MySpace的頂尖用戶也發現社群媒體是有力的工具，善加利用能吸引與擴大受眾。這些用戶和其他用戶「交朋友」，先是幾十萬，最後甚至數以百萬。MySpace明星深知和粉絲直接建立關係

的價值，也清楚表現親切能讓粉絲形成擬社會羈絆（parasocial bonds），亦即粉絲對媒體名人產生單向但深厚的心理連結。正如蒂菈・特齊拉對記者所說：「網路上有幾百萬個裸體辣妹，我和她們不同的是：那些辣妹不會回你留言。」[17]

雖然特齊拉加入MySpace時已想著成名，但許多奇觀女王一開始只是想要抱團取暖和交朋友──歐斯川根、漢娜・貝絲・梅霍斯（Hanna Beth Merjos）和依姿・希爾頓（Izzy Hilton）都是如此。

許多奇觀女王心直口快，不諱公開暢談極為私人的事。MySpace上的朋友密切追蹤她們的一舉一動，深深投入她們的生活。她們起初是因寂寞而上網尋求友誼，最後卻存下最強勢的新興貨幣：網路注意力。珊德拉・宋（Sandra Song）在2019年報導說：對「一整代郊區異類」來說，奇觀女王是「強大的網路偶像，從旁協助網路文化蛻變成今日的野獸」。[18]

梅霍斯對《Input》雜誌說：「我們基本上是『網紅』這個詞出現前的網紅。」[19]

這些年輕女性創作者沒有前例可循。不論是唱歌或搞笑，她們都已經在MySpace上累積龐大人氣，可以循俱樂部、劇場、唱片公司等既有管道進入娛樂圈。這群網路創作新生代打破了常規。

然而，有影響力歸有影響力，大多數MySpace明星並未從人氣獲利。雖然此時已經有廠商贊助部落客寫貼文，可是

對大公司來說，MySpace紅星還是太小眾、太年輕或爭議太大，不是理想的合作對象。雖然有人被延攬進模特圈，但更具雄心的用戶還是希望能盡量跨大觸及，有朝一日自己開公司或建立產品線。想不到的是，MySpace本身就是這些用戶的絆腳石：MySpace禁止用戶不透過該公司的管道接廣告，但另一方面，公司的管道完全不與用戶分潤。

少數MySpace紅人有辦法遊走灰色地帶。例如擁有210萬名朋友的小模克莉絲汀・朵斯（Christine Dolce）[20]，最後就發行自己的時裝系列，還販售客製化狗牌，品牌名稱就是她的網路化名「ForBiddeN」。也有人成功利用自己在網路平台的人氣，取得在主流媒體曝光的機會，例如參加實境節目。好萊塢頂尖經紀商「聯合藝人經紀公司」（United Talent Agency），是第一批設立數位部門的經紀公司，很早就與部分MySpace明星簽訂經紀約。但大多數經紀公司還是偏好反向推銷藝人，把節目賣給後來設立的MySpace TV。MySpace TV是早期網路影片服務，但最後不幸失敗。

身為最紅的MySpace明星，蒂菈・特齊拉得到了一些備受矚目的機會。她的MySpace人氣終於為她打開MTV台的大門，登上實境節目《求愛大進擊》（A Shot at Love）。可惜這個節目一直不太成功，特齊拉只能在一些三流節目中亮相，而且機會越來越少。最後，她和另一種「網紅」一起重新得到關注──另類右翼新法西斯主義份子，2016年美國總統

選舉中惡名昭彰的那些人。蒂菈・特齊拉最後一次成為新聞焦點,是因為她自豪地行納粹禮拍照。多年以來,她為了吸引注目無所不用其極,但這是她鎂光燈時光的終結。[21]

至於琪琪・歐斯川根,雖然網路形象帶來的文化影響力一開始也令她飄然,可是反彈來得又快又猛。2007年,28歲的洛杉磯色情攝影師克里斯多福・史東(Christopher Stone)不甘寂寞[22],建立群眾外包八卦部落格「鹹濕好戲」(StickyDrama),專門報導在網路上受到關注的奇觀少年、少女,但謾罵青少女時尤其惡毒殘酷,當時年方16的歐斯川根經常成為箭靶。

鹹濕好戲針對的是奇觀女王。在此同時,也有網路論壇專以女性部落客為攻擊目標,說她們活像「注意力妓女」,例如「滾出我網路」(GOMI,Get Off My Internets)和「部落格酸民」(Blogsnark)。匿名用戶一方面認為這些年輕女性「不配」得到關注,另一方面卻不斷追蹤和騷擾她們。

這是歐斯川根等早期網紅的惡夢。她變成鹹濕好戲謠言工廠的欺凌對象,而且線上騷擾外溢到現實世界。她先是被經常在MySpace找未成年少女的色狼盯上,接著被肉搜爆料,後來連她的家都遭人破壞,還被噴上「蕩婦」。她花了好幾年才從成為「e名人」所受的創傷中恢復。

・・・

MySpace從一開始就吸引了衝動的青少年、小模和樂團，營造出「什麼都可以」的氣氛。MySpace是網路上的狂野西部，既是避風港，也是進身階，但也暴露社群媒體的龐大關注能對人造成多麼可怕的傷害。臉書選擇置身是非圈外，讓用戶既能建立連結，又不必捲入網路爭端。藉著迴避一心只想成名的人，臉書逐漸雄踞一方，成為讓人感到親密、友善的社群中心，影響力超越MySpace。

到2008年，臉書的用戶雖然還是比MySpace少，但充滿活力。MySpace在新聞集團的傘型結構下漸漸施展不開，難以推出新的功能；臉書則快速進擊，打破框架。

臉書也創建新的工具，讓開發者能在它的平台上創造商機，例如廣受歡迎的遊戲《農場鄉村》(*Farmville*)和《一起猜字謎》(*Words with Friends*)。遊戲對臉書十分重要[23]，《農場鄉村》一度每月有將近8,400萬名活躍用戶，任何日子都有超過3,400萬人在玩。《農場鄉村》這樣的遊戲不只帶來新的用戶，也讓每天在網路上花去大量時間成為常態。

臉書從哈佛搬到矽谷，獲得更多網羅世界級科技人才的機會；MySpace則繼續留在洛杉磯由騙子主導。最重要的是，臉書讓用戶有安全感，MySpace卻讓許多用戶漸感疏離。

到2010年，臉書終於超越MySpace，而且不只是小贏，而是痛宰。MySpace在成為全球最大網站僅僅幾年後，變得無足輕重，到2011年，MySpace再次出售，價格為三千五

百萬,與五年前五億八千萬的併購價不啻天壤之別。[24]最後,MySpace放棄社群網路,全力經營音樂市場,逐漸銷聲匿跡。

• • •

矽谷觀察家無不認為臉書的勝利證明一條鐵律:社群媒體用戶只想和親朋好友廝混。至於另有所圖的用戶——不論圖的是商機還是名氣——他們是禍害,遲早會拖垮你的平台。

當時有志創辦社群網路的科技人無不牢記這一課:社群網路就是該把重心放在一般用戶和他們的朋友,才能成功,不應分神照顧那些想當明星或求關注的人。在2000年代末,科技業將這道原則奉為圭臬,從許多新社群網路的定位就看得出來:2006年推特問世,強調自己是讓用戶和朋友分享近況;2010年Instagram推出,表明自己是讓一般用戶和朋友分享生活照。

可是在接下來十年,隨著大牌網路創作者逼矽谷高層承認他們的價值,「社群網路就該以朋友為主」的原則逐漸被拋諸腦後。雖然臉書崛起、MySpace衰落的原因很多,但儘管MySpace失去了平台的魅力,但早期那些頂尖用戶確實做對了某件事,某件祖克柏花了不少時間才想通的事。

社群媒體基本上是人氣機器。當幾百萬人上網互動,自然會有一部分人顯得與眾不同。這群人表現欲強,迅速竄紅

之後又吸引一大群人。社群媒體平台蘊含龐大的文化力量，而內容創作者是最早發現的人。

儘管祖克柏在對抗MySpace之戰中只看到表面，但他和團隊成員卻在無意間奠定網紅追求地位的基礎。2006年，臉書引入動態消息（News Feed）。在此之前，用戶更新歸更新，社群媒體不會把新的貼文即時送到他們朋友眼前。動態消息是第一個這樣設計的工具。換句話說，在動態消息出現以前，你必須進朋友的頁面才能看到他們的更新，不特別點進去就看不到。有了動態消息以後，他們的貼文會源源不斷送到你眼前。能見度提高讓朋友願意分享更多[25]，從近況更新、週末計畫到分手心情，什麼都能分享。從此以後，每一則更新都有人看，哪怕觀眾只有少數幾個朋友。

動態消息引起騷動。有用戶抱怨此舉無異於闖入私人生活，網媒Mashable的新聞標題寫道：「跟蹤狂大樂！」[26]臉書出現大量抗議社團，矽谷總部也有人當面表達不滿，但祖克柏不為所動。結果證明：動態消息有效提高參與度，有利於網站成長，也加速消息傳播。諷刺的是，這場因動態消息而起的騷動之所以傳播得這麼快，正是拜這項功能之賜。

臉書原本反對以競逐成名的風氣謀求發展，沒想到動態消息加快這種趨勢。這項設計讓無數用戶成為彼此較勁的創作者。你在網路上的一舉一動，現在都被送到大眾面前，任人評頭論足。

唯恐天下不知是網路內容創作的本色，雖然臉書讓用戶習慣這套模式，但它著重現實世界友誼而非粉絲單向迷戀的特性，還是讓創作者傾向從別的地方尋找受眾。雖然臉書對某些人來說是社群媒體的入門藥，可是對有心認真經營的網路內容創作者來說，最大的機會在下一代社群媒體──YouTube、推特、Instagram。

　　雖然MySpace到那時已無足輕重，但兩名創辦人的直覺終究是對的。在矽谷對MySpace的模式仍不屑一顧時，MySpace已經機伶地自我界定為娛樂公司──和十多年後TikTok的選擇一模一樣。MySpace創辦人看見社群媒體的重大突破：從此以後，每個人基本上都在經營自己的電視頻道。在MySpace流行的階段，沒有人認真看待素人名人（homegrown celebrities），他們離主流太遠，也出現得太早。大多數人把他們當怪胎，認為他們自戀、不值一哂，活該被排擠、欺負。MySpace的競爭對手將「e名人」視為負債，而非資產。殊不知「名人」的意義正在改變，這種變化不只重塑網路世界，也將撼動線下世界。

第 3 章 ──── 人際圈
The Friend Zone

註解

1. George Mannes, "The Rise and Fall of theglobe.com," *TheStreet*, May 26, 1999, https://www.thestreet.com/technology/the-rise-and-fall-of-theglobecom-750716.
2. "COMPANY NEWS; YOUTHSTREAM TO ACQUIRE SIXDEGREES FOR $125 MILLION," *New York Times*, December 16, 1999, https://www.nytimes.com/1999/12/16/business/company-news-youthstream-to-acquire-sixdegrees-for-125-million.html.
3. Julia Angwin, *Stealing MySpace* (New York: Random House, 2009), chap. 6, iBooks.
4. Angwin, *Stealing MySpace*, chap. 7.
5. *Stealing MySpace*, chap. 2.
6. Angwin, *Stealing MySpace*, chap. 7.
7. Angwin, *Stealing MySpace*, chap. 13.
8. Sabrina Rubin Erdely, "Kiki Kannibal:The Girl Who Played with Fire,"*Rolling Stone*,April 15, 2011, https://www.rollingstone.com/culture/culture-news/kiki-kannibal-the-girl-who-played-with-fire-66507.
9. Sara Tardiff, "Myspace's Greatest Gift Was Teaching Us How to Live Online," *Input*, March 28, 2020, https://www.inverse.com/input/culture/myspace-taught-us-to-craft-our-internet-personas-our-personal-style-live-online.
10. Angwin, *Stealing MySpace*, chap. 26.
11. David Kirkpatrick, *The Facebook Effect* (Simon & Schuster, 2010), chap. 2, iBooks.
12. Kirkpatrick, *Facebook Effect*, prologue.
13. Kirkpatrick, *Facebook Effect*, chap. 9.
14. Kirkpatrick, *Facebook Effect*, prologue.
15. Kirkpatrick, *Facebook Effect*, chap. 6; Mark Zuckerberg, "Bringing the World Together," Facebook, March 15, 2021, https://www.facebook.com/notes/3931346285 00376.
16. Angwin, *Stealing MySpace*, chap. 11.
17. Angwin, *Stealing MySpace*, chap. 19.
18. Sandra Song, "Hanna Beth Invented the Influencer," *Paper*, July 29, 2019, https://www.papermag.com/hanna-beth-influencer-2639373172.html.
19. Tardiff, "Myspace's Greatest Gift."
20. Sean Percival, "MySpace Marketing: Must-Have Friends," Informit, March 4, 2009, https://www.informit.com/articles/article.aspx?p=1312832&seqNum=3.
21. Kate Aurthur, "Tila Tequila's Descent into Nazism Is a Long Time Coming," BuzzFeed, November 22, 2016, https://www.buzzfeed.com/kateaurthur/tila-

tequilas-descent-into-nazism-is-a-long-time-coming.
22 Adrian Chen, "StickyDrama's Christopher Stone Is a 'Sextortion' Expert in More Ways than One," *Gawker*, July 24, 2010, www.gawker.com/5595591/sticky dramas-christopher-stone-is-a-sextortion-expert-in-more-ways-than-one.
23 Dean Takahashi, "Zynga's CityVille Becomes the Biggest-Ever App on Facebook," VentureBeat, January 3, 2011, venturebeat.com/games/zyngas-cityville-becomes-the-biggest-ever-app-on-facebook/.
24 Dominic Rushe, "Myspace Sold for $35m in Spectacular Fall from $12bn Heyday," *Guardian*, June 30, 2011, https://www.theguardian.com/technology/2011/jun/30/myspace-sold-35-million-news.
25 Kirkpatrick, *Facebook Effect*, chap. 9.
26 Pete Cashmore, "Stalkers Rejoice! Facebook Updates News Feed," Mashable, November 15, 2006, https://mashable.com/archive/stalkers-rejoice-facebook-updates-news-feed.

4 新明星
The New Celebrity

  2002年,茱莉亞・愛莉森(Julia Allison)在喬治城大學讀大三,開始為校園報紙寫約會專欄「慾望山丘」(Sex on the Hilltop)。當時電視影集《慾望城市》(Sex and the City)正紅。隨著愛莉森的專欄在學校引起轟動,她也覺得自己成了喬治城大學的凱莉・布雷蕭(Carrie Bradshaw,《慾望城市》中的主角)。由於喬治城大學位於華府,她的專欄獲得全國報導(有一次她才剛寫下自己正與某位年輕國會議員拍拖,《華盛頓郵報》便立刻查出對方身分)。愛莉森的同輩欣賞她直白的風格,但不到幾個月,她的文章開始惹惱喬治城大學校友和部分學生。「性方面的事我其實沒寫太多,」愛莉森對我說:「但喬治城大學的保守派非常不爽,於是我成了出氣筒。」儘管如此,愛莉森很快獲得《柯夢波丹》、《17》等全國性雜誌刊物邀稿。電影製作人亞倫・史培林(Aaron Spelling)甚至看上她的人生故事,在她21歲時就買下改編電影的權利。

  2004年,愛莉森畢業,搬往紐約,前途看似一片光明。

她肯拚,也有母庸置疑的魅力,一心期盼過去的經驗能夠受到紐約媒體青睞,讓她順利走上寫作之路。她甚至希望將來能開自己的電視節目。搬到紐約那年她帶著一張目標清單,其中一項是「成為文化偶像(cult figure)」。

愛莉森抵達紐約以後,寄發無數電郵向編輯們求職,豈料全部石沉大海。對大型傳統雜誌主編來說,寫過幾篇雜誌文章和校園專欄顯然不足為道。最後,免費日報《早安紐約》(AM New York)總算邀請愛莉森寫每週專欄,週薪50元。

同樣是那一年,愛莉森參加湯姆・沃爾夫(Tom Wolfe)新書講座時靈光一閃。她發現,不論什麼場合,沃爾夫一定都穿他的招牌白色西裝出席。「他就是品牌。」愛莉森頓悟:「我也得成名,讓自己成為品牌。」沃爾夫在另一個時代將自己塑造成品牌,但他不是愛莉森唯一效法的範本。

・・・

在2000年代中期,媒體常常把芭莉絲・希爾頓(Paris Hilton)當成負面教材。雖然她無人不知、無人不曉,但沒有人想要獲得那種關注。《紐約時報》說:「很少有名人這麼努力搏八卦小報版面,一心建立一事無成和魯莽行事的名聲。」[1]但即使在那個時候,希爾頓已經在走自己的路。從將近二十年後的今天回過頭看,她當年的舉動似乎頗有先見之明,不再像《拜金女新體驗》(The Simple Life)呈現的那樣無

第4章──新明星
The New Celebrity

腦。接下來十年，八卦小報、實境節目和網路逐漸撤除名人和素人（anonymous）之間的屏障，希爾頓順勢運用這三種工具讓自己躍升A咖。Hollywood.tv的幕後大老謝拉茲・哈桑（Sheeraz Hasan）說：「大家現在用社群媒體在做的事情，第一個做的都是芭莉絲・希爾頓。」

芭莉絲・希爾頓是希爾頓酒店創辦人康拉德・希爾頓（Conrad Hilton）的曾孫女，在紐約和比佛利山長大。希爾頓和其他出身富貴的同輩不一樣，別人是避著媒體，她是衝向媒體。不論在紐約或洛杉磯，只要有時尚活動她一定到場，還擺好姿勢讓人拍照。她就像2000年代「珠光寶氣」（McBling）風格的同義詞──Juicy Couture運動服、水鑽飾品、Von Dutch棒球帽，有時還牽一隻品種狗當「配件」。

老一輩觀察家看芭莉絲・希爾頓不順眼，更想不通她為什麼會紅。ABC資深主播芭芭拉・華特斯（Barbara Walters）說她是「新品牌名人，因有名而有名」。華特斯自己也是品牌，是新聞界最具特色也最有影響力的女性，有名到《週六夜現場》（Saturday Night Live）經常模仿她，但她是經過許多努力才有今日的地位，身為猶太女性，她一路上必須克服無數歧視。在眾人眼裡，華特斯之所以有名是因為她成就傲人──但那個富家嬌嬌女憑什麼紅？聽說她一事無成。

「被狗仔成天追著跑真的是從芭莉絲開始的。」[2]金・卡戴珊（Kim Kardashian）在YouTube原創紀錄片《這是芭莉

絲》（*This Is Paris*）中肯定地說：「要不是她開始進入實境節目世界，還把我帶進那個世界，我現在不會在這裡。我覺得她能給我最好的建議是：好好看我怎麼做。」

在希爾頓搶盡小報版面的同時，實境節目也在重整主流娛樂圈。有線電視在2000年達到收視高峰，需要大量內容填滿數以百計的有線頻道。美國人越來越少看新聞，製作嚴肅電視新聞的預算大幅降低（華特斯之所以對希爾頓現象深感挫折，或許也和她的世界正在衰頹有關）。認真編劇的節目成本太高，何況年輕人逐漸厭倦主題固定、笑點僵化的情境喜劇。於是，電視製作人開始轉向1990年代末的新玩意——半依劇本半即興的實境節目，例如MTV台的《真實世界》（*The Real World*）。對急需內容的電視台高層來說，實境節目成本低廉，製作簡單，是不錯的選擇。

2000年代初，隨著《倖存者》（*Survivor*）、《老大哥》（*Big Brother*）一炮而紅，各電視台爭相製作更多實境節目。許多2000年代初的實境明星都已在好萊塢闖出名堂，例如2002年首播的《奧斯本家族》（*The Osbournes*）和《安娜・妮可秀》（*The Anna Nicole Show*），主角都是出道多年的明星。搞笑實境節目《明星大惡搞》（*Punk'd*）由艾希頓・庫奇（Ashton Kutcher）擔綱，庫奇當時已經演過《70年代秀》（*That '70s Show*），觀眾對他都不陌生。2003年首播的《新婚夫婦：尼克和潔西卡》（*Newlyweds: Nick and Jessica*）則請到流行歌手潔西卡・辛普森

(Jessica Simpson)和尼克・萊奇(Nick Lachey)。

也有素人因為演出實境節目而成名,例如艾瑞克・尼斯(Eric Nies),1992年MTV台《真實世界》第一季捧紅的七名年輕人之一。他是第一代實境節目名人,紅到MTV台欽點他主持《歌舞青春》(The Grind)。然而,尼斯雖然深受歡迎,卻始終無法從實境名人變成主流明星。到1990年代末,他基本上已經從小報消失,和其他曾經演出同類節目的人一樣沒人關心。

但芭莉絲・希爾頓不一樣,藉著她的實境節目《拜金女新體驗》,她成功跨過素人和主流之間的界線。

2000年代初,希爾頓的一連串八卦引起莎朗・克萊恩(Sharon Klein)注意。克萊恩當時是福斯電視台的資深選角副理,電視台高層正埋頭苦思實境節目內容。其中一個點子是複刻1960年代當紅喜劇《快樂農夫》(Green Acres),把它變成實境節目。《快樂農夫》講的是紐約一對有錢夫婦被迫搬到農場的趣事,在物色從第五大道搬到農場的人選之際,克萊恩邀希爾頓見面。「我習慣見見這些戴著假面具的演員。」克萊恩對實境電視世界(Reality TV World)說:「她很真、很有趣⋯⋯她活在自己的世界,而且不羞於承認。」[3]

克萊恩向電視台同事建議邀希爾頓演出,每個人都覺得是好主意。事情就這樣定了:送希爾頓去農場生活和打工,記錄每一個爆笑時刻。克萊恩說討論過程順利的原因很簡

單：「他們也想看高跟鞋踩到牛糞的鏡頭。」電視台又邀請妮可・李奇（Nicole Richie）和希爾頓搭檔，2003年5月2日將她們送到阿肯色州阿爾特斯（Altus），和雷丁（Leding）一家生活一個月。

2003年12月2日，《拜金女新體驗》首播即引起轟動[4]，收視人數超過1,300萬人。在此之前，實境節目從未創下如此佳績。

事實上，在節目上檔幾個月前[5]，希爾頓的前男友瑞克・所羅門（Rick Salomon）流出她19歲時的性愛影片。所羅門大希爾頓13歲，據說影片是他強迫希爾頓拍的。希爾頓說她當時在寄宿學校身心受創，正在休養。在《拜金女新體驗》即將殺青之際，所羅門未獲希爾頓允許便賣出影片，據傳他第一年就靠影片賺了一千萬，而從未同意出售影片的希爾頓一文未得。[6]希爾頓大受打擊，提出訴訟，最後以和解收場。

性愛影片引起全國關注，從深夜脫口秀到報紙專欄，每一家媒體都在討論這個話題。這段影片甚至因為到處瘋傳，流量太大，一度癱瘓網路。由於沒有任何辦法阻止傳播，這起流出事件成為損害控管的夢魘。要是從前，這場災難可能毀掉希爾頓的職涯。可是在2000年代初，圍繞性愛影片的媒體爭議只讓她更加出名。小報不斷炒作，欲罷不能，持續暴增的部落客也追著她窮追猛打，裴瑞茲・希爾頓（Perez Hilton）就是如此。[7]

第4章────新明星
The New Celebrity

　　芭莉絲·希爾頓成為千夫所指的笑柄，但《拜金女新體驗》不但沒有被這件醜聞拖累，反而大獲成功。在網路上，希爾頓成為美國最熱門的搜尋對象。影視高層再不高興也無所謂，從此以後笑罵由人，反正她已經有一群無論如何都挺她的鐵粉。她安然度過風暴，繼續迎合了解她的作風和幽默的觀眾。他們就在那裡，希爾頓也越來越知道怎麼和他們直接建立關係──透過網路。

　　雖然希爾頓在社群媒體普及之前便已走紅，但她是最早一群懂得透過炒作新聞拉抬自己、進而成功建立數位品牌的人。她一步一步利用八卦小報、實境節目，最後是網路，讓自己成為無所不在的品牌，當一晚DJ就能進帳一百多萬，代言一次香水或其他商品就能海撈幾百萬。她創造出她的粉絲崇拜的人物，在文化階梯上不斷向上爬，直到成為眾所公認的A咖名人。

　　《拜金女新體驗》首播四年以後，曾經擔任希爾頓助理的金·卡戴珊走上同一條路，以實境明星的身分踏上舞台。2007年，《與卡戴珊一家同行》(*Keeping Up with the Kardashians*)開播。這個節目成為卡戴珊和她的母親克莉絲·詹納（Kris Jenner）的跳板，將他們一家變成網紅工廠。卡戴珊一家和希爾頓一樣無縫適應網路世界，藉著網路一躍而成億萬富豪。實境節目任他們分享生活細節、與粉絲互動，利用每一次曝光推銷自己的品牌，不論是個人品牌或商品品牌。

的確，希爾頓和卡戴珊都家財萬貫，享盡特權。她們的成功需要一整班公關、私人助理、媒體人才相互協力。希爾頓、卡戴珊和其他富二代在實境節目大獲成功的事實並不令人訝異──實境節目若想賣座，就一定要拍攝奢華的生活方式、個性浮誇的人，或是讓平日養尊處優者體驗一下克難生活。實境節目從來無意呈現觀眾的日常現實，從頭到尾都沒有這樣做。反倒芭莉絲・希爾頓和金・卡戴珊的世界變得沒那麼遙遠，一般人只要點幾下滑鼠，或是去她們推薦的店消費，就可以拉近與她們的距離。

對於想學她們的人來說，真正的問題是：如果你不是含著金湯匙出生，可能和她們一樣成功嗎？有網路之助似乎有機會。茱莉亞・愛莉森想找出答案。

・・・

愛莉森開始以名字和中間名「茱莉亞・愛莉森」發表文章，略過真實的姓氏「鮑爾」（Baugher）。她火力全開，忙得團團轉，為《早安紐約》寫專欄，參加實境節目試鏡（而且入選），還上電視談約會建議。到2005年，她開了部落格。

愛莉森對部落格原本沒什麼期待，起初只是用來存放沒放進《早安紐約》專欄的東西，像約會經驗、食記等。不久，她開始上傳自己（價格親民）的穿搭，她說是「從頭到腳大公開」。Tumblr用戶把這種相片稱作「#gpoy」，意思是「本

人廢照」(gratuitous picture of yourself)。愛莉森的貼文和傳統女性雜誌很不一樣，內容親切，很能引起千禧世代女性共鳴。她和許多部落客一樣，也看出這種方式接觸到的受眾雖然不多，但一直在增長，而且能和粉絲發展出深厚的關係。

愛莉森立刻做出結論：她曾汲汲追求的紙媒已是窮途末路。到2006年，她把重心轉移到部落格，人們也開始注意到她。

當時高客網是紐約影響力最大的網路媒體，也提供許多網路媒體新聞。愛莉森把自己的文章連結大量寄到讀者爆料信箱，留言時也常附上自己的文章連結。

現在，透過不斷留言評論別人的貼文來吸引注意已是常態[8]，可是在那個時候頗惹人討厭。高客網的小編馬上罵愛莉森「自我推銷過頭」。

愛莉森不為所動，依然故我。2006年高客網創辦人尼克・丹頓（Nick Denton）舉辦萬聖節派對時，愛莉森用保險套包裝做了一套衣服，以「保險套仙子」之姿現身。[9]丹頓知道對這號人物不能再置之不理。第二天，高客網作者克里斯・莫尼（Chris Mohney）應丹頓之請寫了一篇八百字的文章：〈茱莉亞・愛莉森指南〉。這篇文章尖酸刻薄[10]，用十分惡毒的措辭指責愛莉森求關注過頭（這篇文章也頗有2006年紐約之風，還挖苦了一下愛莉森根本不算個人物——大攝影師派翠克・麥克穆蘭〔Patrick McMullan〕從來不認識她）。

莫尼的潛台詞很清楚：這女人以為自己是誰啊？誰說這種人是個角色？但莫尼也承認：「好像走到哪裡都看得到她。」

這篇文章被瘋狂點閱。仇恨文字吸引仇恨留言。愛莉森大受打擊，哭了三天，苦苦哀求主筆室下架。遭到拒絕後，她決定反擊。她在自己的部落格貼了一張自拍，穿上那件保險套仙子裝，臀部正對鏡頭。「我最親愛的高客網，」她寫下標題：「親我屁股。」

愛莉森和高客網就此展開漫長的線上戰爭，雙方都因此受到更多關注。有高客網主筆說愛莉森是「我們的芭莉絲·希爾頓」，甩不掉，躲不開，每個人對她都有自己的看法。[11] 討厭她的人說她是「自戀狂」，不配得到關注；喜歡她的人說她聰明慧黠、懂得自我調侃，努力想為自己開闢新路。但不論是鐵粉或黑粉，每個人都承認她是謎一般的新明星。

「那種名氣在當時很特殊，現在已見怪不怪。」愛莉森對我說：「當時沒有人做好準備。有人說這叫『微名氣』（micro fame），指的是你沒想到自己會紅，卻莫名其妙紅了。這跟泰勒絲（Taylor Swift）那種紅不一樣，是說你突然引起很多注意，成了名人──但只在小圈圈裡變成名人。這造成一種滿奇怪的處境，你同時既是超級名人，又是無名小卒。在網路上出名對每個人來說都是很新的經驗，對我來說也是。」

• • •

2007年2月，大衛‧卡普（David Karp）和馬可‧亞曼特（Marco Arment）在紐約創立小型部落格網站Tumblr。讓不懂電腦程式的人也能建立清爽俐落、優雅大方的部落格。

創辦Tumblr的主意來自卡普。他後來對《.net》雜誌說，自己一直想弄個美觀時尚的部落格，但找來找去，就是沒有平台能上傳「我想放的那些酷影片、連結和圖片」。[12]他之所以對部落格另有想法，部分原因可能是他對寫作興趣不大。這位20歲的高中輟學生擅長程式和設計，最後決定自己解決這個問題，於是找亞曼特一起開發。

他們為這個新平台命名Tumblr。選定喜歡的名字註冊以後，Tumblr提供多種設計好的模版任君選擇，你也可以加上自己的特色。只要短短幾分鐘，你就能上傳文字、圖片、GIF、名言和影片。

Tumblr和之前的WordPress、Blogger都不一樣，它已初步具備社群媒體的功能，例如「轉格」（reblog，轉貼部落格貼文）。轉格技術是麥可‧弗魯明（Michael Frumin）和約拿‧裴瑞迪（Jonah Peretti）開發的，兩人都是紐約目光藝術科技中心（Eyebeam Art and Technology Center）的工程師。裴瑞迪的前室友提姆‧謝伊（Tim Shey）在新世代網絡（Next New Networks）任職，和Tumblr合租辦公室。他在自己的部落格說轉格就像混音：「你可以這裡混一點自己的聲音，那裡混一點自己的聲音，最後大家都開心。」[13]

沒過多久，Tumblr就變得既像社群網站，也像部落格平台，讓用戶按讚、留言、轉貼。Tumblr登場的時機非常好：MySpace逐漸式微；推特推出不到一年，只有少數科技宅使用；臉書雖然如日中天，但仍把焦點放在線下世界的朋友，而非線上具有共同愛好的陌生人。Tumblr充滿假名用戶，互動的經常是生活中不認識的人，雜亂無章，但富有創意，吸引各式各樣的創作者，開站不到兩週便累積七萬五千名用戶。茱莉亞・愛莉森也是其中之一，每天貼文不下十次。

在洛杉磯成為網路創作者之都以前，尋求線上受眾的人多半群集在紐約「矽巷」（Silicon Alley），日益蓬勃的熨斗區（Flatiron District）更是Tumblr和部落客文化的重鎮。2000年代末，在「肉身空間」（meatspace）展現網路文化的活動突然大增。2008年，紐約市長麥克・彭博（Mike Bloomberg）宣布舉辦「網路週」，以「宣傳紐約網路產業」。愛莉森成為Tumblr派對和紐約科技活動的常客。

2009年，時任高客網影片總監的理查・布萊克利（Richard Blakeley）察看網路週活動表，發現論壇雖多，卻沒有輕鬆一點的社交聚會。於是，他決定在上西城帝國酒店（Empire Hotel）屋頂辦個活動。

這就是網路界年度盛事「網路初見舞會」（Webutante Ball）的由來。[14] 攝影師尼克・麥可葛林（Nick McGlynn）在現場拍下不少照片，放在自己的網站RandomNightOut。他在

2010年對《野獸日報》(Daily Beast)說：「是個角色的人那時都在舞會上。」[15] 獲選進入「名人舞會名人堂」(FameBall Hall of Fame)的愛莉森是「舞會委員」。

網路初見舞會不是唯一一場網路實體活動。BuzzFeed當時仍是數位媒體後起之秀，也為粉絲舉辦了見面會。2008年，一群哈佛學生創立ROFLCon[16]，兩年一次舉辦網路迷因大會，邀請被傳統媒體稱為「網路名人」(net celebs)的早期網路創作者參加。除此之外，還有2009年開始的社群媒體週，舉辦講座說明建立網路受眾的價值。

同年，網路文化新聞網站Urlesque[17]及Know Your Meme合辦「毋忘迷因夜」(A Night to ReMEMEber)，邀請參加者變裝成喜歡的迷因，吸引不少知名Tumblr創作者、早期YouTuber、部落客、網路狂熱份子。由於網路迷因已蔚為風潮，派對大獲成功。[18] Urlesque和Know Your Meme深受鼓舞，幾個月後再度舉辦第一屆「萬聖迷因節」(HallowMeme)，邀請參加者打扮成喜歡的網路明星。最佳服裝獎前三名分別是三狼嚎月、鍵盤與貓，還有一個把一堆水管掛在身上的人（應是影射某參議員[19]把網路喻為管路）。

愛莉森經常出席這類活動，和當時被稱為「網路名流」(ceWEBrities)的其他網路創作者交流。她會在Tumblr記錄經過，貼文總是被大量按讚和轉貼。她玩Tumblr的手法就和後來許多人用Instagram一樣。「我天天貼穿搭照。」她說：

「如果有文章刊出或是上電視,我也會發文廣告周知。我還會貼很多幕後花絮,例如時尚週的後台視角,都是一些平常不太有機會看到的事。」

愛莉森的作風在當時令媒體觀察者不知所措。雖然部落客在2000年代末仍是主流,也形成一套既定模式,但愛莉森不是大家熟悉的寫作者,而是懂得靈活運用照片、文字、影片等各種媒介的記者。她深知怎麼吸引用戶進入她的世界,建立自己的品牌;也有本事上一秒聊約會和性,下一秒談科技世界的發展。她說這叫「生活廣播」(lifecasting)。

很快地,網路上到處都是茱莉亞・愛莉森的消息。《紐約時報》在2008年3月介紹這名27歲女子,《連線》雜誌在同年7月以她為封面人物,她的專欄不時登上《Time Out》雜誌紐約版,所有主要新聞網都邀請她上過節目。

媒體經常說她「因有名而有名」——和他們形容芭莉絲・希爾頓的說法一模一樣——但電視製作人一再邀請她,雜誌編輯知道她有流量,也是銷售保證。愛莉森意識到自己的影響力,也看出將名氣化為文化和經濟力量的機會。

「我發現我在部落格上寫到什麼東西,第二天就會收到那個東西的電郵。」她回憶道:「比方說我寫到泳衣,就會收到泳衣公司的電郵,問:『請問您是?我們發現您的部落格為我們帶來大量流量。』」

愛莉森胸有大志,獲贈區區泳衣根本不足掛齒。她

說：「我看到歐普拉（Oprah）帶紅了好幾個人，讓他們儼然成為各自領域的代言人，像投資理財的蘇茲・奧爾曼（Suze Orman）、心理議題的菲爾博士（Dr. Phil）。但我覺得這種事不會發生在我這個年齡的人身上，因為我們現在不看歐普拉脫口秀，而是上網。所以我想，也許我能像歐普拉那樣帶紅別人，但方法是網路。」

愛莉森向投資人募資成立公司，取名「非社群」（Non Society）。「回過頭看，名字真的取得爛透了。但我們想表達的是我們不是正常社群，而是反叛者。」她說：「我想找間公寓，讓大家一起靠贊助營生，在那裡直播、經營部落格、拍影片。」這是早期版的協作屋（collab house），到2010年代才真正流行。雖然精采電視台（Bravo）對這個點子頗有興趣，甚至委託以此製作實境節目《素人美女》（IT Girls）試播，但網路反彈激烈，有人怒斥愛莉森不配，性別歧視攻擊比比皆是。網路八卦媒體《第六頁》（Page Six）甚至叫她「想紅的網路婊子」。[20]

但愛莉森不為所動，繼續推銷她的想法，也開始和大品牌簽下合約。2009年，思科（Cisco）請她為消費電子展（Consumer Electronics Show）製作兩支影片，報酬三萬元。同年，T-Mobile以一萬四千元的代價請她發四則推文。聯合利華（Unilever）行銷長西蒙・克里夫特（Simon Clift）邀請她對三百名主管演講[21]，談網紅行銷，她說她的線上工作「即使對聯合利華這種身價超過五百億的巨頭來說，也是必須了解

的一課」。愛莉森也和索尼（Sony）簽訂鉅額合約[22]，承諾推銷公司新款Vaio筆電，並與培頓・曼寧（Peyton Manning）和賈斯汀・提姆布萊克（Justin Timberlake）一起拍廣告。

儘管愛莉森的年輕女性受眾喜歡這個廣告，高客網卻以充滿厭女情緒的報導百般數落。其中一篇嘲諷說[23]：「你知道茱莉亞・愛莉森包包裡有索尼Vaio生活風格筆電嗎？那可不是她包包裡唯一一個印有『生活風格』的東西。」──因為一家知名保險套品牌也叫這個名字。

令人不安的是，幾乎每篇記錄愛莉森崛起的文章都有厭女用詞和比喻。科技記者幾乎清一色是男性，除了不斷質疑愛莉森欠缺媒體和科技方面的專業之外，還經常暗示她的私生活混亂，以非常性別歧視的語言對她進行蕩婦羞辱，指控她色誘訪問或合作的科技業男性。《快公司》（Fast Company）月刊有一篇文章的標題是：「茱莉亞・愛莉森，胸部有時並不管用」。[24]《連線》和其他科技媒體的態度不遑多讓。

這些攻擊和所有厭女言行一樣，憤怒的背後隱藏著恐懼。2010年，愛莉森接受網媒TheStreet訪問時說：「我把網路當成銷售管道⋯⋯這讓我不必透過中間人──那些辦雜誌收廣告費的人。」對於這樣一個既無視傳統階序、也不甩論資排輩，只一心要當開路先鋒的圈外人，媒體怎麼可能不全力打壓？──何況這個要當開路先鋒的還是個女人？

儘管愛莉森面臨重重阻力，還是在網路上吸引了一群崇

拜她的粉絲。年輕女性對她尤其敬佩，喜愛她自然流露的樂觀和自信。廠商也承認她的確有建立受眾的天分。

隨著受眾增加，愛莉森開始在世界各大商業會議演講。她到達沃斯（Davos）參加世界經濟論壇，也受邀出席白宮記者晚宴。她是92街Y活動的目光焦點[25]，也在SXSW（South by Southwest，直譯為「西南偏南」）大會發表主題演講。

2010年末，愛莉森搬到洛杉磯。她受邀演出精采電視台的實境節目《忠告小姐》（Miss Advised），主角是三名設法平衡生活的單身感情專家。這似乎是一大突破，可是在愛莉森看來並不成功。「苦不堪言地」拍完一季之後，愛莉森發誓再也不參加實境節目。

回過頭看，愛莉森能堅持下來實在令人訝異。有人架了一整個網站專門詆毀她，有人跟蹤她的家人，大牌記者在主要媒體譏諷她，名嘴在全國電視節目嘲笑她。《雷達》（Radar）雜誌說她是網路嫌惡榜第三名，排名甚至在YouTube影片裡一個把小狗扔下山崖的人之上。[26] 只要愛莉森和投資者見面，媒體便繪聲繪影說他們「狀似親密」，暗示她和談生意的對象關係不單純，有些合作機會就因為這些厭女和八卦抹黑無疾而終。

「我遇上排山倒海的獨特恨意，簡直喘不過氣。」愛莉森對我說：「可是那時沒有心理師受過處理網路仇恨的訓練。雖然那些謾罵對我造成情緒傷害，但我很難尋求幫助。」

2012年，愛莉森決定不想再看到網路攻擊。「我已經被窮追猛打了十年左右，我累了。」她說：「我覺得自己被打倒了，完全幻滅，想過不一樣的人生。最重要的是，我想退出網路。那種感覺就像，『雖然我不知道以後該怎麼賺錢，但我不想再用這種方式賺錢』。我再也沒有回頭。」

她著手把自己從網路抹去，花好幾個鐘頭一條、一條刪除推文，總共刪除超過一萬四千條。她移除 Tumblr 貼文，將其他帳號從公開改成私人，重設自己的 YouTube 和 Vimeo 熱門影片觀看權限。

每次她忍不住重溫昔日的樂趣，事後都會後悔。她說：「每當我覺得恢復安全感，貼一張照片上去，總會再次收到一些惡言惡語，然後刪文。」仇恨依然存在，比如2019年，有一名用戶便在 Reddit 發文：「如果你現在還有追蹤 JA，你會發現她40歲的人生完全淒涼，一事無成。活得這麼沒用也是厲害。」[27]

最近幾年，社會終於意識到1990和2000年代的媒體對年輕女性多麼殘忍。紀錄片採訪小甜甜布蘭妮、莫妮卡・陸文斯基、芭莉絲・希爾頓等知名女性，重新檢視她們當年遭受的對待。有人挖出當時厭女訪問者苛責這些女性的影片，上傳 TikTok，年輕觀眾看了無不震驚。

然而，愛莉森的遭遇並沒有被重新檢討。[28] 相反地，社會忽視她、跳過她，不承認她在今日164億網紅產業中扮

第4章────新明星
The New Celebrity

演了先鋒角色。即使在矽谷投資者終於開始留意網紅生態系、重新名之為「創作者經濟」之後,還是從來沒有人提過她的名字。〔29〕

茱莉亞・愛莉森勝過她那一代任何一個人的特點是:她善於藉助網路注意力,並精明地將注意力變現。雖然這兩種作法現在已司空見慣,可是在2000年代中期是橫空出世。當時部落客努力的方向是耕耘小眾主題,設法擴大熱情的受眾。有沒有人利用個人魅力打進市場,依靠網路這個新工具從無名小卒變成主流明星?茱莉亞・愛莉森屬於最早嘗試這樣做的一群。

「(愛莉森)代表網路文化發生巨變的時刻。」〔30〕喜劇演員希瑟・高爾德(Heather Gold)在推特上說:「她是一切發生改變的時刻,所以她對我們這麼重要⋯⋯雖然當時的網路文化根本不接受她,但她的作法現在已不足為奇。」

「她利用這種媒介,接著一發不可收拾。」高客網前主筆柯里・希卡在《連線》雜誌中這樣說愛莉森:「她用看似無縫又有如魔術的方式讓它發生。」

芭莉絲・希爾頓透過「因有名而有名」,改寫了A咖名人的意義。茱莉亞・愛莉森雖然資源遠遠不及希爾頓,但她以網路連結為主要工具,還是走出同樣的路,改變了名人的意義。現在,數以百萬的網路用戶做的正是愛莉森做過的事。她在無數惡言惡語攻擊下仍走出一條路這件事,讓她的

成就更值得我們注意。

「人們常常叫我注意力婊子，可是，你會這樣叫努力幫自己打書的人嗎？會這樣叫走紅毯宣傳電影的明星嗎？你有罵過任何一個男人是『婊子』嗎？我只不過想讓大家讀我的專欄，讓我付得起單人套房兩千五百元的房租，結果大家都用『婊子』這個詞罵我，說這女人是注意力婊子。」

愛莉森現在生活平靜，和未婚夫住麻州劍橋，最近錄取哈佛甘迺迪學院領導與公共政策碩士班。「我現在和網路的關係和十年前有天壤之別，」她說：「部分原因讓我難過。我真的認為真誠而不怕受傷地分享本身就有價值，在別人這樣做的時候，我獲益良多。」

疫情期間，愛莉森偶爾會在 Instagram 和臉書更新近況。但次數很少，也不公開，只有少數朋友看得見。「我真的想回到網路，但願有一天可以，就算在 TikTok 上被當成歐巴桑也無所謂。」她說：「我到時候的態度大概就是：管你們去死！但我現在還沒恢復到那種程度。」

註解

1. John Leland, "URBAN FABLES; Once You've Seen Paris, Everything Is E = MC^2 (Published 2003)," *New York Times*, November 23, 2003, www.nytimes.com/2003/11/23/style/urban-fables-once-you-ve-seen-paris-everything-is-e-mc2.html.
2. Paris Hilton, "The Real Story of Paris Hilton | This Is Paris Official Documentary,"

第 4 章　　　新明星
The New Celebrity　087

　　 YouTube, September 13, 2020, www.youtube.com/watch?v=wOg0TY1jG3w.
3　"The Simple Life," Reality TV World, https://www.realitytvworld.com/realitytvdb/the-simple-life.
4　"Second Episode of 'The Simple Life' Draws Even Better Ratings," Reality TV World, https://www.realitytvworld.com/news/second-episode-of-the-simple-life-draws-even-better-ratings-2065.php.
5　Zoe Guy, "Paris Hilton Says She Was Coerced into Making Sex Tape," *Vulture*, March 7, 2023, www.vulture.com/2023/03/paris-hilton-sex-tape-memoir.html.
6　"Paris Hilton—I Never Made a Dime off My Sex Tape," *TMZ*, November 25, 2013, www.tmz.com/2013/11/25/paris-hilton-sex-tape-money-rick-salomon-1-night-in-paris/.
7　譯註：裴瑞茲・希爾頓是部落客小馬利歐・阿曼多・拉凡德拉（Mario Armando Lavandeira Jr.）的化名，與希爾頓家族無親戚關係。
8　Jason Tanz, "Internet Famous: Julia Allison and the Secrets of Self-Promotion," *Wired*, July 15, 2008, www.wired.com/2008/07/howto-allison/.
9　Julia Allison Condom Fairy Halloween 2006," Raincoaster, January 6, 2011, https://raincoaster.com/2011/01/06/non-rebloggingnonsociety/julia-allison-condom-fairy-halloween-2006/#main.
10　Chris Mohney, "Field Guide: Julia Allison," *Gawker*, November 1, 2006, https://www.gawker.com/211734/field-guide-julia-allison.
11　Jon Friedman, "*Gawker* Gets Respectable— and Remains Humorous," *MarketWatch*, August 15, 2007, https://www.marketwatch.com/story/correct-gawker-gasp-grows-up-and-gets-respectable.
12　Oliver Lindberg, "Interview with David Karp: The Rise and Rise of Tumblr," Lindberg Interviews, Medium, July 10, 2016, https://medium.com/the-lindberg-inter views/interview-with-david-karp-the-rise-and-rise-of-tumblr-ed51085140cd.
13　Tim Shey, "Shey.net Reblog: On ReBlogging," Shey.net, October 4, 2004, shey.net/reblog/2004/10/on_reblogging.html.
14　譯註：「webutante」一字由「web」和「debutante」合成，後者為舊時上流社會為初次踏入社交圈的少女舉辦的舞會。
15　Lauren Streib, "Webutante Ball: Julia Allison, Lockhart Steele, and More," *Daily Beast*, June 9, 2010, https://www.thedailybeast.com/articles/2010/06/09/chic-geeks.
16　譯註：全名 Rolling On the Floor Laughing Convention，「笑到滾地大會」。
17　譯註：「url」和「urlesque」（搞笑）的合成字。
18　"A NIGHT to ReMEMEber," Urlesque, i.kym-cdn.com/photos/images/newsfeed/

000/619/064/af2.jpg.
19 譯註：阿拉斯加共和黨參議員泰德‧史蒂文斯（Ted Stevens）。
20 "No Pain No-Show," *New York Post*, April 30, 2009, https://pagesix.com/2009/04/30/no-pain-no-show.
21 Glynnis MacNicol, "Julia Allison to Pen 'Lively' New Syndicated Column on Social Media," *Business Insider*, January 30, 2011, https://www.businessinsider.com/julia-allyson-to-pen-lively-new-syndicated-column-on-social-media-2011-1.
22 "Sony Integrated Marketing Campaign Cuts Through the Retail Noise," Sony press release, August 18, 2009, https://www.sony.com/content/sony/en/en_us/SCA/company-news/press-releases/sony-electronics/2009/sony-integrated-marketing-campaign-cuts-through-the-retail-noise.html.
23 Brian Moylan, "Julia Allison's Sony Commercials Offer a Window into Her Soul," *Gawker*, September 11, 2009, https://www.gawker.com/5357706/julia-allisons-sony-commercials-offer-a-window-into-her-soul.
24 DJ Francis, "Sometimes Breasts Aren't Enough, Julia Allison," *Fast Company*, July 28, 2008, https://www.fastcompany.com/943818/sometimes-breasts-arent-enough-julia-allison.
25 譯註：92街Y是紐約知名藝術與文化中心。
26 Paul Bradley Carr, "If You Can't Say Anything Nice, Then Kill Yourself Now," *Guardian*, January 28, 2009, www.theguardian.com/technology/2009/jan/28/not-safe-for work-techcrunch-arrington.
27 PrestoChango0804, "She's Just a 2020 Version of Julia Allison," Reddit, April 13, 2020, www.reddit.com/r/SmolBeanSnark/comments/g0tlni/comment/fnbz4a0.
28 Erin Rodrigue, "31 Influencer Marketing Stats to Know in 2023," Hubspot Blog, January 16, 2023, blog.hubspot.com/marketing/influencer-market ing-stats.
29 Kate Clark and Amir Efrati, "Andreessen Horowitz Wins Deal for Creator Economy Startup Stir at $100 Million Valuation," *Information*, February 10, 2021, https://archive.ph/o/zi2o8/https://www.theinformation.com/articles/andreessen-horowitz-wins-deal-for-creator-economy-startup-stir-at-100-million-valuation.
30 Heather Gold (@heathr), "I saw what she did as a bellwether. She was not accepted at all by web culture. But what she did became commonplace. That has more to do with the straight men of the old web and investors than her," Twitter, June 3, 2018, 7:02 p.m., https://twitter.com/heathr/status/1003411706326839298.

PART 2

第一批創作者
THE FIRST CREATORS

5 YouTube崛起
The Rise of YouTube

2005年初,有個約會網站改變了網路。[1]

它原本希望大家上來貼介紹自己的短影片,談談自己的個性、理想對象、喜歡什麼、不喜歡什麼,再看看感興趣的對象的影片,也許彼此能擦出火花——理論上是如此,實際上能在上面找到一個心動的都不容易。幾個創辦人急著增加用戶,不惜上Craigslist登廣告,宣布每名上傳約會影片的女性可以獲得20元獎勵。

還是沒人自告奮勇。起步階段的YouTube似乎失敗透頂。

創辦YouTube的是三個PayPal前員工:查德・赫利(Chad Hurley)、陳士駿、賈德・卡里姆(Jawed Karim)。他們砸下時間金錢研發網路影片技術,只換來眼睜睜看著自己的約會網站一敗塗地。但沒過多久,他們發現大家使用YouTube的方式和自己預期的不太一樣,有的用戶把自己的家庭影片和生活錄影放了上去。卡里姆認為與其趕走這些用戶,不如投其所好。「我們就當隨你貼自己的影片的網站吧,」[2]他寫信給另外兩名創辦人說:「用秀出自己當賣點,就醬。」

網路上其實有不少分享影片的選擇，Google 和微軟也不例外，但絕大多數非常難用。用戶必須先下載影片外掛專有軟體，下載之後往往也只有特定網站能播放影片。設計雜亂無章，令人丈二金剛摸不著頭腦，根本無法輕鬆分享影片或將影片嵌入網站。

YouTube 的創辦人無意間找出完美解方：用 Flash 影片，就能在任何網站暢行無阻。他們也將網站設計得便於使用，上傳和分享影片變得易如反掌。

這年 6 月，YouTube 發布測試版，讓用戶免費上傳各種影片。[3] 網站上的新標語是：「你的數位影片儲存庫」。這句標語雖然不怎麼響亮，但確實發揮了作用。賈德・卡里姆回憶說：到網站註冊的人越來越多，用戶「開始用 YouTube 分享各式各樣的影片，有狗、有度假，什麼都有」。

YouTube 在三個月內吸引到一萬名用戶，每天觀看次數達到 10 萬。[4] 一開始的成長已足以說服大名鼎鼎的紅杉資本（Sequoia Capital），取得 350 萬元的早期融資。到了年底，YouTube 完全放棄原本成為約會網站的計畫。

2005 年 12 月 15 日，我們熟悉的 YouTube 正式開張。幾天後，YouTube 迎來第一波人潮。帶來流量的是喜劇組合「寂寞島嶼」（Lonely Island），成員包括安迪・山柏格（Andy Samberg）、亞其瓦・夏佛（Akiva Schaffer）、約瑪・塔孔（Jorma Taccone）三人。他們從國中時代就認識，多年來努力拍攝低

成本影片，希望有一天能獲得青睞。YouTube問世時他們都在《週六夜現場》工作，夏佛和塔孔是編劇，山柏格是演員，三人開始各憑所長拍攝網路影片。[5]他們在《週六夜現場》的新作是一段「數位短片」，事前預錄，在兩個現場單元之間播出。

這段影片叫「慵懶星期天」(Lazy Sunday)，由山柏格和另一名演員克里斯・帕內爾(Chris Parnell)演出，兩人遊遍紐約，幹勁十足地用饒舌唱出他們如何悠閒度過週末午後，例如去因《慾望城市》成名的木蘭烘焙店(Magnolia Bakery)買杯子蛋糕、看日場《納尼亞傳奇》、逛西班牙小店等等，全都是自己用手持攝影機拍攝。

「慵懶星期天」在《週六夜現場》播出才幾個小時，就有人把盜拷版上傳YouTube。YouTube當時名氣比較小[6]（寂寞島嶼其中一名成員對《綜藝》(Variety)雜誌說：「在『慵懶星期天』出來以前，我們根本聽過YouTube。」），但不到一週，「慵懶星期天」的觀看次數已超過兩百萬，成為第一個在網路上找到第二春的電視節目。YouTube的總流量那週上升83%，「慵懶星期天」讓YouTube一舉成名。[7]

「慵懶星期天」成為網路爆紅的先聲，也預告線上影片時代來臨。[8]當時數位攝影機才剛變得能輕鬆入手，一時之間，每個人都能買一部拍短片，讓無數人觀看。成千上萬支山寨影片蜂擁而出，隨之而來的還有各種類型的音樂影

片,像惡搞翻唱、幽默短劇、對嘴唱歌等。凡是無聊青少年在慵懶星期天午後想得到的事,現在都能在網路上大肆傳播。

「慵懶星期天」上傳後,YouTube 光速成長。[9] 2005年12月,網站每日觀看次數約三百萬左右,到2006年2月已高達兩千五百萬。但NBC環球集團隨即表達不滿,對YouTube 提出一連串著作權侵權訴訟,要求平台撤下所有違法上傳的數位短片。好萊塢已經吃過網路的苦頭,見過檔案分享網站(如Napster)如何摧毀音樂產業,他們不打算默默接受同樣的命運,不戰而降。於是,YouTube 的第一次告捷也是它的第一次版權大難,在接下來幾年,這樣的糾紛還會不斷發生。

無論如何,YouTube 相信他們已經贏了第一局。《週六夜現場》影片爆紅奠定它的地位,讓它成為線上影片世界的主要玩家,緊追其他競爭對手之後。

• • •

在遠處,喬治・史莊波洛斯(George Strompolos)惶惶不安地看著YouTube 竄起。史莊波洛斯曾在《連線》雜誌和CNET任職,24歲時加入Google,此時是Google Video 的合作經理,這是蘇珊・沃潔斯基(Susan Wojcicki)主管的幾項業務之一。

公司最早的目標是將Google Video 打造成影片搜尋引

擎,就像Google本身是網路搜尋引擎一樣。他們的策略是說服大企業客戶合作,與電影和唱片公司達成授權協議,讓Google成為電視和電影線上中心。

然而,這樣的協議非常複雜,電影公司對讓出影片版權也興趣缺缺。Google Video把重心放在收購版權的結果,是未能兼顧一般用戶的需求。Google Video沒有YouTube內建的社交功能,例如把最受歡迎的用戶影片放在首頁,讓更多人看見和訂閱。YouTube的留言和訂閱功能也鼓勵用戶分享原創內容,這使它成為尋找同好的最佳場所。

用戶蜂擁而至,開始把自己的YouTube頁面當頻道使用,不只儲存影片,也持續更新內容,讓觀眾隨時收看以及與創作者互動。YouTube創造出全新的「影音部落客」(video blogger),亦即V落客(Vlogger),只要打開網路攝影機就能暢所欲言。

於是,全國各地開始對著網路攝影機消磨時間,誇誇其談,細數生活瑣事,道出真心告白。和部落格興起時一樣,這些影音日記掌握了百無禁忌的能量,但互動更直接,範圍也更廣。

2006年,主流媒體對V落客不屑一顧,幾乎提都不提。V落客畢竟是外行人,影片畫面粗糙,還經常意外中斷。大多數影片沒有情節、沒有轉折,也沒有製作價值。媒體觀察家尚未看出部落格和網路的威力,就算留意到線上影片,恐

怕也只覺得它們怪裡怪氣，認為只有少數怪胎才會喜歡。

　　拜一名自稱不怎麼聰明的16歲V落客之賜，這一切都將改變。2006年6月，布莉・艾佛瑞（Bree Avery）在她的YouTube頻道lonelygirl15上傳第一支影片。[10]影片裡的她坐在床緣，床上蓋著粉紅床罩，後方還有一隻綠色泰迪熊。布莉不願透露自己所在地點，只說她的家鄉極其無聊。「真的非常、超級無聊。大概是因為這樣，所以我才會花這麼多時間跟電腦混。」

　　布莉的影片有一種奇特的吸引力。她開始定期上傳，通常在她的房間，背景往往是她慵懶的男友丹尼爾呈大字躺在床上。她坦率暢談青少年生活的高低起落：課業壓力、與父母的爭執、和丹尼爾的感情。布莉風趣迷人，直窺香閨的觀眾逐漸對她產生親切感。沒過多久，布莉和丹尼爾感情生波，言語之間也透露父母有不可告人之事，聽起來和地下教派有關。

　　Lonelygirl15先是成為2006年的網路熱門話題，不久以後卻變成那一年的驚天醜聞──這個頻道竟然是精心策劃的騙局。

　　創造lonelygirl15的是個奇怪的組合：27歲的編劇梅許・弗林德斯（Mesh Flinders），曾擔任醫生的麥爾斯・貝克特（Miles Beckett），以及律師夫婦葛瑞格（Greg）和阿曼達・顧德弗瑞德（Amanda Goodfried）。

貝克特和很多人一樣，是因為「慵懶星期天」才知道YouTube。他看了以後躍躍欲試，也想創作點什麼放上YouTube。後來他到洛杉磯某家酒吧參加生日派對，在那裡認識弗林德斯，計畫才逐漸成形。弗林德斯當時已經花了幾年光陰構思故事，打算以一名在家自學、沒有朋友的女孩為主角，延伸到她加入邪教的父母。他已完成劇本，但還沒找到願意拍攝的人。和貝克特談過他的想法以後，兩人決定合作。他們一起商訂劇本，兩個星期不到就敲定lonelygirl15三個月的全部內容。

為補強這個計畫的商業面，弗林德斯和貝克特邀請律師葛瑞格‧顧德弗瑞德參加，由他擔任製片。葛瑞格的妻子阿曼達也加入計畫，負責管理「布莉」的MySpace網頁。

「我們不做，別人也會做。」[11]貝克特說：「遲早有人會寫出劇本，用Ｖ落客的形式拍攝，上傳YouTube。如果行銷手法夠好，就能讓它感覺起來像真的，引發討論。」

Lonelygirl15在Craigslist登廣告徵演員，最後選中潔西卡‧李‧羅斯（Jessica Lee Rose）。羅斯本業是演員，剛從紐約電影學院（New York Film Academy）柏本克（Burbank）分校畢業，除了MySpace之外沒有其他個人頁面，之前也沒演過電視或廣告。雖然羅斯已19歲，但演年輕一點的角色還是很有說服力。她甚至恰好在家自學過一段時間。

羅斯一開始頗有戒心。[12]「十八、九歲的人想到要去

洛杉磯，會覺得不是演電影就是演電視。」她後來對《衛報》（*Guardian*）說：「所以聽他們說不是演電影，而是網路劇，我馬上覺得這是騙局。我那時真的在想：難怪大家都說有人要你去洛杉磯的話得提高警覺。」不過，他們最後還是說服羅斯加入，她在開拍之前刪除MySpace網頁。

演她男友丹尼爾的是尤瑟夫・阿布－塔雷布（Yousef Abu-Taleb），本業是酒保和侍應，也是看到Craigslist的廣告來應徵。他中選的原因是相貌平平，因為lonelygirl15團隊一致認為：沒有人相信長太帥的年輕人會來YouTube貼影片。

弗林德斯和貝克特此時已看過幾百個小時的YouTube影片，仔細研究什麼樣的影片會紅。他們發現留言十分重要，所以上傳布莉的影片之後總設法引起討論，每一個人的留言都回。他們的努力沒有白費，lonelygirl15登上YouTube首頁的「最多留言」區塊，觀看次數和訂閱人數大增。

他們也找出YouTube會選來當縮圖的影格，因為弗林德斯發現：「定格畫面好看，就能把觀看次數拉到十萬以上。」

Lonelygirl15很快成為YouTube「觀看次數最多」的霸主，幾支影片累積觀看次數高達五十萬。才短短兩個月，lonelygirl15便成為YouTube訂閱數最高的頻道。到了夏末，這齣戲已經出名到引來嚴格檢視。有人成立lonelygirl15論壇，邀粉絲一起推測布莉的背景。在此同時，這個計畫開始侵入羅斯的線下生活。她在公共場合被人認出一次，但因為

照相手機和社群媒體當時還不普遍，沒有引起進一步的風波。接著，有人在粉絲網頁 lonelygirl15.com 上看出蹊蹺，發現它在布莉開始上傳影片之前就已註冊──而且註冊者是貝克特和弗林德斯。

人們開始公開質疑整件事是廣告噱頭或蓄意欺騙，很多人認為可能是為了宣傳驚悚電影。有粉絲把 IP 追蹤程式嵌入假的 MySpace 個人頁面，傳訊息給布莉。等阿曼達・顧德弗瑞德到任職的創新藝人經紀公司（Creative Artists Agency，以下簡稱 CAA）上班[13]，從辦公室為布莉回信，這名網路偵探立刻向《洛杉磯時報》（*L.A. Times*）記者理查・拉什菲爾德（Richard Rushfield）爆料，由後者撰文披露 lonelygirl15 和 CAA 的關係。不久，18 歲的馬修・福倫斯基（Matthew Foremski）發現羅斯舊 MySpace 頁面庫存檔。他的父親湯姆・福倫斯基（Tom Foremski）是記者，經營部落格《矽谷觀察家》（*Silicon Valley Watcher*）。[14] 父子兩人聯名發表報導，宣布他們查出 lonelygirl15 的真實身分。

《洛杉磯時報》很快揭露 lonelygirl15 的幕後團隊，他們在 2006 年 9 月的報導中說：「原來，火紅網站 lonelygirl15 的幕後藏鏡人不是電影公司高層，不是網路巨頭，也不是某些人猜測的撒旦教信徒，而是一群有志從事電影工作的人，今年 4 月才在共同朋友的生日派對上認識。」

羅斯做好了迎接眾怒的心理準備。「那天晚上他們對我

第 5 章　YouTube 崛起
The Rise of YouTube

說有人查出你的名字，知道你的真實身分，找到你在網路上的照片。我想，天啊，大家一定恨死我了，他們會怎麼看這件事？」

誰也想不到，這次大爆料居然讓觀眾更感驚艷，大家愛死這種發展。CAA 簽下幾名創作者，為經紀公司網羅網路藝人立下重要標竿。布莉的故事之後又播了兩年，阿布－塔雷布繼續演丹尼爾[15]，羅斯也繼續演布莉，直到這個角色在第二季遇害。《連線》雜誌大篇幅報導這齣戲，甚至以羅斯為封面。

最令弗林德斯驚奇的是，完成整個計畫竟然這麼簡單。他對《洛杉磯時報》說：「我們什麼資源也沒有，我們做的事任何人都做得到。」[16] 他們全部的設備只有兩盞檯燈（其中一盞還壞了），一扇敞開的窗戶，以及一台 130 元的攝影機。

YouTube 在第一季播映時尚未推出變現計畫，所以製作團隊一開始完全沒有從觀看次數得到報酬，可是在後續播出時開始獲利，為往後的網路系列影片開出一條路。他們成立製作公司，接受置入性廣告。2007 年，這齣戲成為最早一批獲得廠商贊助的 YouTube 系列影片，贊助商是保養品公司露得清（Neutrogena）。這筆生意是網路創作者的里程碑，代表以年輕人為主的品牌開始注意到這個新平台。

• • •

隨著lonelygirl15成為媒體焦點，YouTube成長得越來越快。2006年夏，YouTube成為全球成長最快的網站。〔17〕雖然lonelygirl15仍是YouTube最紅的頻道，但觀眾也迷上各種年齡的YouTuber，從青少年到八十老翁都有（在布莉竄起之前，最多人訂閱的是英國退休族彼得・歐克立〔Peter Oakley〕的頻道geriatric1927，聽他談喪偶之後的生活點滴，以及二戰期間擔任雷達技工的回憶）。〔18〕當時會在YouTube上傳影片的人，往往是好萊塢和主流媒體會置之不理的類型。

　　YouTube的創辦者從沒想過這個網站會成長得這麼快、又這麼多元。看見觀眾漸漸形成社群，他們推出新的社群功能，協助用戶交流和持續追蹤喜歡的創作者。編輯團隊也每月接受首頁特色影片區的投稿，增加展示區以協助新進創作者成長和走紅。雖然YouTube還遠遠稱不上酷，但正朝這個方向走。

　　2006年中，蘇珊・沃潔斯基面臨艱難的抉擇。〔19〕這名監督Google Video多年的主管眼前有兩條路，一條是徹底改造這項計畫，堅持與YouTube一決雌雄；另一條是承認失敗，盡早停損。經過幾個星期的思考，她選擇了第二條路——但略加調整。沃潔斯基相信線上影片一定會造成巨變，與其投下天文數字搶救Google Video，不如把這筆錢花在YouTube。

　　沃潔斯基建議直接買下YouTube。她和Google高層反

第 5 章───── YouTube 崛起
The Rise of YouTube

覆磋商,最後開出這家新公司無法拒絕的價格。[20] 2006年10月,Google以十六億五千萬元收購YouTube。

當時許多觀察家譏笑這筆交易愚蠢至極。在他們看來,YouTube固然因為把重心放在用戶生成的內容而快速成長,但它也因此面臨大量著作權侵權訴訟,幾乎遭到娛樂界每一家電視、電影、唱片公司提告,打輸任何一場官司都足以毀掉整家公司。

Google押下龐大賭注,但回顧YouTube的崛起,它看見的只有潛力。

對於YouTube的前景,也許沒有人比Google Video合作經理喬治‧史莊波洛斯看得更加清楚。收購YouTube隔天,Google執行長艾瑞克‧施密特(Eric Schmidt)要史莊波洛斯和幾個同事加入YouTube團隊。史莊波洛斯興奮不已。

「當時的想法是:你不再需要傳統媒體讓你上電視,你自己就能成立自己的頻道或電台。」史莊波洛斯回憶:「YouTube能更快上傳你想上傳的東西,不但規定更寬鬆,而且成長得真的很快。」YouTube被收購時還是很新的公司,員工加起來才五十幾個,辦公室在披薩店樓上。由於絕大多數員工都是工程師,媒體出身的史莊波洛斯原本有點擔心自己格格不入。但他加入之後帶來全新的視角,看出YouTube的潛力不在儲存能力或緩衝演算法,而在創作者社群。

YouTube共同創辦人兼執行長查德‧赫利所見略同,他

對廣大的用戶基礎同樣寄予厚望。當赫利宣布YouTube考慮與用戶分享廣告收益，史莊波洛斯舉雙手贊成。既然他們在沒有資源的情況下已經創作出了不起的作品，如果再擁有一些資源，一定能表現得更好。於是，從2006年剩下的幾個月到2007年，他們制訂新的計畫，協助社群媒體創作者從自己的作品獲利。這是最早嘉惠網路創作者的努力之一：YouTube合作夥伴計畫（YouTube Partner Program）。

• • •

在史莊波洛斯團隊加緊腳步時，YouTube持續為原本沒沒無名的創作者送上鎂光燈，帶來數以百萬的觀眾。迷因從網路誕生即已存在，YouTube進一步成為爆紅內容的飛輪，將傳播速度和成名機會推上新的層次。熱門影片為創作者匯聚龐大的網路人氣，規模之大在僅僅幾年以前仍看似痴人說夢。然而，創作者成名以後沒有成功前例可循。沒人知道怎麼預測網路人氣，更不曉得爆紅之後的下一步該怎麼走。

亞當・巴納（Adam Bahner）是2006年聽說YouTube的。那年他24歲，在明尼蘇達大學美國研究博士班讀三年級。音樂是他的興趣，為了舉辦演唱會，他不時得在晚上扛著電子琴踽踽獨行，踏過明尼亞波里斯厚重的積雪。雖然觀眾永遠只有小貓兩三隻，但他就是喜歡表演。知道有網路影片之後，他覺得把表演放到網路上應該能增加曝光，至少不必在

大風雪裡辛苦跋涉。

巴納在客廳搭了一座陽春錄音室，用一副木頭外框掛上床單當背景。為了處理音樂和編輯影片，他七年以來第一次買了新電腦。2007年1月，他開始以藝名泰·桑迪（Tay Zonday）上傳表演。

他的第一支影片唱的是福音歌曲〈輕搖，可愛的馬車〉（Swing Low, Sweet Chariot），聲線非常低。「大家給我的評語和平常的網路留言一樣直白。」他說：「有人說『我的耳朵在淌血』。差不多一半是好評，一半是惡評。」

雖然第一支影片的觀看次數不怎麼樣，但還是比他的演唱會多，所以他決定繼續，觀眾也隨著每一支影片增加。4月，當時的YouTube音樂總監蜜雪兒·佛蘭納瑞（Michele Flannery）寫電郵給巴納，對他說她看了影片，想告訴他其中一首〈愛〉會登上YouTube首頁。

「2007年上YouTube首頁，就跟得葛萊美獎或艾美獎差不多。」巴納說：「在那個時候，影片爆紅得到的高曝光率，對內容創作者來說就像中樂透。」

巴納準備充分利用即將上門的關注，於是趕工寫完已經寫了一陣子的民謠。他用六個星期寫好歌詞，配上腦海裡出現的鋼琴旋律。2007年4月22日，〈巧克力雨〉（Chocolate Rain）順利上傳。

這首歌寫的是社會上普遍存在的種族歧視，以及巴納身

為黑人青年的經歷。巴納說:「其實裡頭每一句歌詞都是批判,控訴這個國家始終迴避直面制度性的種族主義。」雖然當時幾乎沒人看出他的深意,但聽他唱歌的人越來越多。

〈巧克力雨〉的觀看次數很快衝上三萬,在當時是很可觀的數字,他也從YouTube首頁得到另一波關注,但真正的流量是兩個月後:2007年6月,他的追蹤者把〈巧克力雨〉上傳熱門匯流網站Digg.com。〈巧克力雨〉在那裡衝上排行榜整整兩週,為巴納的表演引來幾十萬人觀看。

登上Digg之後,又有人把〈巧克力雨〉分享到4chan平台,點閱數再次刷新。4chan的/b/留言板是閒聊區,裡頭的用戶非常善於操縱早期網路,對於他們認為應該讓更多人看見的網路奇聞,他們會想盡辦法擺弄系統,讓它竄紅。巴納身上的某些特質讓他們產生共鳴——他有自閉症,在許多方面都和《美國偶像》(*American Idol*)那些參賽者相反,但他勇於表現,毫無保留。對2007年流連網路留言板的鄉民(大多是男性)而言,戴著方框眼鏡的熱血巴納是他們的英雄。

4chan用戶開始拿〈巧克力雨〉惡作劇,例如撥電話進談話節目之後大聲唱這首歌。上YouTube與巴納互動的人未必友善,有人用種族歧視的謾罵洗版,也有人留言譏嘲,但全都阻止不了〈巧克力雨〉傳播。這首歌成為網路高人氣用戶的主打歌,讓巴納一夕成名。

YouTube欣賞〈巧克力雨〉,協助巴納舉辦巡迴演出。

第 5 章　　YouTube 崛起
The Rise of YouTube

有線新聞台和深夜秀紛紛邀巴納上節目。成千上萬人在家中為這首歌創作混音版或配上舞蹈。8月，YouTube把整個首頁放滿戲仿這首歌的影片（巴納的原版是惹眼的例外）。在此之前，MySpace是公認的線上音樂中心，可是在〈巧克力雨〉的多面向宣傳之後，沒有人懷疑下一首爆紅歌曲的起點一定是YouTube。

不過，巴納雖然得到大量關注，還是很難把成功轉化成酬勞。YouTube的變現制度還不夠成熟，大品牌也還不知道怎麼運用網路名人帶動商機，甚至連應不應該起用他們都不確定。巴納沒有娛樂產業的專業背景，也沒能成功把這首歌化為資產。

對此，他坦率承認：「我那時做的商業決定很糟。」由於此前爆紅的人從來沒有賺到多少，他也沒有多想獲利機會。舉例來說，他沒有把這首歌放上iTunes販售，反而上傳某個MP3免費分享網站。

邀約紛至沓來，從生日派對到公司活動都想請他表演。三家大型唱片公司和他聯絡，希望能簽下他。但他難以判斷哪些機會切合實際又可長可久，哪些只是讓他備多力分。

最後，巴納婉拒大部分邀請，但答應為飲料公司胡椒博士（Dr Pepper）廣告，因為這件事顯然沒什麼問題，又相當有趣。酬勞不算多，主要只是想嘗試看看，畢竟他一年前根本想不到有這種機會。但整體而言，這次經驗只讓他看見網

路人氣多難轉化成永久價值。

　　巴納必須做出決定：現在是不是該放下網路人氣，走向下個階段？他判斷還不是時候。2008年，他拿了碩士學位從博士班退學，打算全心開創YouTube生涯。唯一的問題是：該怎麼做？

• • •

　　這段時間最紅的影片十分符合YouTube初期的精神，主角是隻貓。1980年代某日，多媒體藝術家查理・施密特（Charlie Schmidt）閒著無聊，拿起自己的老舊錄影機拍愛貓肥肥（Fatso），後製成肥肥彈電子琴的影片，看起來滑稽好笑。幾十年後的2007年6月，施密特將這段影片上傳YouTube，下標「酷貓」。「酷貓」一開始沒吸引多少流量。查理對網媒Mashable說：「剛開始差不多一天三十次點閱。[21]但對我來說，一年三十次就已經很多了。所以我很高興，覺得自己發了、出名了。」

　　到2009年，多頻道電視網「我他媽爛頻道」（My Damn Channel，今全視野娛樂〔Omnivision Entertainment〕）的布萊德・歐法瑞爾（Brad O'Farrell）找上施密特，對施密特說他認為鍵盤貓潛力無窮，只要輕輕推一把，八成能像亞當・巴納一樣紅透半邊天。取得施密特允許之後，歐法瑞爾用鍵盤貓製作混搭影片，寄給幾個紐約網路圈的朋友。肥肥彈電子琴的影

片幾乎一夕爆紅。

「三天之內，我的YouTube頻道完全起瘋。點閱次數一天比一天高，一萬、兩萬、三萬這樣增加。」施密特對Mashable說：「我這輩子從沒想過會有這麼多人看。」[22]艾希頓‧庫奇和一些明星在推特上推薦這段影片，《湯》（The Soup）和《喬恩‧史都華每日秀》（The Daily Show with Jon Stewart）等電視節目也提到它。施密特回憶道：「它就這樣紅了，一下子有幾百萬人看。但我連個屁也不知道怎麼取得法律保障或談條件。因為放在網路上，所以大家都以為那是免費的。」

為了理出頭緒，施密特找上死黨的兒子班‧萊希斯（Ben Lashes）。萊希斯原本是萊希斯樂團的團長，當時剛剛放棄表演工作，打算在娛樂產業深耕。施密特希望萊希斯能為他的清純美少貓出點主意。

萊希斯接起電話二話不說，先恭喜一番：「嘿，感覺滿城盡是鍵盤貓耶！你一定賺翻了吧？」施密特說其實沒有，因為他還沒加入合作夥伴計畫，所以YouTube一毛錢也沒給他（歐法瑞爾後來說這段影片的廣告收益只有五百元）。正如施密特、巴納和其他人看到的，當時的廣告機會少之又少。

人人在看鍵盤貓，難道這一文不值？萊希斯忍不住心想：如果今天是迪士尼把米老鼠放上YouTube，最後會這樣嗎？如果迪士尼既想成長、也想保護品牌，會怎麼做？萊希

斯撥電話給好幾家好萊塢經紀公司。「我對他們說，這隻貓是我的，牠會彈電子琴，已經有幾百萬粉絲，機會要多少有多少。」萊希斯說：「結果他們以為我唬爛，掛我電話。」

當時沒人知道網路關注度和影響力有多可貴。但萊希斯不氣餒，鼓勵施密特創作更多鍵盤貓影片（這時肥肥已經過世，施密特又領養了一隻貓，取名便當〔Bento〕）。施密特照著萊希斯的建議做，新影片的觀看次數更多，他的YouTube頻道也吸引更多訂閱者。

微軟致電接洽，希望能在行銷活動中使用鍵盤貓。萊希斯當時另有正職，跑到辦公室外用電話談成這筆生意。報酬高達數萬，幾乎等於他的年薪。

「我們不打算就此止步。」萊希斯說：「我們繼續做出更多內容，放在社群媒體上，真的把它當成有商標的角色。我對找上門的每家公司和每個人的態度都是：對這隻貓放尊重點，只要尊重這隻貓，什麼都好說。」

施密特和萊希斯談下更多生意，也自己發行產品，用他們想得到的每一種方式變現。和微軟合作之後沒多久，萬多福開心果（Wonderful Pistachios）也來接洽。萬多福一開始為鍵盤貓廣告開的價是八百元，施密特本來想答應：「我把他們的條件寄給班，說：『不錯吧？我可以免費上他們的廣告，一定會紅！』」

但萊希斯另有想法。他不接受YouTube明星的價值比不

上傳統明星,與萬多福開心果重新談判。新的協議全額支付旅費,請施密特和便當到好萊塢拍「鍵盤貓的萬多福開心果」。廣告播了五年,施密特總共進帳超過十二萬元。

萬多福開心果的經驗進一步證明:只要好好經營,網路創作者也可以賺大錢。在法律保障方面,好萊塢律師齊亞・康藍(Kia Kamran)是箇中翹楚,很早就對網路明星的智慧財產權嚴肅以對。萊希斯聘他協助追查未經授權的鍵盤貓商品,仔細審定所有合約。

萊希斯因鍵盤貓一戰成名,成為早期網路爆紅明星求教的不二人選。不久他辭去原本的工作,成為全職迷因經理人。萊希斯極具天分,很早就看出可能爆紅的網路角色,也有辦法將它們推向國際。不論是不爽貓(Grumpy Cat)、彩虹貓(Nyan Cat)、握拳寶寶(Success Kid)、超上相先生(Ridiculously Photogenic Guy),還是爛人史帝夫(Scumbag Steve),你想得到的 2010 年代流行迷因,幕後操盤手很可能都是萊希斯。他不只簽下迷因,還幫助創作者充分運用數位人氣。

網路明星在 2010 年代初呈指數成長。萊希斯說:「這些事物已經開始成長得更快,也更接近主流。」之所以出現這樣的發展,部分要歸功於他和其他認真投入的經理人。而這一切,YouTube 全看在眼裡。

. . .

隨著YouTuber人數增加，平台上的觀看次數動輒百萬，訂閱人數也以十萬為單位成長。觀眾渴望看到更多影片，但規律生產內容的工作量可能不下於全職上班。創作者能這樣無償付出多久呢？難道他們的心力不應該得到回報？？

「支付用戶報酬」這個觀念在當時並不普遍。[23]環顧YouTube的網路影片競爭對手，只有Revver會與用戶分享廣告收益，但它的市占率與YouTube相比根本微不足道。不過，YouTube實際上不但賺得不多，還為打官司和管理幾百萬支大型影片燒掉大把鈔票。對矽谷許多人來說，YouTube與用戶分潤的想法簡直荒謬——害你成本壓不下來的就是這些用戶，你還打算把自己賺的血汗錢分一大部分給他們？

YouTube的決定是為了回應成立初期最大的挑戰：廣告。若想長期獲利，唯一實際的辦法是拿下廣告合約。然而廣告商態度猶豫，畢竟商家習慣下廣告的對象是電視、電台、報章雜誌，因為這樣較能預期自己的廣告會和什麼單元一起出現。可是YouTube不一樣，大老闆們不但不知道廣告會在哪裡曝光，想到自己的商標可能出現在盜版電影或中二惡搞影片裡，他們便不寒而慄。

艾瑞克・施密特向團隊成員傳遞明確訊息：為了招攬廣告，YouTube必須擁有優質內容。大多數Google員工偏向和大公司簽訂授權合約，說服他們讓YouTube播放電視節目。但史莊波洛斯看過YouTube上的「怪咖」作品後，他覺

得這群年輕人做的事才真正新奇。「他們用YouTube說自己的故事。」史莊波洛斯回憶道:「他們自己建立起觀眾,把YouTube當自己的電視台——甚至不只當電視台,還和觀眾產生連結,發展出真正的友誼。」〔24〕

取得主導權後,史莊波洛斯視新的創作者參與計畫為YouTube的良機:「對我來說,這場革命固然為這些新聲音帶來浮上檯面的機會,但我們必須進一步讓這股風潮延續下去。〔25〕我們必須讓他們能因為創作得到回報。」

在史莊波洛斯和赫利看來,除了和電視台談授權之外,還有另一條成功之路:既然YouTube的初期成長靠的是用戶生成的內容,這種模式或許也能作為長期策略?用戶生成的內容會不會就是YouTube正在尋找的優質內容?如果用戶還沒辦法創造那種內容,也許公司可以幫他們一把。

YouTube高層批准這項提案,YouTube合作夥伴計畫就此誕生。YouTube將與創作者分享廣告收益,給予他們繼續創作的動機和提高品質的資源(至少要達到紐約廣告業的水準)。隨著影片更上層樓,觀看次數越來越多,大型廣告商自然會對他們產生興趣和信心。協助創作者變現作品能創造良性循環,人人都是贏家。

史莊波洛斯說,那時其實還有許多重大問題有待解決,例如「哪些人夠格變現創作?怎麼從Google AdSense把廣告放上YouTube?如果有人上傳版權不屬於自己的東西,該怎

麼處理？這個計畫的規模應該多大？」

　　他們在2007年做好準備，邀請精挑細選的第一批YouTuber加入計畫。「我們和他們聯絡，說：嗨！我們是YouTube的人，超喜歡你們的影片！」史莊波洛斯回憶道：「我們很希望你們繼續拍片，所以擬了一個計畫，想和你們一起分享廣告收益！」他花了好幾個鐘頭向入選的創作者說明內容。雖然因為觀念太新，有些創作者有點困惑，但作品或許可以得到報酬的願景很吸引人。早期的YouTuber許多都是大學生或財務不穩定的年輕人，雖然報酬不多，也許只有幾百塊錢，但能從先前無償製作的作品得到回報，還是讓他們興高彩烈。

　　2007年5月，YouTube合作夥伴計畫開始試行，起步階段只邀請少數內容創作者參與，包括lonelygirl15、備受歡迎的搞笑二人組Smosh，以及善於模仿、愛上傳喜劇的麗莎・多諾凡（Lisa Donovan），帳號名LisaNOVA。[26]

　　2007年接下來的幾個月[27]，史莊波洛斯團隊每週邀請十到十五名創作者試用合作夥伴計畫，其中也包括泰・桑迪。2007年12月，合作夥伴計畫正式上路，每一位創作者都能申請參加。史莊波洛斯繼續擔任經理，親眼見證第一批當紅YouTuber崛起。

　　「現在只要談到YouTube，你想到的一定是創作者。」他說：「可是早年不是如此。我們敲鑼打鼓告訴大家現在出現

第 5 章──── YouTube 崛起
The Rise of YouTube

新的族群。他們發現 YouTube，把 YouTube 當家，我們會幫他們成長茁壯。」

　　合作夥伴計畫採 55／45 分成，創作者從自己的影片廣告收益分 55％，其餘歸 YouTube。在計畫實施初期，收益並不足以讓人改變人生。YouTube 早年仍是離經叛道的次文化，不為主流文化認可。對大多數創作者來說，平台仍只是有趣的嗜好，不是爭名逐利的工具。對正在興起的其他社群媒體公司來說，支付用戶報酬是大忌，YouTube 是當時網路上唯一這樣做的大型平台。

・・・

　　合作夥伴計畫進行幾年以後，YouTube 創作者的整體面貌漸漸改變。平台到 2000 年代末仍維持指數成長，線上注意力逐漸受到重視，帶來可觀的生意。一種新興產業圍繞爆紅創作者成形，初出茅廬的小明星開始能吸引真金白銀，但有待發掘的更多。

　　亞當・巴納在 2008 年搬到洛杉磯，準備為實現明星夢放手一搏。雖然巴納是 YouTube 合作夥伴計畫的一員，此時已經能從作品獲利，但除了這條路以外，網紅創作者沒有清楚的商業模式可循。

　　洛杉磯西方的威尼斯海灘（Venice Beach）是 YouTuber 的重鎮。巴納在洛杉磯一間公寓安頓下來，開始創作更多音樂

影片。雖然後續作品沒有為他帶來一樣的人氣，但因為他已有幾萬人訂閱，仍然可以透過各種演出維持生計。

不過，委婉一點地說：這些演出和他的心願不符。他說：「傳統公司不在乎我在網路上有多少人看。2008年和傳統經紀公司談的時候，他們看我的表情活像撿起一片濕答答的爛菜葉，態度基本上是：『你上過電視嗎？演過電影嗎？』」

2008年底，巴納受邀前往舊金山主持YouTube Live，他的機會終於到來。[28]這場大型活動由Google主辦，旨在宣傳YouTube創作者。不僅邀請當紅歌手阿肯（Akon）、凱蒂・佩芮（Katy Perry）、Will.i.am，也讓柏・本漢（Bo Burnham）、格雷戈里兄弟（Gregory Brothers）等音樂類YouTuber一起登台。

活動讓YouTuber群集洛杉磯，是許多人第一次在實體世界交流。由於面對的挑戰十分類似，他們很快建立情誼。麗莎・多諾凡（即LisaNOVA）和丹尼・札平（Danny Zappin）夫婦尤其活躍，是這場YouTuber社交大會的風雲人物。YouTube Live結束後，巴納和他們一起搭車去機場。多諾凡和許多YouTuber一樣，並沒有從YouTube合作夥伴計畫獲益多少。她和札平對現況逐漸不耐，想盡快在好萊塢有所突破。

札平在車上對巴納吐露心聲：「我受夠了好萊塢對YouTuber的壓榨。我想成立一間只服務YouTube創作者的公司，讓YouTuber自己開自己的條件。」正如早期YouTuber卡山・加萊卜（Kassem Gharaibeh）對《商業內幕》（*Business*

Insider）所說：「我們需要的比YouTube合作夥伴計畫能提供的更多。」[29]

札平和多諾凡希望建立數位時代的藝術家聯盟。藉組織之力為成員處理宣傳、管理和廣告業務，協助他們在線上成長，設法引起好萊塢主流的興趣。

這樣的計畫不無前例，2006年成立的新世代網絡便已開風氣之先。[30]創辦者除了曾在MTV台擔任主管的赫伯・斯坎內爾（Herb Scannell）和佛瑞德・賽伯特（Fred Seibert）以外，還有米爾・仁新（Emil Rensing）、提姆・謝伊、傑德・希蒙斯（Jed Simmons）等人。新世代網路成立於YouTube合作夥伴計畫之前，策略是將線上影片整合成較大的頻道（就像電視頻道一樣），再為它們販賣廣告。除了以汽車、時尚、流行文化為主題創設一系列頻道之外，新世代網絡也協助每個頻道製作原創節目，並以投稿者的影片填滿空檔。

新世代網絡向創作者和廣告商自我推銷，承諾能有效吸引關注。官方網站說：「您貢獻影片、留言與想法，我們以原創內容包裝，規律播放，值得您和同好信賴。」[31]

新世代網絡相信廣告的未來在線上影片創作者，認為自己能藉策略性包裝的內容吸引廣告商，部分解決YouTube的廣告困境。據《紐約時報》報導，雖然不少人認為「YouTube和MySpace等網站一團混亂，對廣告商不甚理想」，但新世代網絡正在「挑戰這種觀念」。[32]他們在2007年募得800

萬元種子基金，隔年又募得1,500萬元。

規劃好汽車、科技等主題頻道以後，新世代網絡陸續簽下適合這類頻道的創作者，同時也運用籌募的資金吸引獨立影片創作者，製作品質優於當時線上影片的節目。

2009年，在其他公司開始投資網路系列影片之前，新世代網絡便已協助格雷戈里兄弟推出「自動調頻新聞」（Auto-Tune the News）系列。格雷戈里兄弟是創作戲仿音樂影片的團體，成員包括三個兄弟和其中一人的妻子。這個系列推出後十分受歡迎，形成網路熱潮。新世代網絡也和茱莉亞・愛莉森簽約[33]，請她開時尚頻道，主持YouTube節目《每週碎碎念》（TMI Weekly）。[34]

新世代網絡旗下的其他創作者還有網路化名Vsauce的麥可・史蒂文斯（Michael Stevens），以及創作「歐巴馬女郎」（Obama Girl）影片的班・瑞爾斯（Ben Relles）。新世代網絡共同創辦人提姆・謝伊說：「我們的創作者會在工作室彼此合作，製作影片，互相上節目捧場。」

新世代網絡和Tumblr合租辦公室，樓下就是名廚安東尼・波登（Anthony Bourdain）那間法式餐廳「大堂」（Les Halles）。兩家公司週週開派對，經常聚集早期部落客和網路影片創作者，有的來自高客網、《赫芬頓郵報》，有的來自BuzzFeed和College Humor。《紐約時報》那年報導：「新世代網絡世界的小伙子穿搭一個樣、說話一個樣，世界觀也

第 5 章　　YouTube 崛起
The Rise of YouTube

一個樣，像是從年代已久的嬉皮場景中蹦出來的。」

「我希望新世代網路是創作者創造的小宇宙，成為叛逆的電視台。我們欣賞龐克搖滾美學，樂見所有節目和影片以低成本製作。」謝伊說：「我們的辦公室在紐約21樓，綠幕攝影棚狹窄逼仄，不像洛杉磯那樣陽光明媚。」

多諾凡和札平的策略與新世代網絡不同。他們的第一步是建立「總站」（「Station」）──YouTube上第一個主要內容創作者「協作」頻道。協作就像成立超級團體，藉由成員彼此拉抬增加知名度，這在當時是全新的概念。

多諾凡和札平向YouTube上許多當紅內容創作者招手，最後除了他們自己以外還招募到8個人：戴夫・戴斯（Dave Days）、菲利普・德法蘭科（Philip DeFranco）、榭依・卡爾（Shay Carl）、薛恩・道森（Shane Dawson）、「TheBdonski」、「WhataDayDerek」、羅恩・艾力克森（Rawn Erickson）和卡山・加萊卜。

札平和多諾凡在2009年初成立創作者工作室（Maker Studios），協作頻道「總站」是這家新公司的第一個計畫。工作室一開始只有幾名員工，多諾凡貸款20萬元協助公司經營。這本來就是一場豪賭，何況2009年經濟仍然處於衰退。原始資金有很大一部分用在房租，讓榭依・卡爾能帶著孩子搬到洛杉磯威尼斯海灘。「總站」在大道（Grand Boulevard）419號落腳，是世界第一個社群媒體創作者內容之家。〔35〕

「總站」成為 YouTube 有史以來成長最快的頻道，影片還沒上架就已衝上訂閱榜第一名，團隊開工之後也穩居榜首。很快地，「總站」成員每週上傳一支影片到協作頻道，大多是原創喜劇短片。隨著團隊站穩腳跟，大道 419 號成為創作者生態系中心。《好萊塢報導者》稱它為「YouTube 創作者社群的麥加〔36〕，1960 年代海特－艾許伯里（Haight-Ashbury）〔37〕或日落大道（Sunset Strip）的數位媒體版」。

這裡大方好客，向所有認識「總站」成員的早期內容創作者開放。有些 YouTuber 經常來這裡借宿，其中也包括德克斯・福蘭（Dax Flame）和柏・本漢。「總站」的 YouTube 影片許多是在屋內或後院拍攝。「你想得到的每個 YouTube 明星都去過那裡〔38〕，有時是開派對，有時是借宿。」札平對《好萊塢報導者》說：「那裡拍過成千上萬支影片。但我們最後放棄了那裡，因為派對太多，變得弊大於利。」

參與「總站」的人都有創作者工作室的股份，但札平和多諾凡是頭頭。雖然兩人仍然背負龐大債務，但他們持續投資創作者工作室，不斷加強製作實力。為了生產更多內容和提升作品品質，他們還出資聘請導演、編輯、製作人。

收益開始湧入。創作者工作室成立不久就有生意上門，三洋開價六萬請他們推銷攝影機。大公司願意委以重任，代表他們的確走對了路。短短幾個月，創作者工作室證明 YouTube 已經成為實力龐大的傳播媒介。

第5章──YouTube 崛起
The Rise of YouTube

・・・

同樣是 2009 年，喬治・史莊波洛斯一路關注創作者工作室誕生，也與「總站」的創作者密切合作。[39] 他告訴我：「到了那個時候，爆紅影片幾乎成為 YouTube 的同義詞，線上內容創作者的觀念也變得更加主流。」

廣告經紀公司的態度從 2009 年中開始改變。速食連鎖餐廳卡樂星（Carl's Jr）開風氣之先，以一天幾十萬的價格購買兩面大型橫幅廣告，在 YouTube 首頁投放。由於卡樂星買完橫幅廣告之後還有九萬元預算，他們便請 Google 廣告團隊建議還可以如何加強。

史莊波洛斯建議以一人一萬的價格委託九名 YouTuber，請他們各拍一部關於卡樂星的影片，與橫幅廣告同一天上架。「用今天的標準來看，這樣的報酬實在微不足道，可是在 2009 年是一大筆錢。」史莊波洛斯說：「在此之前，從來沒有大公司這樣大筆贊助。」

史莊波洛斯詢問「總站」幾名成員的意願，他們欣然接受，每個人都拍了一支自己吃卡樂星漢堡的影片。因為卡樂星之前請芭莉絲・希爾頓拍的廣告惡評連連，不但讓希爾頓無端賣弄性感，還戴著鑽石首飾洗名車。

以斯拉・庫伯斯坦（Ezra Cooperstein）當時仍任職廣告經紀業，為卡樂星規劃這次 YouTube 活動的正是他的公司。[40]

庫伯斯坦以副總兼總監的身分接受《廣告週刊》(Adweek)訪問時說，他原本以為真正的重頭戲是攻占YouTube首頁的橫幅，委託創作者拍攝影片只是希望能為宣傳多少加一點分。

活動開始之後，庫伯斯坦驚訝得說不出話。48小時內，九名創作者的影片觀看次數合計超過1,100萬次，點閱首頁橫幅看卡樂星官方廣告的則勉強達到10萬。此外，創作者的粉絲看內容的時間長得多，不像點閱首頁橫幅的人沒看多久就跳出。

這次活動是網路創作從業人員的頓悟時刻，史莊波洛斯和庫伯斯坦都有一種窺見未來的感覺。史莊波洛斯說：「好像所有焦點都在創作者身上，他們比社會認為的更有價值。」創作者也深受鼓舞，這場大捷證明他們的網路影響力有實際的金錢價值。

整個2009年，廣告商投入YouTube的資金快速增加。近距離觀察的庫伯斯坦、史莊波洛斯和創作者工作室認為，YouTube仍有無窮潛力有待開發。不過，許多媒體觀察家仍然堅持Google收購YouTube愚蠢至極。《商業內幕》在2009年末宣稱「YouTube注定失敗」，因為YouTube那年的營運成本是七億一千一百萬，廣告收益卻只有兩億四千萬，遠遠不足以打平。文章寫道：「照理說，YouTube正在變現的影片就是他們最好的影片。」[41]但隨著他們陷入侵權、低俗、無趣的泥沼，影片越來越不值一看，收益也越來越低。」簡

言之，Google花了大把鈔票，買下的卻是網路的荒山野地。

媒體圈外的人看法不同。2009年末，庫伯斯坦決定辭去行銷工作，投入線上內容創作事業。「（卡樂星的）那場活動讓許多關注相關發展的人看見：網路創作者的影響力比你以為的還大。」史莊波洛斯回憶道：「雖然只是小小一次廣告活動，可是在很多方面是轉捩點，對許多人影響重大。」2009年12月，以斯拉・庫伯斯坦加入創作者工作室，擔任第一任執行長。

聘庫伯斯坦為執行長後，札平和多諾凡把焦點轉向打造創作者工作室的頻道網。打包推銷YouTube創作者能發揮更大的網絡效應，讓成員們能一起向廠商議價，集體引起YouTube關注，進而爭取更優渥的條件。自此，創作者工作室以網羅洛杉磯所有頂尖YouTube人才為使命。

・・・

和以斯拉・庫伯斯坦產生同樣體悟的人所在多有，但著手實行的方式不同。熟悉娛樂產業的創業家看見新的機會，有意做品牌公司和創作者之間的橋樑。新世代網絡創造出「多頻道聯播網」（multi-channel networks）一詞，第一批在YouTube這樣做的公司也以此為名。

新世代網絡一開始的目標是建立主題頻道網，串連多個以時尚、汽車為主題的頻道。這個目標在公司成立頭幾年已

相當成功。可是到了 2009 年，公司發現打包人才策略的另一項優勢：主題頻道的成長速度，遠遠不及網路名人或團體經營的頻道。網路明星的死忠粉絲越來越多，「總站」催生的合作模式逐漸稱霸 YouTube。

看出這點以後，新世代網絡改弦易轍[42]，在 2009 年 12 月啟動「新世代創作者計畫」（Next New Creators），致力發掘和培養網路創作人才。公司計畫與創作新秀合作，協助他們傳播作品和變現。雖然新世代創作者計畫的精神和 YouTube 合作夥伴計畫相似，但不論在資源或發展機會上，這項計畫都比當時的 YouTube 更勝一籌。

加入新世代創作者計畫不但能獲得宣傳支援、編輯推廣，還有認真的銷售團隊做後盾。除此之外，他們還有公司職員提供各種協助，可以取得製作設備，參加訓練課程，不斷改善自己的表現，提高觀看次數。

在新公司紛紛成立、爭相提供 YouTuber 服務之際，這項計畫鞏固了新世代網絡和創作者工作室的領導地位。不過幾年以前，亞當・巴納開創網紅事業時還沒有前例可循，現在則處處機會，線上影片創作者也快速專業化。新世代創作者計畫還走出另一個重要的第一步：它首開風氣之先，以「創作者」稱呼這群正在重塑 YouTube 的高人氣用戶。這個新族群不再被貶為業餘愛好者。他們是創作者，作品實實在在，不同凡響。

第 5 章　　　YouTube 崛起
The Rise of YouTube

註解

1　Jason Koebler,"10 Years Ago Today, YouTube Launched as a Dating Website," *Vice*, April 23, 2015, https://www.vice.com/en/article/78xqjx/10-years-ago-today-youtube-launched-as-a-dating-website.

2　Mark Bergen, *Like, Comment, Subscribe* (New York: Viking, 2022), 22.

3　JR Raphael, "YouTube's Anniversary: How HOTorNOT Started It All," *PCWorld*, October 9, 2009, https://www.pcworld.com/article/520072/youtubes_an niversary_how_hotornot_started_it_all.html.

4　Naomi Jane Gray, "Viacom and YouTube Open the KimonoParties Publicly File Redacted Copies of Summary Judgment Motions," Shades of Gray, March 19, 2010, https://www.shadesofgraylaw.com/2010/03/18/viacom-and-youtube-open-the-kimonoparties-publicly-file-redacted-copies-of-summary-judgment-motions.

5　Chris Osterndorf, "A Timeline of the Lonely Island's Trail-Blazing Internet Comedy," *Daily Dot*, June 3, 2016, https://www.dailydot.com/upstream/andy-samberg-lonely-island-snl-popstar.

6　Andrew Wallenstein and Todd Spangler, "'Lazy Sunday' Turns 10: 'SNL' Stars Recall How TV Invaded the Internet," *Variety*, December 18, 2015, https://variety.com/2015/tv/news/lazy-sunday-10th-anniversary-snl-1201657949.

7　Bill Higgins, "Hollywood Flashback: 'SNL's 'Lazy Sunday' Put YouTube on the Map in 2005," *Hollywood Reporter*, October 5, 2017, https://www.hollywoodreporter.com/business/digital/hollywood-flash back-snls-lazy-sunday-put-youtube-map-2005-1044829.

8　Wallenstein and Spangler "'Lazy Sunday'Turns 10."

9　The YouTube Team, "Your Features Have Arrived!" YouTube Official Blog, February 27, 2006, https://blog.youtube/news-and-events/your-features-have-arrived.

10　lonelygirl15 (@lonelygirl15), "First Blog / Dorkiness Prevails," YouTube, June 16, 2006, www.you tube.com/watch?v=-goXKtd6cPo.

11　Elena Cresci, "Lonely girl15: How One Mysterious Vlogger Changed the Internet," *Guardian*,June16,2016,www.theguardian.com/technology/2016/jun/16/lonelygirl15-bree-video-blog-youtube.

12　Cresci, "Lonelygirl15."

13　Richard Rushfield and Claire Hoffman, "Mystery Fuels Huge Popularity of Web's Lonelygirl15," *Los Angeles Times*, September 8, 2006, https://www.latimes.com/entertainment/la-et-lonelygirl15-story.html.

14　"How the Secret Identity of Lonely Girl15 Was Found," *Silicon Valley Watcher*,

September 12, 2006, https://www.siliconvalleywatcher.com/how-the-secret-identity-of-lonelygirl15-was-found.
15 Joshua Davis, "The Secret World of Lonelygirl," *Wired*, December 1, 2006, https://www.wired.com/2006/12/lonelygirl.
16 Richard Rushfield and Claire Hoffman, "Lonelygirl15 Video Blog Is Brainchild of 3 Filmmakers," *Los Angeles Times*, September 13, 2006, www.latimes.com/archives/la-xpm-2006-sep-13-me-lonelygir13-story.html.
17 Gavin O'Malley, "YouTube Is the Fastest Growing Website," *Ad Age*, July 21, 2006, https://adage.com/article/digital/youtube-fastest-growing-website/110632.
18 John Sutherland, "Geriatric1927—A Review of His Work," *Guardian*, August 30, 2006, https://www.theguardian.com/g2/story/0,,1860779,.html.
19 Peter Kafka, "How YouTube Swallowed the World," *Vox*, March 2, 2021, https://www.vox.com/recode/22308263/youtube-google-land-of-the-giants-podcast.
20 The Associated Press, "Google Buys YouTube for $1.65 Billion," NBC News, October 9, 2006, www.nbcnews.com/id/wbna15196982.
21 Alison Foreman, "The Legend of Keyboard Cat: How a Man and His Cat(s) Won the Internet Lottery," Mashable, October 24, 2020, https://mashable.com/article/keyboard-cat-history.
22 Foreman, "Legend of Keyboard Cat."
23 "Posters Reap Cash Rewards at Video-Sharing Site Revver," *USA Today*, September 13, 2007, http://usatoday30.usatoday.com/tech/webguide/internetlife/2007-09-13-revver_N.htm.
24 Berkeley Arts + Design (@Berkeley ArtsDesign), "Cultural Criticism in the Age of YouTube with George Strompolos, Rolla Selbak and Tiffany Shlain," YouTube, May 6, 2017, https://www.youtube.com/watch?v=I2DVKR266_4.
25 Berkeley Arts + Design, "Cultural Criticism."
26 The YouTube Team, "YouTube Elevates Most Popular Users to Partners," YouTube Official Blog, May 3, 2007, https://blog.youtube/news-and-events/youtube-elevates-most-popular-users-to/.
27 YouTube, "History of Monetization at YouTube—YouTube5Year," sites.google.com/a/press atgoogle.com/youtube5year/home/history-of-monetization-at-youtube.
28 Jogwheel (@Jogwheel), "Inside YouTube Live ! – My Trip To The Concert / Gathering," YouTube, December 10, 2008, https://www.youtube.com/watch?v=LhCwll6BOWE.
29 Paige Leskin, "YouTube Is Now a Money-Making Machine, but the Platform's Early Success Was Fueled by Group of 'Misfits' Who Wrote the Rulebook for

Internet Fame," *Business Insider*, June 3, 2020, https://www.business insider.com/youtube-15-anniversary-early-creators-shaped-plat form-viral-monetization-influencers-2020-6.

30 "Next New Networks," Wayback Machine, June 18, 2011, web.archive.org/web/2011 0619025411/http:/www.nextnewnetworks.com/team/.
31 Alexa Crawls, "Next New Networks," Web.archive.org, January 8, 2007, web.archive. org/web/20070108135328/www.nextnewnetworks.com/networks.html.
32 Brad Stone, "Internet Start-up Plans Video-Oriented Sites on Niche Topics," *New York Times*, March 8, 2007, https://www.nytimes.com/2007/03/08/technology/08i ht-video.html.
33 Peter Kafka, "Want More Julia Allison? Next New Networks Has You Covered," *Business Insider*, October 1, 2008, https://www.businessinsider.com/2008/10/want-more-julia-allison-next-new-networks-has-you-covered; TMIweekly (@TMIweekly), YouTube channel, https://www.youtube.com/tmiweekly.
34 譯註：TMI為「too much information」縮寫。
35 Kevin Nalts, "Top YouTube Stars Convene 'the Station': A Modern Brat Pack & YouTube You-Topia? | Will Video for Food," Web.archive.org, March 10, 2014, web. archive.org/web/20140310231908/http:/willvideoforfood.com/2009/09/07/top-youtube-stars-convene-the-station-a-modern-brat-pack-and-youtube-youtopia.
36 Eriq Gardner, "Maker Studios Lawsuit: Inside the War for YouTube's Top Studio," *Hollywood Reporter*, October 24, 2013, www.holly woodreporter.com/business/business-news/maker-studios-law suit-inside-war-650541.
37 譯註：海特－艾許伯里為1960年代反文化運動重鎮。
38 Gardner, "Maker Studios Lawsuit."
39 Jim O'Neill, "eMarketer: Online video ad spend soars in 2009," Fierce Video, December 14, 2009. https://www.fiercevideo.com/online-video/emarketer-online-video-ad-spend-soars-2009
40 Brian Morrissey, "Carl's Jr. Takes Bite into YouTube World," *Ad Week*, June 1, 2009, https://www.adweek.com/performance-marketing/carls-jr-takes-bite-youtube-world-110867.
41 「照理說」：Benjamin Wayne, "YouTube Is Doomed," *Business Insider*. April 9, 2009, https://www.business insider.com/is-youtube-doomed-2009-4.
42 新世代網絡改弦易轍：Wayback Machine, "Next New Creators." Archive.org, 2020, web.archive.org/web/20180704174327/http:/www.nextnewnetworks.com/page/next-new-creators.

6 創作者突破重圍
Creators Break Through

　　矽谷神話裡的小伙子總是高瞻遠矚，識見過人，但社群媒體到這時為止的發展證明：他們幾乎全都走錯了路。他們人人建立平台，信心滿滿地認定自己的一定比其他人好，豈料最後還是必須靠創作者社群拯救和指引方向。隨著社群平台用戶增加，大型創作者的影響力也與日俱增。創作者開始對主流文化形成衝擊，累積的網路粉絲也足以和傳統明星抗衡。大公司開始關注創作者，YouTube成為不容忽視的娛樂勢力。第一批網路明星開始看見自己的努力得到回報。好萊塢經紀公司開始回他們電話。生意開始上門。

　　這種趨勢在2010年夏第一次VidCon大會時已十分清楚。VidCon為期三天，邀請網路影片社群一同歡聚。籌劃者是「V落客兄弟檔」漢克（Hank）和約翰・葛林（John Green），兩人當時都是當紅YouTube創作者。

　　之前的YouTube聚會都是以重度使用者為主[1]，重點放在建立聯繫，2007年的7/7/7見面會就是如此。VidCon

不一樣，是以線上粉絲為主。許多人意識到線上觀眾其實很想和創作者見面，於是葛林兄弟決定舉辦聚會，邀早期YouTuber 和粉絲齊聚一堂，與一起建立的社群同歡。

VidCon 節目單寫道：「我們想讓 VidCon 反映網路影片本身驚人的多樣性。雖然舊媒體普遍認為網路影片不過是熊貓打噴嚏，但我們清楚實際情況複雜得多。」[2]

大會過程頻頻出槌，麥克風故障，攝影機鬧失蹤，識別證帶不夠。整個活動感覺非常克難，漢克・葛林為了直播還敞著筆電滿場跑。但參加的人根本不在乎這些枝節，他們只想飛奔會場，當面看看喜愛已久的螢幕中人。

有的 YouTube 明星光是看見有人到場便已相當訝異，察覺粉絲的年齡層之後更加吃驚。YouTuber 幾乎都是二十多歲或三十出頭，但參加 VidCon 的粉絲很多是中學生。「我想大家都很驚訝來的人那麼年輕。」格雷戈里兄弟中的麥可・格雷戈里（Michael Gregory）說：「和青少年明星差不多。」

有粉絲送漢克・葛林一個手織鮟鱇魚娃娃，因為他在影片裡提過鮟鱇魚。漢克後來對《好萊塢報導者》說他非常感動：「我不曉得怎麼形容那種經驗，反正我找了個地方躲起來哭。這完全改變我對自己在做的事的感覺。」[3]

當時網紅和粉絲之間的界線不像今天這麼明確，早期內容創作者的超高人氣沒有讓他們忘乎所以。第一屆 VidCon 大會的 YouTuber 平易近人，和藹可親。格雷戈里說：「那場

活動不大。有一天晚上大家上台表演,然後窩在沙發上聊天。一直有人在彈烏克麗麗,大家彼此閒聊。」

不論對粉絲或創作者來說,那場活動都深具魔力。這是許多創作者第一次和觀眾面對面接觸。YouTuber 查理‧麥可唐奈爾(Charlie McDonnell)被幾十個粉絲簇擁。一群又一群參加者緊張地圍在其他 YouTuber 身旁,拿著數位相機請求和他們合照。許多粉絲也有自己的 YouTube 頻道,這時正是直接向高手們求教的好機會。泰勒‧歐克立(Tyler Oakley)參加第一屆 VidCon 時是粉絲,幾年後自己也成了 YouTube 紅人。

「總站」成員也登台高歌,模仿尚‧金斯頓(Sean Kingston)和小賈斯汀(Justin Bieber)唱他們的當紅歌曲〈Eenie Meeni〉,群眾樂不可支,大會進入高潮。〔4〕約翰‧葛林穿火雞裝上台跳舞,另一個朋友則扮成蝙蝠俠。到了問答時間,「總站」成員說合作是保持 YouTube 活力的關鍵,而這場活動正是合作力量大的見證。

這是朝氣蓬勃、意氣飛揚的一刻,但也帶著一絲惆悵:「總站」分崩離析,幾個已有突破的成員決定自立門戶。薛恩‧道森和菲利普‧德法蘭科都選擇單飛,成為成功的獨立創作者。「我們一天比一天出名,賺的錢一天比一天多。」卡山‧加萊卜說:「於是我們突然必須面對別人的自負、自己的自負、金錢的誘惑,還得設法讓工作室繼續成長。」

第6章―――創作者突破重圍
Creators Break Through

・・・

　　YouTube職員在VidCon上幾乎和粉絲一樣熱情。YouTube產品管理總監杭特・沃克（Hunter Walk）說，他非常高興「YouTube員工和社群雙向互動，實際認識用戶名稱背後的人，和他們談談需要YouTube提供什麼協助他們達成目標」。YouTube業務發展策略師法蘭・法特米（Falon Fatemi）寫道：「雖然聽到有個13歲女生要薛恩・道森當她孩子的爸爸，我實在有點不舒服，但看到這麼多熱情、投入、興奮的粉絲和YouTube明星，的確令人振奮。」[5]

　　YouTube藉這次活動宣布新的夥伴補助計畫（Partner Grant Program），加碼五百萬元支持創作者。喬治・史莊波洛斯發現合作夥伴計畫有雞生蛋、蛋生雞的問題：沒有作品，創作者難以申請資金；但沒有資金，創作者不容易產出作品。夥伴補助計畫打算打破僵局，將YouTube未來的分潤預付給合作夥伴。夥伴補助計畫和攝影設備公司B&H Photo Video合作，提供每名入選夥伴一千元購物補助，到年底時已有五百人受惠。[6]

　　到2010年末，YouTube合作夥伴計畫已納入超過一萬五千名創作者。[7]據史莊波洛斯部門當時的報告，每個月賺一千元以上的夥伴暴增三倍，收入達六位數的創作者數以百計。2010年夏，新世代網絡的格雷戈里兄弟發表〈闖閨房

之歌〉(Bed Intruder Song)[8]，將翁淵‧道森（Antoine Dodson）接受地方電視台訪問的爆紅影片二創，自動調音成混音歌曲。[9] 這首歌登上《告示牌》百大單曲榜[10]，和凱蒂‧佩芮及亞瑟小子（Usher）的單曲並列。這首歌在iTune上賣了將近十萬次[11]，影片到8月底為止超過兩千萬次觀看。

2009年，年僅15歲的少年盧卡斯‧克魯伊山克（Lucas Cruikshank）成為第一位訂閱人數破百萬的YouTuber。[12] 克魯伊山克是內布拉斯加人，在YouTube上以虛構身分「弗瑞德‧菲格宏」（Fred Figglehorn）發表影片，每個月光是靠YouTube就能賺幾萬元[13]，名氣大到獲邀在尼克兒童頻道（Nickelodeon）情境喜劇《愛卡莉》(iCarly)中客串。2010年他進一步躍上大螢幕，主演《弗瑞德電影版》(Fred: The Movie)，9月18日上映。這是好萊塢第一次以YouTube明星為主題拍攝電影[14]，由約翰‧希南（John Cena）和希奧布翰‧法倫‧荷根（Siobhan Fallon Hogan）飾演弗瑞德的父母。

2010年有更多創作者突破百萬訂閱，其中一個是丹恩‧波迪海莫（Dane Boedigheimer）的頻道「柳丁擱來亂」(Annoying Orange)，裡頭是一系列將水果擬人化的搞笑影片。這個頻道的觀看次數將近五億，訂閱者超過一百六十萬，在史上最受歡迎YouTube頻道中排名第八。2010年底，波迪海莫受卡通頻道（Cartoon Network）之邀拍攝試播集，洽談合作事宜。

然而，與好萊塢合作只是更加凸顯YouTube的開放多麼

可貴。在 YouTube 上，創作者想上傳什麼作品都沒問題，可是一旦和專業影視公司合作，他們往往處處受限，無法充分發揮，即使是低成本的《弗瑞德電影版》也不例外。這部電影從劇本、選角到執導都沒有克魯伊山克參與，後來直接在電視台播映，沒機會上院線。爛番茄對它的評分是最低分 0.0，堪稱影史災難。這些創作者在 YouTube 上之所以如魚得水，正是因為那裡沒有把關者橫加限制。他們雖然擁有百萬線上粉絲，到了線下能否發展仍在未定之天。

・・・

創作者工作室和新世代網絡即所謂「多頻道聯播網」（MCN，multichannel networks），這類公司在 2010 年代初暴增。它們的主要策略是搭售推銷 YouTube 創作名人，透過集體協商增加商業機會。MCN 提供製作和編輯服務，讓影片創作者能集中心力於創作。在此同時，MCN 不僅提供創作者全年無休的技術支援，也能代表他們直接與 YouTube 溝通。作為回報，創作者常常會分兩成的收益給這些 MCN。

隨著這種商業模式日益穩固，MCN 也吸引了新一波投資者。「網路影片世界出現新的潮流。」[15] 網媒 Tubefilter 當時說：「2010 年下半年的跡象顯示，投資人再次有意涉足製作網路原創影片的生意。這群投資人又一次看好原創內容。」創作者工作室在 2010 年 12 月募得 150 萬元 [16]，在 2011 年

初又籌到150萬元，創投公司格雷克羅夫特（Greycroft）和GRP Partners都是大股東。喜劇頻道「我他媽爛頻道」獲得440萬元投資。[17]電玩頻道Machinima在2010年夏天籌得900萬。[18]YouTube生態系開始出現大量資金。

史莊波洛斯這些年來看盡主流品牌對YouTuber的輕蔑。「我常和我們的銷售團隊出門談生意。」他說：「有一次是和露華濃（Revlon）開會[19]，那時是2009年，他們對我說經濟不好，但他們也說：『你知道嗎？經濟不好的時候，眼影、口紅那種低成本的小東西銷路特別好。人們在大環境不好時更愛買便宜的小確幸。』」

聞言史莊波洛斯馬上有了主意：當時名列第一的女性YouTuber是蜜雪兒‧潘（Michelle Phan），她的影片經常教人怎麼畫眼影和上眼妝。但史莊波洛斯向露華濃高層提出他的想法後，對方反應不佳。「你想想當時的情景，我這個YouTube業務坐在露華濃高層旁邊，聽她講完以後我馬上冒出一個很酷的點子[20]，沒想到她居然笑了出來。她說：『喔，一群小朋友。他們哪來的時間弄這些啊？說正經的，這不適合我們。』」

這場會議不了了之。蜜雪兒‧潘最後成立資本額五億元的公司，在沒有露華濃協助下推出自己的美妝系列。

史莊波洛斯不斷遇到類似的情況。「我也去過好萊塢找工作室、經紀公司、影音頻道談，對他們說：『請看，這裡

有新一代的創作者,他們已經擄獲年輕人的心。這是全新的聲音,也是娛樂業的未來。』我使出三寸不爛之舌,結果他們怎麼說呢?『這些用戶生成的內容品質不佳,我們要的不是這種東西,我們只做頂尖節目和電影。』」[21]

最後,史莊波洛斯對這種冷淡態度心灰意冷。「我知道這場革命正在發生,也知道自己極其幸運才能置身核心。我忍不住想:『你知道嗎?我認為這種變化非常深遠,已經改寫了可能與不可能的界線,應該會有新媒體公司應運而生。』那是我的頓悟時刻。想到這裡的時候,我正在舊金山飛往紐約的飛機上,問自己說:『既然需要新的公司,我的哪個朋友會去做呢?』這時我靈光一閃:『欸?不如我來做吧!』我既興奮又激動,簡直想立刻衝出飛機!」[22]

2010年末,史莊波洛斯毅然辭去YouTube的工作。他和丹尼‧札平及創作者工作室的人已經建立起好交情,暫時借住札平和多諾凡在威尼斯海灘的客房,仔細思考下一步。

史莊波洛斯心知創作者工作室已捷足先登,幾乎簽下洛杉磯所有頂尖創作者;當時最大的多頻道聯播網Machinima已獨霸遊戲市場;麥可‧葛林(Michael Green)創立的管理公司「集眾之力」(Collective)也已成立合力數位工作室(Collective Digital Studio),開始與YouTube明星弗瑞德及柳丁擱來亂合作。合力數位工作室後來成為MCN巨頭,更名Studio71。在此同時,針對喜劇、惡作劇等分眾市場的

MCN也紛紛成立,幾乎每家MCN都在爭取最出名的網紅。

不過,史莊波洛斯更感興趣的一向是鋒芒初露的新人。他看清自己的機會是與新一代創作者合作,把心力放在延攬剛剛崛起的中型YouTuber。他採用講究技術的方法,設計整合贊助機會和管理合作的工具,並簡化版權和版稅流程。

2011年,史莊波洛斯成立了自己的MCN「全螢幕」(Fullscreen),並從創作者工作室挖角過去的合作夥伴以斯拉．庫伯斯坦,請他擔任全螢幕的營運長。有史莊波洛斯的經驗加持,全螢幕很快成為MCN界的要角,足以和創作者工作室分庭抗禮。

加入全螢幕的創作者能登入公司的系統,使用各種擴大受眾的工具,與粉絲互動,並追蹤自己的頻道表現如何。全螢幕的儀表板也讓創作者看見自己賺了多少錢,並提供改善內容的建議。

全螢幕和當時其他MCN一樣,也很快找上創投公司,在爭奪人才之餘也競逐額外資金。到2011年,創作者工作室合作的頻道已超過一百五十台,每月觀看次數達三億兩千五百萬次。Google內容合作前總監馬立克．杜卡德（Malik Ducard）此時領導一支團隊,負責管理YouTube和各家MCN的關係。他當時說:這些公司是YouTube平台生態系的根本元素,「太多革新來自這個團體,這個團體常以許多方式促使YouTube挑戰極限。」[23]

YouTube很清楚：在服務創作者和廣告客戶方面，他們絕不能落後MCN太多，否則可能失去YouTube唯一的收入來源——廣告。於是，在2011年3月，YouTube宣布收購MCN始祖：新世代網絡。[24]

新世代網絡已經擔任創作者和YouTube的中間人多年，現在正式成為YouTube的一員。新世代網絡團隊進駐公司之後，與YouTube的其他幾個領域整合，先是組成新團隊「YouTube新世代」（YouTube Next），最後成為「YouTub創作者計畫」（YouTube Creators Program）。在此同時，原屬新世代網絡管理層的提姆·謝伊、傑德·希蒙斯、蘭斯·波戴爾（Lance Podell）成立「YouTube新世代實驗室」（YouTube Next Lab）。新世代網絡的共同創辦人兼執行長佛瑞德·賽伯特再次成為獨立製作人，回到一手創辦的製片公司佛瑞德創作工作室（Frederator Studios）。2011年11月，賽伯特獲任命為YouTube頻道合作夥伴。

V·帕帕斯（V Pappas）也跟著新世代網絡加入YouTube，成為YouTube觀眾開發總監。「V主導完成了《YouTube創作者指南》（YouTube Creator Playbook），這在當時的業界是一大創舉。」謝伊說：「這是第一次有人白紙黑字寫下指引，例如定期更新、讓你的影片容易搜尋……創作者的成功訣竅應有盡有。」帕帕斯後來成為TikTok的營運長。

由於夥伴補助計畫在2010年大獲成功，YouTube新世

代團隊在往後幾年也提出一連串類似計畫。新世代團隊也將YouTube的觸角伸向線下活動，例如VidCon和Playlist Live。他們的任務在今天看來並不陌生：讓YouTube成為高品質內容的重鎮，希望重量級廣告客戶願意為此砸下重金。

新世代團隊最後也取下「夥伴」的標籤。由於加入的人數太多，「夥伴」一詞已經容易產生誤解。另外，沒有人希望只被當成「YouTuber」或「YouTube明星」。於是，他們決定改用謝伊等人當初為新世代網絡計畫創造的詞：創作者。

「這些人不只是螢幕人才。」謝伊對我說：「我們認為他們棒極了，十八般武藝無所不能。他們是創業人才，能寫作、能編輯、能製作，也懂得經營社群。『YouTube明星』一詞不足以道盡他們所做的一切，而且具有貶意。當時普遍對『YouTube明星』這個詞沒有好印象。」

YouTube「夥伴」就這樣成為「創作者」。YouTube將這個詞推廣得十分成功，現在整個科技業全都採用。在此同時，YouTube也持續為創作者打造更完善的環境。

• • •

2008年成立的Klout，是極早嘗試確認和量化線上影響力的平台。這個應用程式運用社群媒體分析技術為用戶分級，考量因素包括用戶的追蹤人數、發文頻率、興趣等等。「Klout量尺」從1到100分，影響力最高者是100分。另一

方面,廠商也能獎賞對特定主題具有強大影響力的用戶,送他們贈品或禮物卡。

科技媒體對此不以為然,Klout受盡冷嘲熱諷。對當時的社會來說,尋求擴大網路影響力簡直丟人現眼,連透過評分承認網路影響力的存在都俗不可耐。然而,儘管老一輩的人嗤之以鼻,年輕用戶倒是喜聞樂見(雖然多少帶點嘲諷)——只要狂發貼文就可以拿到免費贈品,有什麼不好?

2011年,八個二十出頭的大學生組成「Klout少年郎」(Yung Klout Gang)。[25] 他們不斷發文(主要在推特),利用網路建立社會地位,成功打進音樂產業,粉絲甚至建立Tumblr專頁記錄他們的惡作劇。不過,Klout少年郎雖然影響力日增,但除了收集禮物卡以外,他們能做的其實不多。MTV台在2013年找過他們拍實境節目,但遭到婉拒。「那時沒有網紅生活,我們還能怎樣?」Klout少年郎其中一名成員莉娜・阿巴斯卡對我說:「上MTV台丟臉給大家看嗎?那樣連百萬追蹤都沒有。」

不過,Klout誕生一事,代表眾人逐漸在意指標,一般用戶雖然還不清楚如何量化網路影響力,但也開始承認這種影響力有其價值。人們開始注意自己的社群排名,也看著重要創作者的名次越爬越高。

・・・

塔達醬是隻碧眼混血母貓，招牌特徵是永遠看似皺眉。2012年9月，她的照片被貼上Reddit圖片版後立刻引起關注，24小時內就得到超過25,300票。塔達醬的同一批照片也被貼上Imgur，點閱次數在兩天內突破一百萬。

塔達醬的招牌「不爽」表情其實是因為下頜前突加侏儒症，無論如何，她很快成為迷因，被網路稱為「不爽貓」，一夕之間無所不在。

看著不爽貓迅速竄紅，班·萊希斯興奮不已，立刻找上塔達醬的主人妲芭莎·邦德森（Tabatha Bundesen），也聯絡到她的哥哥、將塔達醬的照片放上Reddit的布萊恩·邦德森（Bryan Bundesen）。萊希斯和邦德森兄妹開始合作，而萊希斯一出招便是安排不爽貓上《今日秀》。2012年秋，他們約好在不爽貓電視初登場的前一晚見面，地點離時代廣場只有幾條街遠。

結果沿路有人搶著和邦德森兄妹及不爽貓拍照。連原本不認識這隻迷因貓的人都迷得神魂顛倒。

「（妲芭莎）把不爽貓抱出來的時候，簡直有天使從天上高歌。」萊希斯對我說：「她看起來比照片和影片上更棒，是全世界最酷、最厭世的貓，大家第一眼就愛死她。她就是有迷倒眾生的魅力，連沒在網路上看過她的人也一樣。」萊希斯心想，在他眼前的是不折不扣的巨星。

「我那時的感覺就像，『你各位啊，我講了好幾年了，網

路爆紅的東西遲早能和主流娛樂圈一較高下。」萊希斯回憶道:「我早期的(迷因)客戶已經有那麼一點氣勢,但沒有一個像不爽貓這麼強,我看著她心想:『這是天選之貓,她會改變網路和流行文化的發展。』」

簽下不爽貓後不久,萊希斯為她談下一筆大生意:和貓飼料品牌普瑞納(Purina)合作。2013年3月,萊希斯和邦德森兄妹飛往德州奧斯汀拍攝廣告。同月稍後,不爽貓受邀擔任媒體Mashable西南偏南展場正式來賓。Mashable出資設立不爽貓攝影區,讓粉絲和這位爆紅巨星自拍。

雖然攝影區下午一點才開放,但爭睹不爽貓風采的人從清晨六點就開始排隊。數以百計的粉絲為了和不爽貓拍照,甘願自備點心和折疊椅,在德州豔陽下等待幾個鐘頭。排隊人龍超過六條街。

「那年的不爽貓旋風說有多誇張,就有多誇張。」[26]萊希斯說:「跟披頭四差不多。」全國性媒體說不爽貓是「西南偏南會場上最紅的明星」,CNN也寫道:「忘了伊隆・馬斯克(Elon Musk)和艾爾・高爾吧[27],西南偏南互動媒體節上的當紅炸子雞不到一歲、整天睡覺,看起來像剛吞了個毛球似的──見過不爽貓。」同一篇文章還說:「網路明星的威力變得和其他類型的明星一樣。」

在萊希斯協助下,以迷因之姿嶄露頭角的不爽貓成為實力雄厚的品牌,開啟爆紅動物的營利模式,直到現在仍有許

多寵物飼主爭相仿效。除了YouTube頻道，萊希斯還協助開設不爽貓網站和臉書專頁（在2013年，網站每個月有超過150萬人造訪），後來又開了推特和Instagram帳號。不爽貓的臉印在幾百萬包貓飼料上，全國各地寵物店都看得到。

2014年，塔達醬演出的聖誕節電影在Lifetime電視台向全球播映，為她配音的是奧布瑞·普拉扎（Aubrey Plaza）。她不但在《安德森·庫珀360》（Anderson Cooper 360）、《早安美國》（Good Morning America）、《福斯與朋友》（Fox and Friends）、《美國偶像》中亮相，還參加過MTV台影視頒獎典禮，參觀過《時尚》雜誌和SiriusXM電台的辦公室，2016年還參與演出百老匯音樂劇《貓》。萊希斯簽下一張又一張合約。

他說：「不爽貓帶來任何人、任何事物都可以成為網紅的時代。只要你有創意和動力，就有潛力讓事物爆紅。」

「不爽貓真的打破網路文化成為流行文化的藩籬。」萊希斯結論道：「這隻貓讓主流觀眾了解迷因的概念，讓他們承認網路上創造的事物也可以建立迷你王國。」

不爽貓在2019年因尿道感染去世，享年七歲。但和真正的名人一樣，她建立的品牌並沒有劃下句點。她的臉繼續出現在全球各地的廣告；她的Instagram帳號仍盡責地為260萬追蹤者更新[28]，忙著宣傳不爽貓萬聖節裝飾之類的小玩意；不爽貓官網仍有幾百種產品出售；拉斯維加斯最近推出不爽貓吃角子老虎；不爽貓卡通影集也正在籌備中。

新時代已經來臨。在喬治・史莊波洛斯靈光一閃、想出YouTube合作夥伴計畫的時候，期待這種類型的創作者有朝一日能撐起一整個產業，是異想天開。但事實上，史莊波洛斯當時的主張似乎更為荒誕：創作者對YouTube的價值勝過電視和音樂授權。

　　然而，在史莊波洛斯離開YouTube的2011年，這樣的未來已經露出端倪。他後來說，YouTube當時大約有四成的收益來自合作夥伴計畫，數目在4億左右，往後也只見增加。〔29〕到2021年，YouTube的廣告收益達288億元，創作者分潤約150億。〔30〕這項計畫從五人團隊設法說服少數V落客參與開始，短短十年竟有如此規模，著實令人驚嘆。

EXTREME ONLINE
The Untold Story of Fame, Influence, and Power on the Internet

註解

1. davidjr.com (@davidjrdotcom), "Youtube Meetup 777," YouTube, May 12, 2009, www.youtube.com/watch?v=sKwRWhFf5XQ.
2. Jenni Powell, "Top 10 VidCon Moments: Music, Vlogging, and Being Awesome," Tubefilter, July 12, 2010, www.tubefilter.com/2010/07/12/top-10-vidcon-moments-music-vlogging-and-being-awesome.
3. Natalie Jarvey, "VidCon at 10: How a "Thrown-Together" Event Gave Rise to the Influencer Era," *Hollywood Reporter*, July 13, 2019, www.hollywoodreporter.com/news/general-news/vidcon-at-10-how-a-thrown-together-event-gave-rise-influencer-era-1224136.
4. HallWoodProductions (@Hall WoodProductions), "Vidcon – The Station – Eenie Meenie Bikini (Justin Bieber Parody) LIVE," YouTube, July 10, 2010, https://www.youtube.com/watch?v=TreshM2bUFE.
5. The Youtube Team, "Our Highlights from Vidcon," YouTube Official Blog, July 12, 2010, blog.youtube/news-and-events/our-highlights-f rom-vidcon.
6. Jason Kincaid, "YouTube Announces Partner Grants Program, Support for 4K Video Resolution," *TechCrunch*, July 9, 2010, techcrunch.com/2010/07/09/youtube-partner-program-4k; Tom Pickett, "Celebrating our partners' success," YouTube Official Blog, December 22, 2010, https://youtube.googleblog.com/2010/12/celebrating-our-partners-success.html.
7. Tom Pickett, "Supercharging the "Next" phase in YouTube partner development," YouTube Official Blog, March 7, 2011, https://blog.youtube/news-and-events/supercharging-next-phase-in-youtube.
8. Will Wei, "The 'Bed Intruder Song' From Auto-Tune The News Cracks Billboard's Hot 100," *Business Insider*, August 20, 2010, https://www.businessinsider.com/the-bed-intruder-song-from-auto-tune-the-news-cracks-billboards-hot-100-2010-8.
9. 譯註：翁湍・道森的妹妹房間當時遭人闖入，性侵未遂。由於道森在接受訪問時態度激動，言詞浮誇，這段影片迅速爆紅。
10. "Billboard Hot 100," *Billboard*, January 2, 2013, https://www.billboard.com/charts/hot-100/.
11. schmoyoho (@schmoyoho), "BED INTRUDER SONG!!!" YouTube, July 31, 2010, http://www.youtube.com/watch?v=hMtZfW 2z9dw.
12. David Sarno, "Fred's YouTube Channel Is Programming for Kids by Kids," Web Scout blog, *Los Angeles Times*, June 24, 2008, https://web.archive.org/web/20080701072000/https://latimesblogs.latimes.com/webscout/2008/06/freds-

第 6 章　　創作者突破重圍
Creators Break Through　143

youtube-c.html.
13 David Sarno, "YouTube Sensation Fred to Guest Star on ICarly next Monday," *Technology* (blog), *Los Angeles Times*, February 10, 2009, https://www.latimes.com/archives/blogs/technology-blog/story/2009-02-09/youtube-sensation-fred-to-guest-star-on-icarly-next-monday.
14 FRED (@Fred), "'Fred: The Movie' Official Clip – 'Fred Gets Advice From His Dad About Women,'" YouTube, August 17, 2010, https://www.youtube.com/watch?v=rVFJzN20jhQ.
15 Marc Hustvedt, "My Damn Channel Tacks On $4.4M, Investors Bullish Again on Web Series," Tubefilter, August 9, 2010, https://www.tubefilter.com/2010/08/09/my-damn-channel-tacks-on-4-4m-investors-bullish-again-on-web-series.
16 GRP partners is now known as Upfront Ventures.
17 Hustvedt, "My Damn Channel."
18 "Series B – Machinima – 2010-06-15 – Crunchbase Funding Round Profile," Crunchbase, https://www.crunchbase.com/funding_round/machinima-series-b--86cf3865.
19 Berkeley Arts + Design (@Berkeley ArtsDesign), "Cultural Criticism in the Age of YouTube with George Strompolos, Rolla Selbak and Tiffany Shlain," YouTube, May 6, 2017, https://www.youtube.com/watch?v=I2D VKR266_4.
20 Berkeley Arts + Design, "Cultural Criticism."
21 Berkeley Arts + Design, "Cultural Criticism."
22 Berkeley Arts + Design, "Cultural Criticism."
23 Andrew Wallenstein, "Media Bigs Flock to YouTube Power Players," *Variety*, November 22, 2012, variety.com/2012/digital/news/media-bigs-flock-to-youtube-power-players-1118062549.
24 Tom Pickett, "Supercharging the "Next" phase in YouTube partner development," YouTube Official Blog, March 7, 2011, https://blog.youtube/news-and-events/supercharging-next-phase-in-youtube.
25 Reyhan Harmanci, "Young, Cool . . . and Into Online Influence Metrics?" BuzzFeed News, August 23, 2012, https://www.buzzfeednews.com/article/reyhan/young-cooland-into-online-influence-metrics.
26 Jeremy Blacklow, "The Biggest Celebrity at SXSW: Grumpy Cat," Yahoo Entertainment, March 12, 2013, http://omg.yahoo.com/blogs/celeb-news/biggest-celebrity-sxsw-grumpy-cat-161435765.html.
27 Brandon Griggs, "The Unlikely Star of SXSW: Grumpy Cat," CNN, March 10, 2013,

https://www.cnn.com/2013/03/10/tech/web/grumpy-cat-sxsw/index.html.

28 Grumpy Cat (@real grumpycat), "Doors are boring. Send a message with Grumpy Cat fabric door coverings from DoorFoto! There's an option for every occasion and holiday! Get 25% off your order now with the promo code GRUMPY25," Instagram photo, September 17, 2021, https://www.instagram.com/p/CT8Q0_KMPI3.

29 He later said that at that time about 40 percent: Berkeley Arts + Design, "Cultural Criticism."

30 Andrew Hutchinson, "YouTube Generated $28.8 Billion in Ad Revenue in 2021, Fueling the Creator Economy," Social Media Today, February 2, 2022, https://www.socialmediatoday.com/news/youtube-generated-288-billion-in-ad-revenue-in-2021-fueling-the-creator/618208.

PART 3
新勢力
NEW DYNAMICS

7 推特拚追蹤

Twitter Follows Back

　　網紅興起不僅與軟體有關，也與硬體有關。直到2000年代中，部落格、新聞網站、線上購物、社群網路都離不開桌機和筆電。這一切從2007年6月開始改變。

　　iPhone將網路從電腦釋放出來。部落格界的能量被重新導向速度更快又能移動的媒介。推特、Tumblr、Instagram加快轉向行動裝置的腳步。這些網站師法臉書的簡潔介面和動態更新，但拋棄臉書以實際朋友為主的設計，改成開放模式，讓用戶自行「追蹤」感興趣的對象。這既反映了YouTube以訂閱者為基礎的作風，也反映了部落格界的開放結構。新一代社群媒體不打算在線上重建實體世界的朋友網絡，反而把重心放在建立受眾，不論受眾是朋友或陌生人都無所謂。在此同時，這些媒體也汲取部落格時代的經驗——主要是人人都能在線上吸引追蹤者——並加以擴大。

　　隨著推特和Instagram等公司成為熱門網站，它們也面臨新用戶流量激增的考驗。同樣的問題已經讓先前幾個類

似網站不堪負荷（還記得載入 Friendster 頁面要花多少時間吧？），而用戶們使用新數位工具的方式千奇百怪，這些新公司在拚命跟上成長速度、補強隨之而來的技術需求之餘，已幾乎無暇了解和回應這些新的發展。

• • •

2006 年，傑克・杜錫（Jack Dorsey）、伊凡・「Ev」・威廉斯（Evan "Ev" Williams）、比茲・史東（Biz Stone）、諾亞・葛拉斯（Noah Glass）創立推特。推特在某種程度上是復古，回歸先前的網路時代。杜錫懷念 1990 年代末流行的美國線上即時通訊（AIM，AOL Instant Messenger），也對早期部落格服務 LiveJournal 念念不忘。AIM 用戶可以自訂「離線」訊息，說明自己現在為何暫時無法回覆。LiveJournal 部落客則是能顯示狀態訊息，告訴讀者自己現在正在做什麼（讀書、下廚、寫程式或遛狗）。雖然 AIM 和 LiveJournal 到 2005 年已經退流行，杜錫還是對「狀態」功能難以忘懷。

杜錫和其他共同創辦人當時其實正如熱鍋上的螞蟻，為他們構思已久的播客（podcast）產品 Odeo 焦頭爛額。眼見蘋果公司先一步推出播客應用程式 iTunes，他們急需想出新的點子──任何點子都好。在最後一搏的黑客松中，杜錫和幾名開發者打破眾人眼鏡，竟然真的為他的「狀態概念」寫出程式碼。

推特的四名共同創辦人各有所好,也都將自己的想法加進新產品。史東希望新產品以文字為主,而且要能在手機上使用(儘管那時智慧手機仍未出現)。葛拉斯在Odeo團隊裡大力推銷這個新點子,最後也為產品取名「推特」(最早其實是拼成「Twttr」而非「Twitter」)。威廉斯設法說服其他成員加入公開貼文的選項[1],他曾創立部落格平台Blogger,希望推特能以某種形式成為微型部落格。

2006年3月,初版推特上線。照記者尼克·比爾頓(Nick Bilton)在《孵化推特》(*Hatching Twitter*)中的說法,初版推特「簡單不造作」:「最上面是『你現在的狀態?』底下是長方形框,接著是更新按鈕,讓你分享自己的狀態。再底下和部落格一樣,也是一連串更新。」[2]

2006年3月21日,杜錫發布第一則推文:「設立帳戶中。」[3]

早期推特主要是靠簡訊文字訊息協定(SMS text messaging protocol)運作,所以推特一開始的上限是160字元(後來為了留20字元給用戶名稱,又下修成140字元)。推特剛剛推出時,主打的是讓你更方便與朋友保持聯繫,它最早的網頁說:「不論你身在何處、正在做什麼,(推特)都能讓你和朋友保持聯絡,輕鬆得知他們的近況。」[4]用戶只要建立簡單的個人資料,就能與朋友取得聯繫,以後只要朋友發布自己的最新狀態(「推文」),你就能收到更新。

現在回過頭看,推特的原始概念其實很像群組聊天。雖然當時還沒有「群組聊天」,可是在推特上路的頭兩年,大多數人都這樣用它。按杜錫的想法,推特是朋友之間簡單更新近況的工具,早期推文也多半符合他的理想。例如他在2007年1月1日推文說:「散步去買儲值車票,天氣暖洋洋。」[5]茱莉亞・愛莉森在2008年4月26日推文:「我和蘭迪剛剛一起穿一身白,對嘴唱〈宛如處女〉,笑死:)」[6]

剛開始時,人們看待推特和臉書的方式其實差不多,認為兩種科技都開啟與朋友聯繫的新形式(臉書也在推特上線幾個月後推出「狀態更新」功能)。

然而,在這個人與人的連結已經比過去更加緊密的世界,推特和臉書增進聯繫的作法引來不少批評。《今日美國》（USA Today）科技專欄作家安德魯・康鐸（Andrew Kantor）寫道:「推特實在很不好、非常不好。[7]大家都看到了,照推特的說法,我們應該隨時保持聯繫,一秒也不放過,這簡直瘋了。」《波士頓環球報》（Boston Globe）專欄作家亞利克斯・賓姆（Alex Beam）也說:「哪有人想知道我每時每刻在幹什麼?連我自己都不想。」[8]

不過,許多用戶用過之後改變了想法。《紐時雜誌》的克萊夫・湯普森（Clive Thompson）悟出推特的迷人之處:「個別來看[9],每一則瑣碎更新都無關緊要,每一則社群訊息都無足輕重,甚至極其平凡,但日積月累之後,這些碎片一

起勾勒出你家人、朋友的圖像,極其精細,像百千萬點繪成的點彩畫。這在以前是不可能的,因為在現實世界裡,沒有朋友會特地打電話和你細聊她吃的三明治。」有推特用戶說這種經驗像「某種超感官知覺(E.S.P.)」,在推特出現以前,他根本不知道(更不奢望)能有這種經驗。他對湯普森說:「感覺就像我遠遠讀到每個人的心。我愛死這種感覺。就像能聽見我朋友最真實的心聲,預先知道他們在想什麼。」

・・・

沒過多久,用戶們發現推特的用途其實比幾位創辦人想像的更廣。上線沒幾個月,2006年8月的一場小地震讓許多人對推特另眼相看。那時推特用戶只有寥寥幾百人,大多數是公司的員工和他們的朋友。地震那晚杜錫坐在桌前,感到房子微微晃動,第一個反應是拿起手機發推文。[10]

但他還沒來得及打完,就看見 Ev・威廉斯的推文:「有沒有人剛剛感覺到地震?」尼克・比爾頓說杜錫急忙寫下他的狀態當回應:「我有感覺到。但這裡別人都沒有。」沒過多久,「其他一大串訊息湧入他的手機,像信件從信箱掉到地板一樣。有人說『幹!地震』,也有人說『對,我也有感覺到』,接著又出現好幾則地震推文。比茲寫道:『我就說有地震[11],但李維不相信我,等到看到推文才相信。』」。

這場地震規模不大,但影響不小。推特把短暫的個人經

第7章──推特拚追蹤
Twitter Follows Back

驗變成連結眾人的時刻。這一刻讓威廉斯看見推特的另一種可能[12]：它不只能分享個人狀態，也能分享新聞，讓用戶「看見世界上正在發生的事」。

接下來一年，隨著越來越多用戶經歷自己的地震時刻，推特跨出幾名共同創辦人和他們的矽谷小圈圈。最大的成長是2007年的西南偏南大會，參加者大量註冊，用推特分享最新活動訊息、會場焦點、即時動態，還有哪場派對供應的免費酒精飲料最有誠意。

從2007到2008年，申請推特帳號的從個人、小圈圈，擴大到部落客、公司和組織。《紐約時報》開始用推特轉發主頁新聞，警局和消防局開始用推特即時發布警訊，科技部落客也開始用推特當討論貼文的第二論壇。

在此同時，人們開始為虛構角色或名人建立山寨推特帳號，黑武士達斯・維達（Darth Vader）紅了一陣子，（假）「俠客」・歐尼爾（Shaquille O'Neal）也紅了一陣子。但隨著本尊一一加入，虛構成為現實，預示全新的網路時代即將來臨。一開始是二線演員加入，接下來是野心勃勃的政治人物（包括政壇新秀巴拉克・歐巴馬〔Barack Obama〕）。2008年，「俠客」・歐尼爾本尊加入。

不過，沒有用戶知道怎麼定義推特的屬性。[13]「每個人的答案都不一樣。」比爾頓寫道：「有人說是社群網路，有人說是代替文字訊息，有人說是新電子郵件，有人說是迷

你部落格,有人說是用來更新近況的。」到2007年為止,甚至沒人知道它算不算社群網路。大家對推特各有願景,杜錫認為推特應該是讓用戶更新近況、追蹤朋友的服務,威廉斯則相信推特已經證明自己不只能分享個人近況,更能開啟公共對話。

這不只是各抒己見而已:要是你不確定自己要做什麼,說服廠商下廣告就困難得多。

這場爭執最後集中在一個微小但重要的功能。按照杜錫的原始設定,用戶進入推特網頁之後,在「推文」的空白框裡看到的是較為個人的提示問題:「你在做什麼?」威廉斯認為這個問題太窄,成為執行長後,他霸王硬上弓,把提示改成「發生了什麼?」[14]

事實上,這次翻盤正好反映當時的亂局。推特的方向一直隨執行長而變,偏偏每個執行長各有所好,卻沒有一個能提出像樣的商業模式。對於如何定義和宣傳推特的服務,他們還停留在很根本的層次。然而在此同時,推特不斷吸引越來越多新用戶,經常因為流量過大而當機。

內部分歧讓推特產品本身陷入停滯,但長期來看可能是好事:發展停滯讓產品體驗保持一致,如此一來,用戶才有時間慢慢發掘自己想如何使用這個平台。於是,決定推特面貌的變成用戶,而非公司人員。最終結果是催生出新類型的社群網路,以追蹤者、而非朋友為基礎。

⋯

現在來看，推特的招牌功能「追蹤」似乎是高瞻遠矚的選擇，是網路歷史的相變，但實際發展再平凡不過。推特創立時有兩種建立連結的方式：一種是「追蹤」，一種是「加友」。如果你選擇「追蹤」朋友，朋友貼文時你會收到文字訊息。如果你和對方解友，你還是可以在 Twitter.com 看到他們的推文，但不會收到訊息。

推特第一年依這種模式運作，每個個人檔案除了朋友名單以外，還有追蹤名單。由於用戶覺得這種區分令人混淆，不斷提出反應，一年過後，推特同意加以簡化。這時已能明顯看出「追蹤」比「加友」恰當──在一大堆用戶和部落格、動態消息或黑武士「加友」之後，更顯得如此。於是，在2007年7月，推特取消朋友名單。[15]

這項改變的目的固然是讓網站更好使用，但也讓推特走上與之前的社群網路截然不同的路，最後變得更像 YouTube，而不是它的創辦人最早設想的競爭對手。

同樣是在形成階段，推特的其他招牌功能也一一浮現。推特創辦人原本沒有設計篩選貼文的機制，最後是由用戶自行建立慣例，以主題標籤＃、@符號、轉推過濾河道上越來越多的貼文。推特往往是在幾個月、甚至幾年以後，才把這些功能正式納入官方版本。

舉例來說，主題標籤最早出現在照片分享網站Flickr，用以標示同類型的圖片。[16] 由於主題標籤方便搜尋字串，推特用戶從2007年也開始使用，藉此追蹤相關推文。開源開發者克里斯・梅希納（Chris Messina）在部落格貼文中提出建議[17]：推特不妨使用主題標籤，將話題分流到不同「頻道」。2007年秋，聖地牙哥近郊爆發野火，「#sandiegofire」成為早期廣獲使用的主題標籤之一。

不過，推特創辦團隊一開始對梅希納的建議嗤之以鼻，根本不打算將主題標籤納入正式功能。史東說：「主題標籤是阿宅用的。」Ev・威廉斯也嫌這玩意兒「太刺眼，而且不可能有人懂」。幾名共同創辦人信誓旦旦說他們「之後會想出更棒、更好用的東西」[18]，但用戶不等他們想出來就已爭先擁抱主題標籤。[19]

轉推成為正式功能的過程也差不多。一開始是用戶手動鍵入「RT」，再拷貝、貼上他們想擴大聲量的推文。雖然用戶早從2007年就已自力救濟，手動散播新聞和受歡迎的推文，但推特直到2009年末才將轉推納為正式功能。[20]

儘管推特開發產品龜速，但文化影響擴張速度卻快得超乎任何人想像。

・・・

2009年，一架民航機自紐約拉瓜地亞（LaGuardia）機場

起飛後隨即失去動力,緊急迫降哈德遜河(Hudson River),所幸沒有造成災難。這起危機隔天占盡紙媒頭版,廣播電台和電視當天也以最快速度加以報導,但最早揭露新聞的卻是一名救援人員的推文——而且是發在迫降之時,而非迫降之後。這起事件後來稱為「哈德遜河的奇蹟」,那則推文在發文當下便已爆紅,推特發揮文化實力的時刻已經到來。

在此之前,雖然已經有少數明星到線上世界試水溫,開部落格或MySpace頁面,但推特才是他們第一個集體擁抱的社群媒體。拜字數上限之賜,這些名人輕輕鬆鬆就能自己發文,推特直接、一手的特色對粉絲更是一大誘因。從1990到2000年代,許多名人早已受夠電影公司、唱片公司、狗仔隊的束縛,現在突然出現直接面對受眾的工具,豈可不好好把握?在演員艾希頓・庫奇挑戰並擊敗CNN、率先獲得百萬追蹤之後,Ev・威廉斯上歐普拉的節目慶功——並協助她發出第一則推文。推特短短幾個月占盡媒體版面,從網路新奇玩意成為熱門商品。網路觀察家和記者宣布轉捩時刻已到,用CNET的話來說是「舊媒體與新媒體交接」。[21]推特立刻證明自己有造就名人的能力,只不過這種名人介於一般用戶和傳統明星之間,前所未聞。

・・・

艾莉莎・李希特(Aliza Licht)一直密切留意以名人為號

召的數位媒體，緊盯相關變化。1998年加入高端時尚品牌唐娜・卡蘭（Donna Karan）的姊妹公司DKNY之後，她一路晉升，終於成為國際傳播資深副理。到2009年，她已擁有紐約時尚主管光鮮亮麗的生活，但因為家有二寶——一個四歲，一個一歲——這樣的生活也讓她精疲力竭。她後來對我說，那段時間她越來越常聽見推特的新聞，知道推特能向全世界每一個人發聲，「我迷死了」。

她有個主意。DKNY一向會和時尚部落客合作。看見CNN和庫奇的百萬追蹤之戰，李希特知道推特正快速成為任何人都能發聲的公共論壇。她和團隊希望唐娜・卡蘭也能加入這場線上對話，決定為公司開設帳號。

由於此時時尚品牌尚未登陸推特，李希特擔心如果用@DonnaKaran申請，會有人誤以為是創辦人自己發文。「我得確保唐娜的聲音受到保護。」李希特說：「從公關角度來看，如果大家以為是她親自發文，會產生不少麻煩。」

和唐娜・卡蘭的行銷和公關團隊商量之後，李希特建議模仿熱門影集《花邊教主》（Gossip Girl）。那齣戲談的是紐約上東城私校青少年的生活，劇情由一名匿名評論人推動。李希特好奇：如果唐娜・卡蘭公司裡也有一個花邊教主，不曉得會是什麼情況？

李希特說：「我們一起想了一下。大家都想知道，如果有這樣一個人，她會說些什麼？我覺得公關生活有不少好玩

的事,我們會和編輯吃中飯,會去時裝秀,會幫名人設計穿搭。我們可以開一個『DKNY公關女』(DKNY PR GIRL)帳號,透過公關的眼光說這些事。」

行銷和公關團隊表示贊成,李希特獲得批准,但法務團隊有一項要求:帳號只能由一個人管理。李希特說他們顯然認為「既然你是公司主管,就由你當這個唯一能發推的人」。這個要求將改變李希特的職涯,讓她誤打誤撞成為第一代社群媒體名人。

李希特從手機登入「DKNY公關女」帳號,開始發文。雖然大多數公司都把社群媒體當免費廣告工具,用它宣傳實體商店的折扣和優惠,但李希特發現:每次以「DKNY公關女」的身分宣傳手提包特價,不論折扣多好,還是沒什麼人按讚和轉推。相反地,在社群媒體流露人性效果奇佳,每當她發文分享名人的紅毯穿搭,或是自己的生活瑣事,網友的反應都很熱烈。李希特在經營帳號的過程中,按自己的個性創造出另一個我。「我讓她去修指甲、做頭髮、吃午餐。」李希特說:「我做什麼,她就做什麼。」

追蹤人數節節上升,先是幾百,後來更數以千計。「DKNY公關女」成為時尚界最熱門的推特帳號。

然而,許多老派人物不但難以接受,甚至感到錯愕。不論是關於「某明星」的推文(李希特從不指名道姓),還是「DKNY公關女」的午餐約會,對他們來說都過於輕浮,上

不了臺面。打造優雅、高貴、令消費者怦然心動的品牌需要經年累月，放進一個充滿人味、又不是設計師的角色，只是自貶身價。

不僅時尚大老批評「DKNY公關女」，時尚新聞雜誌《DNR》也參上一腳，寄了一封措辭嚴厲的電郵給李希特的上司。李希特回憶：「他們說自己長期以來一直是唐娜・卡蘭的粉絲，公司怎麼能讓這個不曉得哪裡冒出來的『公關女』丟人現眼，在社群媒體上大談自己想要什麼？」好在李希特在公司有足夠的影響力，可以繼續發揮。

不過，《女裝日報》(Women's Wear Daily)對這種作法盛讚不已。時尚界也注意到「DKNY公關女」參與度極高，類似帳號如雨後春筍般紛紛出現。奧斯卡・德拉倫塔（Oscar de la Renta）傳播主管愛瑞卡・畢爾曼（Erika Bearman）見賢思齊，也將「奧斯卡公關女」(@OscarPRGirl) 經營得有聲有色，吸引大批追蹤者。整個2010年，越來越多公司在推特上建立角色。@Bergdorfs以生動活潑的評論成為線上時尚圈寵兒。媒體公司開始聘請全職社群媒體小編（多為年輕的千禧世代），專門負責經營公司的社群媒體帳號。

在推特方面，公司固然樂見這些新帳號提高參與度，可是對用戶客群的新變化，也或多或少感到困惑──這些帳號是公與私的奇特混和，既不是個人用戶，也不是媒體公司或公眾人物，甚至連發言人也不是。推特雖然有名人夥伴團

隊，對這些新興創作者卻多半置之不理，與這些早期推特創作者的互動，主要是慫恿他們在推特下廣告。

　　李希特繼續匿名經營這個帳號一年半，到2011年已漸漸紙包不住火。在大批明星和媒體名人湧入推特後，「DKNY公關女」已經和其中一些人互動過。李希特會轉貼或回覆克莉希・泰根（Chrissy Teigen）、珊達・萊姆斯（Shonda Rhimes）等人，也會即時推文點評《花邊教主》、《醜聞風暴》（Scandal）。李希特在推特上結交不少明星和媒體名人，他們開始舉辦「推特晚宴」，在現實世界碰面聊線上生活的是非。看見越來越多人對這個帳號的幕後推手好奇不已，李希特和公司同事決定公開「DKNY公關女」的真實身分。

　　為了公布答案，他們慎重其事，花四天拍了一支影片，記錄李希特在四場唐娜・卡蘭時裝秀上的身影，並指出她就是真實世界的「DKNY公關女」。這篇附有影片的推文和在推特上瘋傳，散播範圍遠遠超過該帳號的幾十萬追蹤者。「那次公布答案差不多有兩億三千萬次媒體曝光。」李希特說：「全世界都有報導。我不知道有這麼多人在乎這件事，把它當成天大的祕密。」答案揭曉後，李希特立刻變成不折不扣的網紅（雖然那時還沒有「網紅」這個詞），走到哪裡都看得到她。「DKNY公關女」變成萬聖節變裝主題。她受邀參加大都會藝術博物館慈善晚宴（Met Gala），即時發文轉播實況，《時尚》雜誌還把她的推文放到自己的首頁。李希特也

提到：「『DKNY公關女』變成大學傳播系的一整門課，變成大家要研究的案例。當時沒見過這種事，怎麼有個既不是設計師、也不是發言人的人上網代公司發聲，可是內容又不盡然和公司有關？」

2012年，《紐約時報》宣布李希特和新階級已經到來。那篇報導稱他們為「E名人」（E-lebrities）[22]，也就是我們現在常說的「內容創作者」或「網紅」。李希特為自己打造出獨特的個人品牌，而且方法和茱莉亞‧愛莉森的貼文策略頗有雷同。但因為李希特的努力與現實世界知名品牌有關，她得到的多半是讚美，而非輕蔑。

「的確，她們講了不少沒意義、沒營養的話。」《紐約時報》說：「但你不得不承認，李希特女士和畢爾曼女士創造出實力雄厚的平台，在形塑大眾對她們公司的觀感方面，她們的影響力比大多數評論者來得大。如果以140字元為限描述她們真正的影響力，我認為是：別的公司現在知道自己也必須投資社群媒體，即使最終毫無意義。」[23]

當然，這樣做並非毫無意義。雖然推特創辦團隊不知如何定義自己的作品，但推特已然成為新的傳播基礎建設。用戶們不斷迸出新的點子，讓眾人看見社群媒體現在可以怎麼用、將來可能怎麼用。

李希特和第一波推特名人已經發覺、但推特共同創辦人未能完全了解的是：社群媒體其實是名氣引擎，能改變名氣

和影響力運作的方式。

第一波超人氣推特帳號之所以能竄紅,一開始固然是憑藉舊世界的影響力(艾希頓・庫奇原本是電視明星;時尚品牌已建立口碑),但除此之外,這些網路帳號還具備舊體系無法提供的迷人之處:親切的交流、直接的回應、不經中介者粉飾的幕後花絮。社群媒體和狗仔隊照片及優雅時尚的美照不一樣,它更能引起共鳴。原因何在?因為它呈現出一個人真實不造作的一面——即使這個「人」是虛構的也不例外。

社群媒體的下一波明星,將是與老字號品牌無關、之前也不是名人的人。社群媒體的前進方向,和喬治・史莊波洛斯很早就從YouTube看出的一樣:很快地,你不需要把關者、老字號品牌、舊媒體明星,也能成為偶像。

艾莉莎・李希特也看出了這一點。繼續經營「DKNY公關女」帳號幾年後,她在2015年交棒。那時她自己也已具有一定名氣,寫了一本暢銷書,還開了自己的公司,專門指導這個產業的年輕女性。同年,唐娜・卡蘭離開一手創立的品牌,幾名資深主管也隨她離去。對李希特來說,這是結束一個人生階段、讓新公司主管重新開始的好時機。

「奧斯卡公關女」愛瑞卡・畢爾曼,也在2015年交棒,轉當顧問。在此同時,時尚圈裡其他累積大量追蹤者的名人們,也都陸續開始走自己的路。情勢開始變得明朗:只要操作得當,影響力可以轉化成有利可圖的全職工作,不需要在

大公司擔任高階主管也能成功。

　　李希特說：「一開始掀起這股潮流的是時尚圈，但最後每個人都承認這是未來趨勢。」

• • •

　　雖然推特完全不知道自己的方向，卻成功結合臉書的線上情誼和部落格界的創作能量，集兩者的優點於一身。除此之外，推特還發展出全新的面向：擴大名人、優秀公司和政治、媒體菁英的文化影響力。馬克・祖克柏曾說臉書能連結全世界，但第一個做到的其實是推特，從「DKNY公關女」到巴拉克・歐巴馬，從「俠客」・歐尼爾本尊到山寨「俠客」・歐尼爾，從你的表兄弟姊妹到你的同事和未來的老闆，都能在推特上熱烈對話。

　　推特的發展為科技和媒體公司設下新的標準。它的成功將啟發往後每一家社群媒體公司，也將迫使社群網路霸主臉書改變模式。

　　事實上，推特殺得臉書手足無措。社群媒體幾乎算是臉書發明的，但推特證明某些用戶想要的不只是聯繫友誼。從2008到2009年，隨著推特占盡科技媒體版面，臉書痛定思痛，知道自己必須回應。它使出的第一招是嘗試買下推特，失敗後轉而模仿，即使這樣做會徹底顛覆臉書的主要訴求，也在所不惜。

2009年一整年，臉書重新設計網站，推出直接回應推特的新功能。例如面對推特的「追蹤」功能，臉書也讓用戶可以和名人、公司或其他實體的專頁建立連結，成為它們的「粉絲」。除此之外，臉書也把動態消息改得更像推特的河道，混和朋友的更新和粉絲專頁的更新（臉書甚至一度改變預設值，讓用戶的貼文自動向「所有人」顯示，而不只限於「朋友」——等於認可推特的公開模式。孰料此舉立刻引起臉書用戶憤怒[24]，因為許多人仍看重臉書的初衷——成為認識的人彼此交流的網絡——公司隨即讓步）。

大衛·柯克派翠克（David Kirkpatrick）在《臉書效應》（*The Facebook Effect*）中寫道：「隨著推特步步進逼，臉書進一步擴大自我定義，既提供與朋友聯繫的服務，也提供與每一個人聯繫的服務。」然而，公共平台和私人平台終究不同，兩種角色的衝突仍將持續多年。[25]原因很多，其中最重要的或許是：「私人連結必然包含非常私人的資料，與無限分享的模式難以並存」。

註解

1. Nick Bilton, *Hatching Twitter* (New York: Portfolio/Penguin, 2013), "Just Setting Up My Twttr" chapter, iBooks.
2. Bilton, *Hatching Twitter*, "Just Setting Up My Twttr" chapter.
3. 2006年3月21日，杜錫："just setting up my twttr," Twitter, March 21, 2006, twitter.com/jack/status/20?lang=en.
4. "Twitter—A Whole World in Your Hands," Twitter, 2006, web.archive.org/web/20061021175824/twitter.com/faq.
5. Jack Dorsey (@jack), "Taking a walk to get a bus pass.Warm outside.,"Twitter,January 1,2007, web.archive.org/web/20070104122256/twitter.com/jack.
6. Julia Allison (@juliaallison), "Randi and I just lip dubbed Like a Virgin in matching white suits. Hysterical :)," Twitter, April 26, 2008, https://web.archive.org/web/20080428194921/twitter.com/juliaallison.
7. Andrew Kantor, "Twitter Is Just Too Much Information – USATODAY.com," *USA Today*, January 8, 2009, web.archive.org/web/20090108043352/http://www.usatoday.com/tech/columnist/andrewkantor/2007-04-05-twitter_N.htm.
8. Alex Beam, "Twittering with Excitement? Hardly," Boston.com, August 16, 2008, archive.boston.com/life style/articles/2008/08/16/twittering_with_excitement_hardly/.
9. Clive Thompson,"Brave New World of Digital Intimacy," *New York Times*, September 5, 2008, www.nytimes.com/2008/09/07/magazine/07awareness-t.html?searchResult Position=7.
10. Bilton, *Hatching Twitter*, "Chaos Again" chapter.
11. Bilton, *Hatching Twitter*, "Chaos Again" chapter.
12. Bilton, *Hatching Twitter*, "Chaos Again" chapter.
13. Bilton, *Hatching Twitter*, "Chaos Again" chapter.
14. Bilton, *Hatching Twitter*, "The *Time* 101" chapter.
15. @Biz, "Friends, Followers, and Notifications," Twitter Blog, July 19, 2007, web.archive.org/web/20080706131439/http://blog.twitter.com/2007/07/friends-followers-and-notifications.html.
16. The hashtag, for instance: Zachary Seward, "The First-Ever Hashtag, @-Reply and Retweet, as Twitter Users Invented Them," Quartz, October 15, 2013, qz.com/135149/the-first-ever-hashtag-reply-and-retweet-as-twitter-users-invented-them.
17. Tom Huddleston Jr., "This Twitter User 'Invented' the Hashtag in 2007—but

the Company Thought It Was 'Too Nerdy,'" CNBC, January 9, 2020, www.cnbc.com/2020/01/09/how-chris-messina-got-twitter-to-use-the-hashtag.html.
18 Bilton, *Hatching Twitter*, "Is Twitter Down?" chapter.
19 Huddleston, "This Twitter User."
20 Seward, "The First-Ever Hashtag."
21 Daniel Teridman, "Ashton Outmaneuvers CNN to 1 Million on Twitter," CNET, April 17, 2009, www.cnet.com/tech/services-and-software/ashton-outmaneuvers-cnn-to-1-million-on-twitter/.
22 Eric Wilson and Cathy Horyn, "Fashion's New Order," *New York Times*, May 9, 2019, archive.nytimes.com/www.nytimes.com/interactive/2012/09/05/fashion/newyorkfashion week-theneworder.html.
23 Wilson and Horyn, "Fashion's New Order."
24 David Kirkpatrick, *The Facebook Effect* (Simon & Schuster, 2010), chap. 9, iBooks.
25 Kirkpatrick, *Facebook Effect*, chap. 17.

8 Tumblr網紅
Tumblr Famous

一切都從「爆幹」（Fuck Yeah）開始。

Tumblr從2007年開始感覺就像剪貼簿，創作和編修（curation）活動十分蓬勃。和推特一樣，你追蹤的人的貼文以逆時序出現在河道（也就是儀表板）。Tumblr的轉格（reblogging）相當於推特的轉推，讓迷因和貼文能在網站上快速傳播，和其他社群網路一樣。由於共同創辦人大衛・卡普在設計時便決定隱藏追蹤數，Tumblr不像其他網站那樣熱中追求影響力。相反地，內容經常從一個部落格跳到另一個部落格，不斷迭代。

知道自己生產的內容可能可以大量散播，讓Tumblr用戶在設計內容時便以廣泛傳布為志，GIF（短循環圖像）和動圖（cinemagraph，一種會動的GIF）都出自用戶之手。「Tumblr之所以這麼受歡迎，是因為轉貼功能。」曾報導Tumblr文化的記者莉娜・阿巴斯卡說：「在Tumblr上，編修內容的人比創作內容的人多。Tumblr比較是透過編修別人的內容來形塑

身分，而不是透過創作自己的內容來形塑身分。」

　　Tumblr 和《德拉吉報導》的彙整模式相反，後者需要用戶連上特定網站才能看到作者編修的連結，Tumblr 則是將你信任的用戶生產的內容送到你面前。有本事把很精彩的內容編修得更精彩的人都值得你留意。這種特色讓 Tumblr 成為異數，在主流社群媒體應用程式中，它是第一個可以透過編修別人的內容一炮而紅的。只要有合適的主題，似乎任何人都能一舉成名──儘管成就的是你在 Tumblr 上的假名。在促成 Tumblr 崛起的網紅用戶中，有許多是因為一次投稿或轉貼而爆紅，也有許多把焦點放在有趣的特定主題[1]，例如「昨夜簡訊」、「白人就是……」、「潮人這樣搞」等等。

　　不過，一夕爆紅的公式其實更簡單一點：管他什麼主題，全加上「爆幹」就對了。fuckyeahmodernism.tumblr.com 創作者、前 Tumblr 社群內容團隊成員阿曼達・布倫南（Amanda Brennan）對《華盛頓郵報》說：「想像你連上 Tumblr……在儀表板上看到某個東西，情不自禁大喊『爆幹！』這個詞就是這麼歡樂。我覺得 Tumblr 的人真的超喜歡它。」[2]

　　用戶開始隨意選擇自己喜歡的主題（如柯基、披薩或雷恩・葛斯林〔Ryan Gosling〕），再成立「爆幹柯基」之類的網站，最後把自己找到與柯基有關的內容一一轉貼。少數幸運兒會獲得 BuzzFeed 或 Mashable 報導，網站一炮而紅。儘管爆紅公式簡單，爆幹部落格仍有助於拉抬 Tumblr 的聲勢，讓這

個小眾部落格平台變成爆紅發電廠。

事實上,這股風潮從Tumblr成立之初就已存在,只是沒有立刻發酵。「爆幹」早在2000年代就已經是網路流行語,起源是電影插曲〈爆幹美國〉(America, Fuck Yeah)[3],出自特雷・帕克(Trey Parker)和麥特・史東(Matt Stone)2004年的電影《美國賤隊:世界警察》(Team America: World Police)。2007年2月,有人將這首歌的影片上傳YouTube,它重新翻紅,吸引幾十萬次觀看。觀眾在留言部分大玩這個迷因,隨便挑個名詞加上「爆幹」就是一則留言。

2007年4月,短短兩個月後,第一個「爆幹」Tumblr成立:fuckyeahtechnospeedandgirls.tumblr.com。但根據Tumblr的資料,這個網站沒什麼人注意。到了年底,人們開始為名人成立「爆幹」Tumblr。2007年12月,有用戶為搖滾樂團史提利・丹(Steely Dan)成立fuckyeahsteelydan.tumblr.com。到那時為止這才是第六個「爆幹」Tumblr,「爆幹」趨勢牛步成長。

可是將近一年之後,2008年10月,情況出現翻天覆地的變化。自由接案作家內德・賀本(Ned Hepburn)在Tumblr原本已有一小群追蹤者,某個秋日,他收工後哈了一管,一嗨之下決定弄個fuckyeahsharks.tumblr.com。和其他「爆幹」Tumblr一樣,賀本開始把他找到與鯊魚有關的東西——不論是鯊魚GIF、鯊魚冷知識、鯊魚電影劇照——全部轉貼出

去。賀本察看Tumblr上的「＃鯊魚」主題標籤，搜尋和鯊魚有關的貼文。他以編修者自居，徜徉Tumblr之海，打撈最好的鯊魚內容。

「爆幹鯊魚」一夕成名，賀本獲得幾萬人追蹤，這在當時是很恐怖的數字。前綴詞「爆幹」也從此成為不敗公式。「如果你想幫你超級喜歡的東西建個數位神殿，不管你喜歡的是動物、時代，還是哈利・史泰爾斯（Harry Styles）×路易・湯姆林森（Louis Tomlinson）CP，這種辦法聰明又有效。」[4] Tumblr分鏡圖前執行編輯潔西卡・班尼特（Jessica Bennett）對《華盛頓郵報》說：「簡單就是美。」

幾個月後，2009年4月，Tumblr用戶每天成立大約二十五個「爆幹」Tumblrs。「爆幹」部落格大多是匿名的，Tumblr整體而言也是如此。Tumblr總編凱姿・霍德內斯（Cates Holderness）說：「Tumblr網紅絕對存在。」[5] 只不過他們都用假名。」對當時許多人來說，上網貼文還是有點尷尬。有些人不想曝光線下的身分，擔心如此一來會對職場或學校生活產生影響。如果你想吸引粉絲，但你瘋魔的是鯊魚或史提利・丹樂團，不讓大家知道你是誰應該自在得多。

「爆幹」Tumblr通常是正面的，名字簡單好記，連結易於分享，這些特質都是網路爆紅的關鍵要素。短短幾年，Tumblr上光是「爆幹」部落格就有幾十萬個，幾乎成為Tumblr品牌本身的同義詞。2015年時，Tumblr甚至將它的

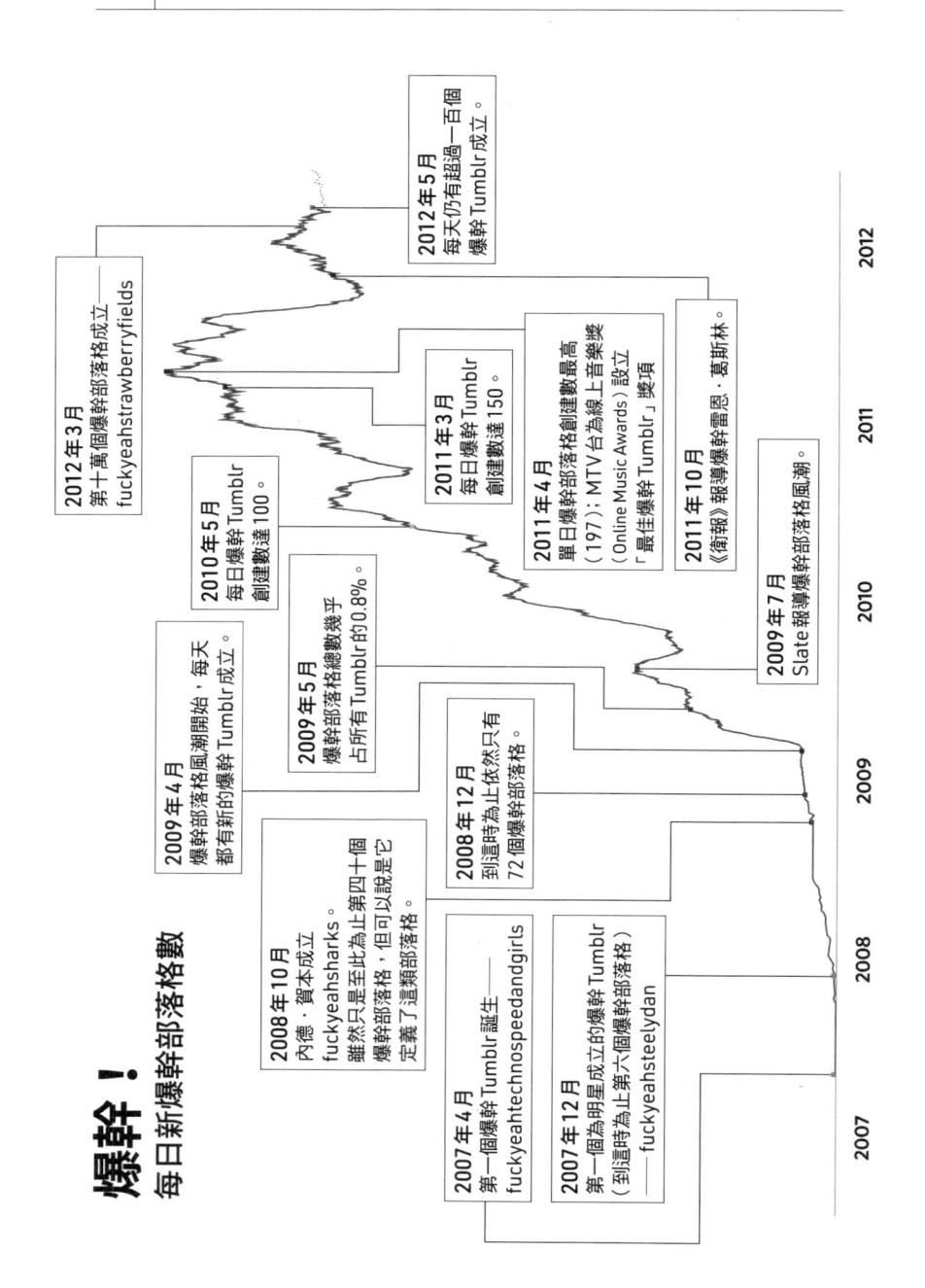

爆幹！
每日新爆幹部落格數

2012年3月
第十萬個爆幹部落格成立——fuckyeahstrawberryfields

2012年5月
每天仍有超過一百個爆幹 Tumblr 成立。

2011年3月
每日爆幹 Tumblr 創建數達 150。

2011年4月
單日爆幹部落格創建數最高（197）；MTV台為線上音樂獎（Online Music Awards）設立「最佳爆幹 Tumblr」獎項

2011年10月
《衛報》報導爆幹雷恩‧葛斯林。

2010年5月
每日爆幹 Tumblr 創建數達 100。

2009年4月
爆幹部落格風潮開始，每天都有新的爆幹 Tumblr 成立。

2009年5月
爆幹部落格總數幾乎占所有 Tumblr 的 0.8%。

2009年7月
Slate 報導爆幹部落格風潮。

2008年10月
內憲·資本成立 fuckyeahsharks。雖然只是至此為止第四十個爆幹部落格，但可以說是它定義了這類部落格。

2008年12月
到這時為止依然只有 72 個爆幹部落格。

2007年4月
第一個爆幹 Tumblr 誕生——fuckyeahtechnospeedandgirls

2007年12月
第一個由名人成立的爆幹 Tumblr（至這時為止第六個爆幹部落格）——fuckyeahsteelydan

第8章 ── Tumblr 網紅
Tumblr Famous

西南偏南派對命名為「爆幹 Tumblr 派對」。

Tumblr 排名最前的部落格有好幾個是「爆幹」網站，幕後的內容創作者變成小型網紅，在他們熱中的主題上有狂熱粉絲和相當的影響力。當然，如果你瘋的是鯊魚，成為鯊魚粉絲圈的偶像或許沒什麼意義；但你如果是「爆幹男裝」的創作者，擁有龐大追蹤數能為你帶來大好機會。

由於 Tumblr 看重精美照片和亮眼設計，它已成為街頭風部落格中心，經常吸引其他平台的部落客。2010年，羅倫斯・舒洛斯曼（Lawrence Schlossman）和凱文・布洛斯（Kevin Burrows）兩個朋友決定攜手合作，結合 Tumblr 的兩大支柱──「爆幹」和時尚──一起成立意識流時尚部落格「爆幹男裝」。這個部落格主打自己的風格，無視主流時尚部落格的套路，還邀請街頭風大人物合作（如時尚顧問尼可森・伍斯特〔Nickelson Wooster〕），成功建立小眾粉絲群。在全盛時期，被「爆幹男裝」轉貼的外套往往銷售一空。

然而，儘管「爆幹男裝」在 Tumblr 刺激銷量，也塑造品味，兩名創辦人的變現能力還是遠遠不及後來的網紅（舒洛斯曼後來擔任時尚播客《瘋時尚》〔Throwing Fits〕的共同主持人，事業非常成功，現在也依然是頂尖男裝網紅）。他們的 Tumblr 生不逢時，成立於 Instagram 的贊助內容大行其道之前，但 Tumblr 從來沒有為創作者推出廣告網絡或收益工具。外人無從得知特定部落格有多少人追蹤，很難推測

每個網站多有影響力。

因此，對「Tumblr 網紅」創作者來說，成功並不在於 Tumblr 網站本身，而在於曝光。如果網站有幸像「爆幹男裝」一樣竄紅，創作者的最佳選擇是找傳統把關者合作，把線上人氣兌換成線下名聲。在當時，這往往代表以爆紅貼文為謀職籌碼，爭取在既有新舊媒體旗下工作。另一條路是尋求作家經紀人和出版商協助，盼望線上瀏覽數能化為付費讀者。

「爆幹男裝」後來選擇的是第二條路，當時許多頂尖 Tumblr 部落格也是如此。出書的不只有「爆幹男裝」，還有各種迷因 Tumblr[6]，例如「你就是這樣肥的」（This Is Why You're Fat）、「沒有加菲貓的加菲貓」（Garfield Minus Garfield）、「潮狗狗」（Hipster Puppies），但歷久不衰的大概只有「紐約眾生相」（Humans of New York）。由於許多 Tumblr 作品順利出版，2010 年有人特地成立一個 Tumblr 帳號追蹤這些書。巧合的是，YouTube 明星最早也是將觸角伸向出版，畢竟在那段時間，出書是少數能將網路人氣化為報酬的方式。

・・・

從 2009 到 2012 年[7]，Tumblr 每月用戶從 600 萬人增加到 3,420 萬人，躋身全美前 50 大網站。[8] Tumblr 猶如兩個時代的過渡階段，一端是部落格百家爭鳴，另一端是社群媒體各霸一方。這種角色對 Tumblr 再適合不過，因為它本身

就是混血平台,既產出這段時間最紅的迷因,也孵育最早一批真正成功的社群媒體創作者和網紅。這群「Tumblr 網紅」創作者多半從沒想過如何延續人氣,也從不知道如何運用名氣建立成功的創作生涯。他們雖然比 MySpace 的「e 名人」前進了一步,但獨立創作者或網紅的路尚未成熟。

儘管 Tumblr 的規模始終不如臉書和推特,但它的創作環境遠遠勝過這兩個競爭對手。推特的形式太短,難以成為創作者的主頁,常常必須連結到部落格、YouTube 頻道或舊媒體專欄。臉書改頭換面之後,用戶發文只有兩種選擇,一是私人貼文,僅供朋友觀看;二是公開內容,與平台上其他資訊爭奪參與度。如果你想發表的是介於兩者之間的東西,Tumblr 是你最好的選擇。

• • •

在 2010 年代,Tumblr、YouTube、部落格等各種網路創作中心雖然成長驚人,但主要仍是自給自足的泡泡。在此同時,臉書和推特都想成為網路霸主,拚命收集網路上最紅的內容餵給用戶。結果是創作中心和社群網路之間出現套利機會,讓 BuzzFeed 或 Mashable 能潛入這些泡泡,收割創作者的心血結晶,重新包裝成最有機會在臉書爆紅的形式。這些網站和 Tumblr 及其創作者發展出共生關係(也有人說是寄生關係)。不過,BuzzFeed 這類網站固然能為 Tumblr 帳號

帶來流量，但最後能藉這些作品賺錢的仍是BuzzFeed。

BuzzFeed的大部分收益來自原生廣告和贊助貼文[9]，並利用Tumblr這類網站大規模獲利。舉例來說，它會將威訊的商標放進「你絕不該和前任傳訊息的十大理由」貼文[10]，加上編輯從網路上收集的GIF和迷因（通常收集自Tumblr或Reddit等社群中心）。BuzzFeed重新包裝時，會以簡潔有力的標題條列各點，並以即時A／B測試確保它們符合臉書和推特的新演算法。如果贊助貼文本身未能吸引夠多關注，BuzzFeed便直接付費讓臉書推廣，以免瀏覽數低於贊助商要求。

在整個網路世界轉向社群媒體的早期階段，這種商業模式無往不利，只有無償創作和編修網路精彩內容的創作者無利可圖。

這種模式在2010年代前半盛極一時，BuzzFeed和Mashable藉這種生意大量吸金，其他彙整型新媒體也紛紛跟進，但最經典的例子稍晚才出現：2015年2月，21歲的蘇格蘭女子凱特琳・麥可內爾（Caitlin McNeill）上傳了一張照片──那件洋裝的照片。

麥可內爾和當時許多Tumblr用戶一樣，很迷YouTube明星，迷到她為許多YouTube明星的經紀人莎拉・魏切爾（Sarah Weichel）建了一個粉絲專頁：swiked.tumblr.com。可是在2月15日，麥可內爾貼了一張和魏切爾無關的照片。那

是一件黑藍條紋的蕾絲洋裝，標題寫道：「各位大大，請問這件洋裝到底是白色加金色，還是藍色加黑色？我和朋友看得完全不一樣，快瘋了。」[11]

那張照片讓人產生一種奇特的錯覺，在某些人眼裡是藍色和黑色，在其他人看來卻是白色加金色。第一眼看是這樣，仔細瞧瞧又變成那樣，討論起來沒完沒了。「那件洋裝」在Tumblr上立刻被轉貼幾千次，每個人都在爭論它「真正」的顏色（溫馨解答：其實是藍色加黑色）。

凱姿・霍德內斯在BuzzFeed的工作之一是緊盯Tumblr的熱門話題。Tumblr一直是BuzzFeed的重要來源，提供許多內容讓BuzzFeed重新包裝，轉為己用（BuzzFeed依賴Tumblr的內容到這種地步：2012年，BuzzFeed蹭進Tumblr的網路週派對，請一些Tumblr網紅戴香蕉帽拍照，那些照片隨即登上……BuzzFeed）。「那件洋裝」橫空出世那天，霍德內斯正收拾東西準備下班，剛好看到「詢問」欄跳出麥可內爾的問題（「詢問」欄算是Tumblr版的訊息欄）。Tumblr請霍德內斯評評理，看看麥可內爾貼文裡的洋裝究竟是藍色加黑色，還是白色加金色。

雖然霍德內斯覺得是藍色和黑色，她還是請同事一起看。她後來對網媒Digiday說[12]，見到同事你一言、我一語開始討論，「我突然想到：如果我們在討論，別人一定也在討論」。

她立刻在BuzzFeed發文：「這件洋裝到底是什麼顏色？」同樣地，這只是套利，把社群媒體的熱潮從一個平台導向網路其他角落。「Tumblr現在有不少討論，我們得找出答案。」[13]這則短文同樣引起熱議，點閱人數之高前所未見。BuzzFeed將原始貼文重新包裝，傳到推特和臉書，那件洋裝成為網路有史以來最紅的內容之一。

　　「這件事完全凸顯推特、Tumblr和臉書的差異。」[14]尼詹・齊默曼（Neetzan Zimmerman）是爆紅內容大師，擅長製造能在網路引爆討論的話題，他當時對網媒Vice說：「它昨天在Tumblr爆紅，今天成為推特的焦點，這星期接下來幾天可能在臉書瘋傳。這似乎是新的爆紅循環（我得聲明一下：這是因為BuzzFeed有大量題材取自Tumblr，至少有部分原因是如此）。」

　　很快地，包括泰勒絲在內的明星加入戰局[15]，貼文在二十四小時內引來將近三千萬次點閱。最後，BuzzFeed全體員工為打破紀錄開香檳慶祝。

　　「那件洋裝改變不少爆紅的觀念。」霍德內斯對我說：「例如人們如何抓住爆紅時機，不論他們的動機是變現還是別的。廠商的感覺則是：『OK，哇，一個東西爆紅就能造成這麼大的影響啊！』」

　　諷刺的是，人們依賴數位媒體獲得這類內容的時代，也即將告終。隨著越來越多人成為社群媒體的常客，這些平

台寫出新的演算法，按個別用戶的需求推薦與他們有關的內容，爆紅內容不再需要透過BuzzFeed貼文就能觸及大眾。同樣地，隨著越來越多創作者擁抱他們能直接獲得收益的平台，彙整型網站越來越沒機會分一杯羹。那件洋裝的貼文要是今天出現，應該自己就能在它原本的平台瘋傳，不需要BuzzFeed之類的中介。

「2010年代初的科技泡泡現象，真的大幅促成網紅或網路創作者崛起，因為Mashable和BuzzFeed會彙整內容強力推銷。圍繞內容形成一整套經濟體系。」霍德內斯說。

雖然那件洋裝銷售一空，BuzzFeed也打破流量紀錄，但凱特琳‧麥可內爾從來沒有因為自己的貼文致富。[16]雖然她的Tumblr多了不少新追蹤者，但他們感興趣的並不是她後續更新的內容——莎拉‧魏切爾和YouTube明星。

• • •

在那段時間，Tumblr爆紅的最好結果是得到一份全職工作[17]，通常是數位媒體或科技公司。BuzzFeed、Daily Dot、Mashable都從Tumblr雇了不少人。「Tumblr網紅」當時經常出沒在BuzzFeed聚會和數位媒體派對，希望職業生涯能更上一層樓。

當然，不是每個Tumblr網紅都想透過名氣爭取媒體工作，即使面對經常（或總是）自稱與舊媒體截然不同的新媒

體,也不例外,詹姆斯・諾德(James Nord)就是如此。

諾德是 Tumblr 起家的圈內人,憑相關經驗與人一起成立網紅行銷平台,是這個領域的領頭羊之一。他申請 Tumblr 帳號的時間非常早[18](早到他以本名建立 Tumblr 部落格,不像後來的用戶以匿名為常態),當時是 2007 年 10 月,他剛從大學畢業,正在思考人生方向。Tumblr 那時規模不大,感覺像個社群。諾德的業餘興趣是攝影,經常上傳都市風景照。他的作品帶有街頭風格,也不時嘗試濾光之類的簡單效果。當時還沒有 Instagram,這些技巧讓他的相片格外出色,經常被人分享。隨著轉貼數增加,Tumblr 團隊選他為推薦帳號。到 2011 年,諾德已是 Tumblr 追蹤人數名列前茅的攝影師。

諾德白天在圖片庫公司當行銷,一直認為線上攝影社群的價值完全被低估。他試過主動打電話給廠商自我推銷,表示自己有好幾千人追蹤,不妨考慮把商品放上他的網頁宣傳,但沒有人理會。有一天機會終於降臨,Tumblr 推薦他和其他幾名部落客去紐約時裝週攝影。

當時沒幾個產業了解部落客和社群媒體高人氣用戶的用處,時尚界是少數例外;當時沒幾個 Tumblr 用戶被時尚界接納,諾德也是少數例外。儘管如此,這種工作多半沒有薪酬。諾德和當時其他網路知名攝影師一樣,與時尚品牌合作的回報只有增加曝光。

諾德無法忽視其他早期部落客漸漸發現的事：只要廠商願意給他們機會，他們可以刺激銷售。Tumblr 的問題在於沒辦法評估成效——受眾人數是隱藏的，廠商不知道每個時尚部落格影響力多大。

諾德已厭倦等待，在 2012 年和幾個同好創業，專門為廠商和時尚攝影師牽線。公司一開始叫 Fohr Card [19]，單純提供廠商可靠的商品攝影部落客名單，以及各部落客受眾人數和參與度的後端數字。從這裡開始，諾德的公司一步步成為成熟的網紅行銷平台，現在叫 Fohr。

諾德決定得正是時候，因為 Instagram 即將完成 Tumblr 開啟的轉型，網路生態將全面改寫，Tumblr 將被時代拋棄。

雖然 Tumblr 在 2009 年便以行動應用程式的型態問世，可是在世界其他公司轉向行動裝置之際，Tumblr 從來沒有對產品或設計進行重大革新。即使到了 2023 年，Tumblr 看起來幾乎還是和十多年前一模一樣，雖然迷因依舊豐富，但打進主流的越來越少。

2013 年，Yahoo! 以十一億元天價收購 Tumblr。這是 Tumblr 的高峰，也是它衰落的開始。這家一度新潮、酷炫、走在文化前緣的紐約新創公司，突然交給日益式微、也不知道如何經營它的 Web 1.0 巨獸掌舵。Tumblr 的優秀員工各奔東西，用戶也紛紛離去，尋找下一塊不只提供新視覺媒介、也具備全新網路景觀的樂土。

EXTREME ONLINE
The Untold Story of Fame, Influence, and Power on the Internet

註解

1. Christian Lander (@clander), Stuff White People Like blog, web.archive.org/web/2016030916 0905mp_/stuffwhitepeoplelike.com/; Joe Mande, *Look at This F*cking Hipster* (New York, St. Martin's Press, 2014).
2. Julia Carpenter, "A Complete History of 'F*** Yeah' Tumblrs, the Happiest Blogs on the Web," *Washington Post*, April 8, 2015, www.washingtonpost.com/news/the-intersect/wp/2015/04/08/a-complete-history-of-f-yeah-tumblrs-the-happiest-blogs-on-the-web.
3. Simmyisdead, "America – Fuck Yeah!," YouTube, February 28, 2007, web.archive.org/web/20080101223 139/http:/www.youtube.com/watch?v=sWS-FoXbjVI.
4. Carpenter, "A Complete History of 'F*** Yeah'Tumblrs."
5. Carpenter, "A Complete History of 'F*** Yeah'Tumblrs."
6. Jessica Amason and Richard Blakely, *This Is Why You're Fat: Where Dreams Become Heart Attacks* (New York: HarperCollins, 2009); Luke Winkie, "Urban Outfitters Literature," *Dirt*, March 14, 2023, dirt.fyi/article/2023/03/urban-outfitters-literature.
7. M.G.Siegler,"Tumblr Is on Fire. Now over 6 Million Users, 1.5 Billion Pageviews a Month," *TechCrunch*, July 19, 2010, techcrunch.com/2010/07/19/tumblr-stats.
8. Marcello Mari, "What Has Yahoo! Actually Acquired: A Snapshot of Tumblr in Q1 2013," GWI blog, May 21, 2013, blog.gwi.com/chart-of-the-day/what-has-yahoo-actually-acquired-a-snapshot-of-tumblr-in-q1-2013.
9. Andrew Marantz, *Antisocial* (New York: Viking, 2019), chap. 5, iBooks.
10. Marantz, *Antisocial*, chap. 5.
11. swiked,"guys please help me – is this dress white and gold, or blue and black? Me and my friends can't agree and we are freaking the fuck out," Whoa Wow Wow! Tumblr blog, February 27, 2015, https://web.archive.org/web/20150227014959/https://swiked.tumblr.com/post/112073818575/guys-please-help-me-is-this-dress-white-and.
12. "Meet Cates Holderness, the BuzzFeed Employee behind #TheDress," *Digiday*, February 27, 2015, digiday.com/media/meet-cates-holderness-buzzfeed-employee-behind-thedress/.
13. Cates Holderness, "What Colors Are This Dress?" BuzzFeed, February 26, 2015, www.buzzfeed.com/catesish/help-am-i-going-insane-its-definitely-blue#.bbVbxNk0P.
14. Adrianne Jeffries, "Why Did 'the Dress' Go Viral? We Asked Meme Traffic Expert Neetzan Zimmerman," *Vice*, February 26, 2015, www.vice.com/en/article/ae3aek/

why-did-the-dress-go-viral-we-asked-meme-traffic-expert-neetzan-zimmerman.
15 "Taylor Swift Says The Dress Is Black and Blue," *Time*, February 27, 2015, https://time.com/3725450/dress-taylor-swift-black-blue-white-gold-celebrities.
16 Catherine Alford, "Blue and Black . . . Or White and Gold? Either Way, This Viral Dress is a Money-Maker," Penny Hoarder, https://www.thepennyhoarder.com/make-money/side-gigs/blue-and-black-or-white-and-gold-viral-dress/.
17 Natalie Kitroeff, "Tumblr Posts Start Memes and Win Jobs," *Bits* (blog), *New York Times*, July 24, 2012, https://archive.nytimes.com/bits.blogs.nytimes.com/2012/07/24/tumblr-posts-start-memes-and-win-jobs.
18 "Influencer Marketing and the Audiences You Dream of Reaching with James Nord, Founder of Fohr on Apple Podcasts," *Waves Social Podcast*, S02 E08, https://podcasts.apple.com/us/podcast/s02-e08-influencer-market ing-and-the-audiences-you/id1484888104?i=1000471650468.
19 Stuart Elliot, "Gant Rugger Devotes Ads to 'Bros' and Their Clothes," *New York Times*, January 22 2013, www.nytimes.com/2013/01/22/business/media/gant-rugger-devotes-ads-to-bros-and-their-clothes.html.

9 Instagram的影響
Instagram's Influence

2011年1月某晚〔1〕，22歲的紐約大學大四生麗茲·艾斯溫（Liz Eswein）窩在家裡，漫不經心地滑著推特。因為罹患萊姆病（Lyme disease）的關係，艾斯溫深受自體免疫問題所苦，大四這年有不少時間掛在網上。想到春天畢業後不知能否順利就業，她憂心忡忡。

這時，她注意到一則推文。那則推文有附連結，介紹的是一種叫Instagram的新相片分享應用程式，當時正向投資人募資。Instagram剛剛成立三個月，是第一批僅供行動裝置使用的社群網路。此時用戶已成長到將近兩百萬，每天總計上傳超過二十五萬張圖片。

當時Instagram只有iOS版，而艾斯溫用的剛好是iPhone，所以她決定試試。她想了幾個帳號名稱註冊，但每一個都不行。「我想，既然我住在紐約，不如試試『@newyorkcity』吧，結果居然一舉成功。我沒有多想，開始貼文。」2011年1月11日〔2〕，艾斯溫上傳她的第一張照片，在

Instagram 的早期濾鏡功能下，那盤培根蛋顯得鮮嫩可口。

Instagram 是凱文・希斯特羅姆（Kevin Systrom）和邁克・克里格（Mike Krieger）的心血結晶。他們當時年紀很輕，都剛從史丹佛大學畢業，但 Instagram 並不是他們的第一個創業構想。他們一開始想推出的應用程式叫 Burbn[3]，功能較為複雜，比較像社群媒體 Foursquare。可是和創投公司開過幾次會以後，希斯特羅姆決定改弦易轍，簡化產品。

當時 iPhone 已上市三年，是市場上最炙手可熱的科技產品。不過，iPhone 之所以能傲視群倫，並不是因為它的通話功能勝過其他競爭對手——消費者購買智慧手機時，最看重的其實是照相品質。另外，在同一段時間，臉書和推特已雙雙成為社群媒體中心。這種發展給予希斯特羅姆和邁克・克里格靈感：何不嘗試結合這兩種趨勢，讓人手一台的手機成為觀看世界的濾鏡？

當時其實已經有不少拍照應用程式，也有一些社群網路有心打進這個逐漸成長的市場，但沒有一個成功結合相片編輯和社群網路。無線網路當時速度很慢，iPhone 的照片仍嫌粗糙。為了讓相片分享應用程式順利運作，Instagram 這兩位創辦人絞盡腦汁。最後，他們加上類似推特的門檻[4]，限制每張相片必須在 306 像素見方以下，以節省數據成本。他們也設計了好幾種濾鏡，讓每個人的照片都能色彩鮮豔，別具特色。

2010年開發Instagram時，希斯特羅姆和克里格刻意讓它容易操作、應用靈活，方便用戶連上自己的臉書、推特或Tumblr帳號。結果，Instagram變得像是現有社群媒體網站的補充，而非競爭對手。

Instagram問世後不但吸引傑克‧杜錫這類大人物，也引來不少已經習慣上網分享生活瑣事的人。杜錫等人把自己的Instagram照片貼上推特，大力讚美加上濾鏡之後變得多麼好看，Instagram水漲船高。事實上，Instagram的成長速度比任何社群媒體網站都快[5]，第一天就吸引兩萬五千名用戶，第一週到達十萬，成立兩個月就突破百萬，又過了不到一個月就衝向兩百萬。

史努比狗狗（Snoop Dogg）在2011年1月加入，成為Instagram的第一位巨星。他和許多A咖名人一樣，十分欣賞社群媒體直接、輕鬆的特色，喜歡透過這種方式與粉絲互動。史努比狗狗加入Instagram之前，在推特上已相當活躍。對經常必須謹言慎行的名人來說，Instagram甚至比推特更好用：在Instagram上，你不必思考140字元該如何處處機鋒，只需要拍照、挑濾鏡、上傳，一個字也不必寫。

史努比狗狗的第一篇貼文預示了即將到來的矛盾。在他與250萬名追蹤者分享的照片裡，他拿著一罐新飲料——麥酒Colt 45的對手，咖啡因混酒精飲料「爽」（Blast）——底下寫的是：「愛拚才會爽（Bossin' up wit dat Blast）」。如同莎

拉・弗埃爾（Sarah Frier）在《Instagram 崛起的內幕與代價》（*No Filter*）中所說，這第一篇大明星的貼文也是「Instagram 上第一個模糊廣告的例子」。[6]

這種矛盾可以說是 Instagram 內建的：當一面牆上滿滿都是賞心悅目的圖像，而且隨時都有幾百萬人盯著它看，一定有人想把它當廣告看板用。可是從創立 Instagram 開始，希斯特羅姆對廣告的態度就毫不模糊：堅決反對。這樣決定部分是因為矽谷公司一向以成長為先，規模夠大以後才考慮變現，臉書、推特和 YouTube 都是如此。另一方面，希斯特羅姆這麼決定也是出於美感。他自己也是攝影師，很清楚 Instagram 一開始之所以能吸引用戶，是因為這個平台能讓他們用新的角度看世界。

Instagram 令麗茲・艾斯溫一見鍾情的正是這點。加入 Instagram 的第一年，她不時貼文，分享二十多歲的年輕人在紐約的生活：黃色計程車、帝國大廈夜景、飄雪的街景。艾斯溫也開始和其他 Instagram 用戶建立聯繫，參加當地聚會，逢人便宣傳這個應用程式。

這些早期聚會是 Instagram 發展的關鍵。希斯特羅姆的小團隊牢記金主史帝夫・安德森（Steve Anderson）的告誡：「任何人都能設計 Instagram 應用程式，但不是每個人都能建立 Instagram 社群。」[7] 所以，公司大力支持用戶舉辦「#Instameets」或「#Instawalks」活動，不僅代為宣傳世界

各地的用戶聚會，也協助參加活動的超級粉絲曝光。

抱著這樣的心態，Instagram 的第一個員工兼社群總監喬許·里德爾（Josh Riedel）找上艾斯溫，邀請她和其他 Instagram 高人氣用戶加入 Google 群組。受邀加入的還有菲利普·岡薩雷茲（Philippe Gonzalez）和蘿蕊·惠子（音譯：Laurie Keiko）。岡薩雷茲是旅居馬德里的法國人，Instagram 帳號為 @Igers，也開設部落格 Instagramers.com，兩個網站都推薦 Instagram 的優秀內容創作者。蘿蕊·惠子也是 Instagram 高人氣用戶，住在舊金山東灣，每個月舉辦攝影旅行。對 Instagram 創辦人來說，惠子和艾斯溫這樣的用戶是 Instagram 追求的理想：熱愛攝影，樂於在 Instagram 磨練技巧，也樂於與人分享這種樂趣。

Instagram 在 2011 年不僅經歷快速成長，也面臨激烈競爭。廣告商千方百計想利用 Instagram 賺錢，但希斯特羅姆不為所動。慣於因為八卦照片獲得七位數進帳的明星也覬覦分潤，希望貼文能得到報償。

Instagram 問世六個月後，最大的帳號是小賈斯汀。這名年輕流行歌手發跡於 YouTube，擁有大批粉絲，每次貼文都引發流量海嘯，幾乎癱瘓整個網站。小賈斯汀的經紀人斯庫特·布勞恩（Scooter Braun）深知他的影響力，對希斯特羅姆下最後通牒：讓小賈斯汀投資，為他的內容付費，否則他不再使用 Instagram。

第9章──Instagram 的影響

　　希斯特羅姆雖然知道明星能刺激 Instagram 成長，但他不想付錢給用戶，也不樂見 Instagram 過度商業化。他希望這個應用程式保持開放和樂趣，所以回絕了勞恩的要求。小賈斯汀短暫離開 Instagram，但沒過多久又自行回歸，因為他和女星席琳娜・戈梅茲（Selena Gomez）的戀情高潮不斷，他實在忍不住一聲不吭。總之，這位大明星離開不久又重新發文，追蹤者變得比以前更多。為了應付他的貼文引來的海量互動，Instagram 不得不擴大基礎建設。[8]

　　小賈斯汀事件是 Instagram 高速成長的徵候。和推特一樣，Instagram 也逐漸成為流行文化中心。但 Instagram 的情況特殊，由於它的用戶以兩倍速度攀升，它比其他網站更快需要面對流量變現的問題。雖然創辦人對 Instagram 信心十足，相信擁抱廣告必能創造收益，但他們也知道必須審慎決定，畢竟用錯方法可能讓 Instagram 魅力盡失。

　　臉書和推特以促成爆紅為打造平台的原則，希斯特羅姆和團隊則重視美感甚於成長。這種策略成效卓著，Instagram 用戶飛速增加。正如小賈斯汀一局顯示的，名人承擔不起捨棄 Instagram 的代價。臉書一時慌了手腳，不知如何應對。不過，臉書固然沒有反擊策略，銀彈卻一點也不缺，既然打不過，不如買下來。於是在 2012 年，臉書以 10 億元收購 Instagram。

　　被收購之後，Instagram 極力堅守原本的作風，設法

在臉書執迷成長的文化中保持獨立。雖然事實證明轉發（reshare）按鈕能讓爆紅內容快速傳播，增加參與度，大舉延長用戶使用應用程式的時間，但希斯特羅姆多次拒絕增加分享鍵。他認為如此一來會使河道雜亂無章，導致用戶無法充分掌控自己想看到什麼。

Instagram在臉書屋簷下力抗廣告入侵，直到2013年11月才不得不屈服。但即使到了那個時候，希斯特羅姆仍然主導審核第一批廣告，確保內容符合他心目中的Instagram格調。在此同時，他也盡力讓Instagram的廣告有別於臉書的廉價風格。此外，儘管臉書和推特都以中立的演算法處理內容——不論良莠，熱門的一律置頂——Instagram選擇精挑細選。雖然Instagram也有自己的「熱門」頁面，選錄平台上流量最高的貼文，但是公司避免宣傳。過去的經驗在在顯示[9]，熱門頁面露出的是往往品質低劣的內容（用廚師網紅傑米‧奧利佛〔Jamie Oliver〕的話說：「不是胸部就是狗。」），社群團隊並不想推廣這種東西。

由於有這些顧慮，社群團隊決定採用不同策略：仔細挑選他們認為不錯的帳號，著力曝光合乎Instagram美學品味的用戶。這種策略的第一步是編輯「推薦用戶」名單，其中許多選自里德爾之前建立的高人氣用戶Google群組。到2012年，Instagram開始使用自己的帳號（@instagram）推廣優質潮流、圖片和帳號。受到推廣成為在Instagram上竄

紅的關鍵——在這個沒有分享鍵的生態系中,更是如此。引領品味的 @instagram 很快成為 Instagram 最大的帳號。

在此同時,Instagram 積極邀請大批名人加入,希望能結合明星效應和優質用戶生成的內容,為平台塑造高尚脫俗、令人憧憬的形象。有一段時間,明星效應讓 Instagram 占據新聞版面,優質用戶讓大家看見如何將 Instagram 的優點發揮到極致。Instagram 確實變得讓人著迷,既有明星加持,也有各種有意思的人。

然而,世事難以盡如人意。

推廣精緻美學的負面影響,是讓 Instagram 失去最初那種輕鬆隨意、沒有壓力的貼文方式,多少降低了使用樂趣。更重要的是,Instagram 對廣告的戒心無法阻止網站塞滿廣告,只改變了誰把廣告帶進網站。

排斥廣告和選擇性扶植素人用戶的結果,是刺激廠商另尋門路。Instagram 固然協助幾百名精選用戶(如 @newyorkcity)獲得數十萬追蹤,但有部落客、YouTuber 的先例在前,這群 Instagram 用戶知道擁有受眾和線上廣告意味著什麼。在支持麗茲・艾斯溫等原生創作者的同時,Instagram 無意間建立起網紅工廠。雖然 Instagram 還不知道如何因應這種發展,但部分網紅已不願繼續枯等。

・・・

時尚品牌和消費品公司是最早看中Instagram的廠商，對他們來說，Instagram是完美的行銷場所：以圖片為主，活潑迷人，兼具社交功能又充滿年輕消費者。廠商到Instagram註冊帳號，開始與用戶互動。在2011年，Instagram最大的廠商帳號是星巴克，追蹤人數約十一萬七千人，標記主題標籤「#starbucks」的照片超過五萬七千張。

儘管如此，Instagram還是沒有銷售廣告、沒有轉發按鈕、也沒有付費推廣工具。雖然廠商可以建立自己的帳號，但大多數人不會特地上Instagram追蹤廠商。

有的公司想出滑頭的招數，其中許多需要Instagram原生創作者配合。以紅牛能量飲（Red Bull）為例，一開始時，他們與一般帳號提高追蹤數的方式並無二致：上傳本身即令人驚艷的圖片，而非產品廣告。等到2011年接近十萬名追蹤者時，紅牛重施推特故計——精確點說，是艾希頓・庫奇的故計。

紅牛邀請@newyorkcity挑戰誰先達成十萬追蹤。艾斯溫贏得競賽[10]，為素人陣營再添勝績。紅牛的獎勵是在自己的帳號貼艾斯溫的攝影。當@newyorkcity的紐約街景黑白照登上@redbull，兩個帳號相互拉抬，觸及雙雙擴大。簡言之，紅牛透過吸引艾斯溫十萬追蹤者的注意在@newyorkcity「下廣告」。

廠商很快想出自己的變通辦法，紛紛繞過希斯特羅姆設

下的障礙。他們開始和Instagram選為推薦用戶的帳號接觸，贊助個別貼文。這種發展不僅模糊了一般用戶和專業廣告商的界線，也在無意間鼓勵Instagram用戶成為廣告商。

・・・

從2011到2012年，除了原本已經倒向贊助內容的網路創作者以外，Instagram原生創作者也加入網紅的行列。艾斯溫知道部落客能靠廣告和代言賺錢，隨著追蹤者增加，她也開始尋找類似機會。

在此同時，艾斯溫也鼓勵家人加入Instagram。她的媽媽和哥哥很早申請，順利搶下@Food、@Baking、@realestate等帳號。艾斯溫說：「我媽是烹飪高手，我哥在房地產業。」他們還搶先註冊了其他帳號，如《紐約時報》在2014年所說，他們一家成為「Instagram的第一家庭」。[11]

艾斯溫是家中第一個嘗試變現追蹤數的。2012年達成二十萬追蹤後，她知道自己的追蹤數已經超過許多雜誌，但它們的頁面全是廣告，她的頁面卻一個廣告也沒有。艾斯溫清楚自己可以觸及更多人，開始直接找廠商談合作。為Nike宣傳是她最早談下的生意之一[12]，但她為此貼上頁面的照片還賺不到一百元。她很快意識到自己可以做得更好。

艾斯溫找上另外兩位頂尖Instagram創作者——安東尼・丹尼爾（Anthony Danielle）和布萊恩・狄菲歐（Brian

DiFeo）——三人一起成立小型社群媒體行銷經紀公司，取名行動媒體實驗室（Mobile Media Lab），服務有意在Instagram下廣告的廠商。他們找上早就開始進行社群媒體行銷的公司（如三星、《幸運》〔Lucky〕雜誌、T-Mobile等），為自己和其他認識的網紅牽線，建立合作關係。

另一方面，艾斯溫的哥哥走遍曼哈頓，挨家挨戶向餐廳和食品公司宣傳Instagram的商業潛力。他說，付費請創作者在Instagram上打廣告，就像買下一面數位廣告看板——恰恰是希斯特羅姆極力避免的事。到2014年，艾斯溫的推銷開花結果，合作對象包括好幾家餐廳和當地連鎖超市「球道」（Fairway）。

艾斯溫和同儕逐漸建立起新的廣告模式，由創作者一手包辦商品的宣傳。舉例來說，諾斯壯（Nordstrom）公司2014年推出新款秋季手提包及飾品時[13]，就直接與十二名擁有廣大受眾的Instagram用戶合作，協助他們大幅曝光，請他們拍攝商品和寫使用見證。艾斯溫也是其中之一。

到2014年，行動媒體實驗室規模擴大，不僅與多名頂尖Instagram網紅合作，也接下好幾家連鎖酒店和時尚品牌的宣傳活動。客戶倍增的不只艾斯溫，2010到2014年也是Instagram的成長黃金時代。網紅一個一個達成百萬追蹤，大多數成長要歸功Instagram的推薦用戶名單。許多推薦用戶跟隨艾斯溫的腳步，把Instagram變成全職工作，全力投

入贊助內容宣傳活動——嚴格來說,這都是在 Instagram 准許廣告之前

・・・

Instagram 並不是沒發現正在發生的事。他們毫不樂見自己推薦的創作者變現追蹤者的注意力,更何況這些人原本應該是使用 Instagram 的模範。2012 年夏,Instagram 首度出手刪減「推薦用戶」名單,把推薦的兩百個帳號刪去將近三分之二。希斯特羅姆說,Instagram 應該真誠、有格調,「不該成為大肆自我炫耀的地方」。〔14〕

但 Instagram 既然已歸臉書所有,沒人相信公司能永遠將廣告拒於門外。如果不在某種程度上與廠商合作,沒人認為這個平台能長期存活。到這時候,Instagram 團隊只希望商業化能做得低調一點。

敞開大門後,部落客蜂擁而入。

到 2010 年代初,部落客已老練到不只出售橫幅廣告,還增加許多新工具,讓中型部落客也能獲利。部落格的視覺品質也大幅提升,生活風格、時尚和媽媽部落格尤其如此。隨著 Instagram 闖出名號,部落客也大舉入侵,帶來他們的變現模式。

這場轉型必須從 2010 年的德州達拉斯談起。一名正在尋找自我定位的新手部落客發起的變革,是這一切的開端。

安珀‧文茲（Amber Venz，現名安珀‧文茲‧伯克斯〔Amber Venz Box〕）是德州達拉斯人，自幼立志進入時尚界工作。[15] 她個性積極進取，從小就懂得做小生意。在南方衛理公會大學（Southern Methodist University）就讀時，她終於推出了一個地方首飾品牌。

大學還沒畢業，文茲就向她傾慕已久的幾家紐約時尚雜誌申請實習，但一家也沒有回覆。當時美國正處經濟衰退，工作少之又少。沒有人脈的外地人想求職？門都沒有。

文茲畢業後搬回家和父母同住，和達拉斯當地商店合作當私人採購員，在精品店和當地富裕人家之間穿梭，帶新潮服飾和首飾請他們試穿。只要客戶購買，她就能得到佣金。

這份工作不錯，她也繼續經營自己的首飾品牌。幾個月後，她決定開部落格推銷自己的產品。和許多早期部落客一樣，文茲也喜歡有個出口宣洩創意，與讀者分享自己的時尚品味，和興趣相投的人建立連結，不只限於達拉斯，更要擴及全世界。

只有一個問題：即使到了2010年，寫部落格還是賺不了多少錢，剛起步的人尤其如此。只有較大型的網站才能靠展示型廣告帶來像樣的收入，也只有最頂尖的部落客爭取得到優厚的贊助內容。至於其他人，寫部落格絕不是門好生意。

文茲的男友（也是後來的丈夫）巴克斯特‧伯克斯（Baxter Box）也面臨同樣的問題。他架了一個專門談衝浪的網站，

第 9 章　　Instagram 的影響
Instagram's Influence

甚至獲得知名品牌比拉邦（Billabong）贊助，但他唯一的回報是免費裝備，根本不足以讓維持網站品質變成一門生意。

雖然文茲努力思考如何把熱情轉化成可以餬口的工作，她的部落格卻在拆她正職工作的台：她喜歡貼文介紹她發現的時尚精品和優惠活動，而客戶們發現只要逛逛她的網站就能找到好東西，不必約她登門服務。許多客戶以為只要買文茲在網站上整理的東西，就是支持她，殊不知這樣一來她反而得不到私人採購的佣金。

文茲發現這件事後，有了新想法：在網路上推動銷售，為什麼不該得到佣金？私人採購員引領流行，靠品味收費；時尚部落客做的事其實一模一樣，而且服務的人更多，卻拿不到一文錢。文茲心想，也許自己能改變這種局面？

這個念頭於 2011 年催生了 RewardStyle。文茲和男友伯克斯一起創業，協助部落客進行聯盟行銷。RewardStyle 為線上零售商和部落客牽線，建立合作關係，請部落客在貼文介紹特定服飾或商品時，提供專有連結導向零售商的網路商店。這是雙贏服務，讓零售商知道自己的流量來自何方。如此一來，當讀者透過文茲這些部落客提供的連結購買商品，部落客就能得到分潤。

文茲和伯克斯沒花多少時間就搞定整件事。伯克斯原本就是經驗豐富的工程師，也認識一些程式設計師；文茲自己就是時尚部落客專家。2011 年公司成立後，他們廣邀有影

響力的部落客加入，一時推薦流量大增，線上零售商的銷量也水漲船高。知道這些數據和金額之後，便能評估線上引領流行者的影響力多大。

RewardStyle讓更多部落客能藉網路營生。由於這項服務只能透過邀請加入，不論是品質或信用都有一定保證。RewardStyle的成功很快引來競爭對手，部落客的銀行帳號也跟著湧入更多進項。

聯盟行銷之所以能成為網路創作產業的支柱，很大一部分要歸功於文茲和伯克斯。私人部落格公司紛紛出現，為具有龐大受眾和商業行銷能力的「頂級」部落客提供服務，像經紀公司一樣代表部落客斡旋廣告合約。他們也提供公關服務，協助部落客受邀參加時尚週或業界獨家活動。

RewardStyle開張兩年後已成為網紅行銷巨頭。有些部落客在公司安排下，年收入已將近百萬。

文茲隨時都在思考下一步。她發現：有了Instagram之後，有些RewardStyle會員減少寫部落格的頻率，或是直接停止更新。部落格的展示型廣告和點閱率已降低多年，部落客心知廣告生意已轉移到行動裝置，紛紛趕往Instagram搭上熱潮。網紅這時單單經營Instagram便能影響大量粉絲。

雖然早期Instagram用戶認為貼文應該盡量自然，看起來太專業的照片顯得做作。但部落客已經習慣修圖，很快把這種作風帶進Instagram，精雕細琢的風格正符合Instagram

第9章 —— Instagram 的影響
Instagram's Influence

團隊的美感偏好。頂尖生活風格部落客早已把美照貼上部落格，轉到 Instagram 幾乎不費工夫。然而，生活風格部落客雖然適應良好，他們的生意模式（如聯盟行銷和內容宣傳）在新環境付之闕如。文茲看出這塊空白，與 RewardStyle 開發 LIKEtoKNOW.it（以下簡稱 LTK），為 Instagram 提供客製化的聯盟行銷程式，讓用戶能透過特定 Instagram 貼文連結產品。如此一來，部落客可以將聯盟行銷連結轉移到 Instagram，完全離開部落格（即使不離開，也能將觸角大幅拓展到部落格之外）。

許多部落客願意跨出這一步。他們發現，不論是 Instagram 或其他社群應用程式（如 Pinterest），都比部落格更方便、也更有效率——不必寫那麼多字，而且每則貼文都能自動觸及內建的受眾。他們原本的部落格即使後來還留著，也成了廢墟。

LIKEtoKNOW.it 成為 Instagram 網紅經濟的重要環節。LTK 和之前的 RewardStyle 一樣，能讓中型、甚至小型帳號創造充足的收益流，全職經營 Instagram。來自 LTK 交易收入的現金流能讓他們與大品牌合作，LTK 的數據也能向潛在合作對象證明 Instagram 用戶的促銷實力。

這些數據再次肯定：與網紅合作比其他行銷方式效果更好。社群媒體用戶崇拜他們追蹤的生活風格創作者，當廣受歡迎的網紅推薦商品，追蹤者總爭先恐後搶著購買。如果搭

配在特殊景點拍攝的商品美照，銷量更佳。

・・・

　　雖然Instagram出售廣告所需的一切早已就緒，管理團隊直到2013年11月1日才正式接受第一支廣告。希斯特羅姆親自監督整個過程，客戶是精品品牌邁克爾・高司（Michael Kors）。然而，儘管Instagram終於加入廣告戰場，在考慮應否採納競爭對手使用的複雜變現工具時，它仍猶豫不決。

　　最早幾年，人們難以評估Instagram上的參與度。由於平台不為個人帳號提供強大的分析工具，大多數贊助內容活動一開始只能依追蹤數估價。如果你有十萬人追蹤，就算貼文本身沒有多少人按讚，你還是可以談到不錯的價錢。隨著LTK問世和網紅行銷平台一一成立，這種情況逐漸改變。在此同時，眼光敏銳的用戶開始尋找擴大觸及的訣竅。由於Instagram的貼文是逆時序排列，內容創作者也不必千方百計迎合演算法。

　　「在河道曝光真的不難。」弗埃爾在《Instagram崛起的內幕與代價》中說：「如果你是創作者，你只需要每天特定幾個時間貼文即可。這讓很多人看到驚人的成長。」[16]

　　為了提高追蹤數和參與度，許多Instagram明星開始「為獲得追蹤而追蹤」（如果你追蹤別人，他們通常也會反過來追蹤你），或是在圖片說明中加上主題標籤。有的名人則乾

脆向水軍公司買幽靈帳號衝追蹤數。

2014年12月，Instagram出手大砍垃圾帳號和假追蹤者，被稱為「Instagram大劫」(Instagram rapture)。[17]在這場大清洗中，坎達兒（Kendall）和凱莉·詹納（Kylie Jenner）姊妹等人失去幾十萬名追蹤者，甚至有人追蹤數驟降百萬。阿肯的追蹤人數從430萬降到190萬；饒舌歌手麥斯（Mase）因為追蹤數減少太多，乾脆刪了帳號。

內容創作者和這些傳統名人不同，他們在大清洗後多半全身而退。Instagram發布警告[18]：如果用戶涉及幽靈帳號或過度自我炫耀，可能遭到禁用。公司說：「你在Instagram上自我炫耀，會使與你共享那一刻的人感到悲傷。[19]我們要求各位在Instagram上的互動保持真誠、有意義。」

・・・

Instagram早期秉持的原則帶動整個網路轉型。創作者、廣告商和一般用戶拋棄2000年代鬆散的網路（disjointed web），轉而湧向社群媒體。Instagram不只證明未來屬於社群，也預示未來看重視覺、以行動裝置為中心，而且不會走向臉書、Friendster、甚至推特最初支持的「朋友重於名氣」模式。Instagram學到推特遲遲難以接受的教訓：社群網路若想吸引用戶，必須跨出原有的朋友圈子，把焦點放在名人、流行文化偶像、小眾權威，或是喜歡惹是生非的人物。

不過,最大的諷刺或許是:開門的人不是走上紅毯的人。Instagram的發展和之前的每一個平台一樣,拯救它的是打破規則的人。正因為希斯特羅姆從一開始就小心避免Instagram成為廣告看板,它現在成了自我炫耀和隱形廣告橫行的地方。

接下來十年,社群媒體將結合名氣和娛樂,與其他頂尖平台競逐人群(不論他們是不是名人),爭相成為最受歡迎的平台。

推特拔得頭籌。2014年奧斯卡頒獎典禮上,主持人艾倫・狄珍妮(Ellen DeGeneres)在節目空檔招呼幾位電影巨星來她身邊,拍下堪稱「自拍之母」的相片,鏡頭裡有布萊德・彼特、梅莉・史翠普、茱莉亞・羅勃茲、布萊德利・庫柏、露琵塔・尼詠歐和珍妮佛・勞倫斯。這張合照很快成為推特有史以來最多人轉推的推文。[20]

那年9月,Instagram在文化資本的戰場發動反攻,奪下時尚界夢寐以求的《時尚》雜誌封面,標題是「THE INSTAGIRLS!」。[21]封面模特兒瓊・絲摩斯、卡莉・克勞斯、卡拉・迪樂芬妮等人不只是明星——她們熱情激動地表示,是Instagram將她們造就成明星。

第9章　　Instagram 的影響
Instagram's Influence

註解

1. John McDermott, "How Liz Eswein Became the Most Influential Person on Instagram," *Digiday*, November 6, 2014, https://digiday.com/media/liz-eswein-became-influential-woman-instagram/.
2. Liz Eswein (@newyorkcity), Instagram photo, January 14, 2011, www.insta gram.com/p/BAvS7/.
3. Sarah Frier, *No Filter* (New York: Simon & Schuster: 2020), 15–26.
4. Frier, *No Filter*, 15–26.
5. Frier, *No Filter*, 26–27.
6. Frier, *No Filter*, 35–36.
7. Frier, *No Filter*, 34.
8. Frier, *No Filter*, 39–40.
9. Frier, *No Filter*, 81. Eventually the company revamped the Popular page entirely, in favor of a personalized algorithmic "Explore" tab.
10. Red Bull (@redbull), "Congrats to @NewYorkCity—Liz won our race to 100k followers," November 22, 2011, https://www.instagram.com/p/VTe2Y/.
11. Caroline Moss, "The First Family of Instagram," *New York Times*, December 31, 2014, www.ny times.com/2015/01/01/style/the-first-family-of-instagram.html.
12. Sarah Frier, *No Filter*, 82.
13. Sarah Jones, "Nordstrom Employs New York Instagrammers to Personalize Fall Accessories," Retail Dive, https://www.retaildive.com/ex/mobile commercedaily/nordstrom-employs-new-york-instagrammers-to-personalize-fall-accessories.
14. Sarah Frier, *No Filter*, 83.
15. Dara Prant, "How Amber Venz Box Built RewardStyle and with It, a Billion-Dollar Business," Fashionista, July 13, 2018, https://fashionista.com/2018/07/amber-venz-box-rewardstyle-liketoknowit-career; "S2:E9 Amber Venz Box on Establishing LTK and Dominating Influencer Marketing," *The Bottom Line* podcast, produced by Harvard Ventures, https://anchor.fm/harvard-ventures/episodes/S2-E9-Amber-Venz-Box-on-Establishing-LTK-and-Dominating-Influenc er-Marketing-e16m165; Jo Piazza, "Confessions of an Influencer Whisperer," *Town & Country*, March 10, 2021, https://www.townandcountrymag.com/society/money-and-power/a35729363/amber-venz-box-rewardstyle-influencer-whisperer; "Billion Dollar Female Tech Founder Amber Venz Box," *Screw It Just Do It* podcast: #074, https://startupu.libsyn.com/074-billion-dollar-fe male-tech-founder-amber-venz-box.
16. Sarah Frier, author interview.

17 Andy Cohen, (@Andy), "I lost 20k followers in the #InstagramPurge and I'm feeling cleaner than ever! Only real people, please! Twitter, next?" Twitter, December 18, 2014, https://twitter.com/Andy/status/545632944170487808.

18 Taylor Lorenz, "Chaos Ensues as Instagram Deletes Millions of Accounts," *Business Insider*, December 18, 2014, www.businessinsider.com/chaos-ensues-as-insta gram-deletes-millions-of-accounts-2014-12.

19 Lorenz, "Chaos Ensues."

20 Ellen DeGeneres (@EllenDeGeneres), "If only Bradley's arm was longer. Best photo ever. #oscars," Twitter, March 2, 2014, https://twitter.com/theellenshow/status/440322224407314432.

21 "The Instagirls: Joan Smalls, Cara Delevingne, Karlie Kloss, and More on the September Cover of *Vogue*," *Vogue*, August 18, 2014, https://www.vogue.com/article/supermodel-cover-september-2014.

PART 4

平台爭奪創作者
THE PLATFORM BATTLES FOR CREATORS

10　Vine時代
Vine Time

　　在2010年代中期出現的眾多影片應用程式中，Vine是最重要的，不僅成長最快，屢屢引領文化風潮，還培養出巡迴全國與廣大粉絲見面的網路明星，可以說是TikTok出現前的TikTok。Vine在2014年雖然遭遇不少競爭對手挑戰，但還是擁有廣大市場。它唯一的問題是自己。

　　魯迪・曼庫索（Rudy Mancuso）是紐澤西州格蘭嶺（Glen Ridge）人，就讀高中，和父母、妹妹住在城鎮邊緣的一間小屋。父親是義裔美國人，在鄰鎮蒙特克萊爾（Montclair）開美容沙龍；母親是巴西人。曼庫索從小會說流利的葡萄牙文和義大利文，但學習障礙導致他在學校難以適應，不上學時多半在家陪媽媽。他被診斷出聯覺（synesthesia），這是一種不同感官知覺相互交疊的神經現象。每當他想專心，聯覺總令他困擾不已。儘管如此，他還是克服萬難完成學業，2010年高中畢業，2011年春季進入羅格斯（Rutgers）大學就讀。

　　曼庫索上大學後，決定學影片製作和商業。那時的他並

不算經常上網，雖然也申請了Instagram帳號和朋友、父母分享照片，但僅止於此，並沒有進一步經營。到2013年春，才有朋友告訴他有個新手機應用程式叫Vine，用戶可以從手機上傳六秒影片。曼庫索興致勃勃，開始製作迷你短喜劇，還說服家人參與演出。他說：「我開始設計一些蠢角色，挖苦我遇過的許多人和事。」製作十二支影片以後，曼庫索發現不只有朋友會上Vine看他。雖然他還是想朝電影和劇場發展，卻也開始發現夢想可能會以另一種方式實現。他的追蹤人數快速暴增，影片觀看人次數以千計。

・・・

Vine雖然短命，可是對今日生活影響深遠。2012年6月，多姆・霍夫曼（Dom Hofmann）、羅斯・尤蘇波夫（Rus Yusupov）、科林・克羅爾（Colin Kroll）三名科技創業家抓住YouTube帶來的機會，在紐約成立Vine。雖然YouTube在前一年就已經推出陽春版手機應用程式，但是除了手機鏡頭有所改進之外，應用程式並未提供以手機錄影、剪輯、上傳影片的功能。

種種跡象顯示，網路用戶十分渴望有更多視覺內容：Instagram把手機照片變得令人驚艷又容易分享，成了身家十億的巨人；極為重視視覺的平台Tumblr不久也將以超過十億元被收購。手機影片似乎是下一場重頭戲。

Vine應用程式提供用戶操作簡單的編輯工具，只用手機就能創作自己的迷你作品。影片長度之所以有六秒上限，和推特、Instagram先前設限的原因一樣：數據有限。雖然六秒在某些人看來短得可憐，但Vine創辦團隊不這樣想，他們認為GIF的循環動畫也不過幾秒，卻照樣紅透半邊天，到處都看得到。

　　Vine勾勒的願景太令人心動，以致推特迫不及待出價收購。[1]那時是2012年10月，離Vine預計發布時間還有幾個月。據說推特對這個尚未發布的應用程式出價三千萬。推特這樣做不無道理：Vine的短影片和推特的短推文和照片正好互補。何況推特原本就想擴大自己的影片功能，Vine的短影片豈不正好能當影片推文？

　　雖然經營權易手，Vine團隊在正式發布前依然全力以赴，日夜趕工，毫不懈怠。

　　在beta版測試階段，Vine團隊已經發現用戶的行為出乎他們意料。共同創辦人多姆·霍夫曼對網媒Verge說：「我們的beta版只有10到15人試用。[2]雖然人數非常少，我們還是很早就看到一些實驗性的用法。」儘管有六秒的限制，但用戶還是不只記錄和分享自己的生活，也設法構思小故事。「看到社群和工具相互刺激，著實令人興奮，好得簡直不像真實的。」霍夫曼說：「我們幾乎立刻看出Vine的文化會走向創意和實驗性。」[3]

2013年1月23日[4]，推特當時的執行長迪克·科斯特洛（Dick Costolo）發文「六秒韃靼牛肉」[5]，附上法式餐廳「大堂」侍者準備韃靼牛肉的Vine短片。這部影片是霍夫曼拍的，他也發了推文。《時代》雜誌後來問霍夫曼：為什麼用韃靼牛肉影片展示新應用程式？他說別無深意，「剛好我那陣子愛吃韃靼牛肉而已」。隔天，Vine正式開放大眾使用。

Vine和Instagram那時看來頗為相似：用戶能彼此追蹤，河道依時序露出追蹤對象發布的影片。推特上突然到處都是這個應用程式的短片（這種短片同樣稱為「Vine」），顯示Vine的確是製作影片的好工具。

Vine很快吸引大量關注，短短幾個月內已是流行文化的一方之霸。Vine之所以能迅速竄紅，並不是因為韃靼牛肉或紐約地鐵短片，而是因為一群深具創意的千禧世代年輕用戶正在崛起。

傑羅姆·雅爾（Jérôme Jarre）便屬於最早一批Vine明星。他19歲時自法國商學院輟學，搬到中國創業，開過幾家科技公司。事業有成後，他用賺來的錢搬到多倫多，與人合開軟體公司Atendy，後來聽說有Vine這個平台，便下載應用程式，開始發文。

2013年4月，雅爾在Vine上發布第一支爆紅影片。[6]那支影片的標題是「別怕愛」，開場是雅爾走在IKEA過道，湊近鏡頭喃喃自問：「為什麼每個人都那麼怕愛？」他邊說

邊信步走向一名看燈飾的老太太，大喊：「愛！」那位太太嚇得跳開，也喊了聲：「哇！」

雅爾這支短片完美展現六秒媒體的特徵：迅速鋪陳、出乎意料的轉折，以及持久的喜感。「別怕愛」其實用了之前一支YouTube爆紅影片的哏[7]，那支影片是adarkenedroom頻道2008年4月發布的，內容是一個男人跳到路人面前大喊：「科技！」雅爾的影片開始沒完沒了地散播，這場惡作劇大獲成功，讓平台上其他內容相形失色。雖然Vine這時還沒有顯示「循環次數」（loop counts，Vine版的觀看次數），但雅爾的影片得到超過二十五萬個讚，一夕之間成為迷因。

這支短片也讓雅爾成為Vine最早的明星之一。他繼續推出街頭惡作劇影片，加上機智風趣的評論，到2013年秋，他的追蹤者從兩萬暴增到超過一百萬。同年接受艾倫·狄珍妮訪問時[8]，他說自己「一直喜歡對街上的陌生人做些事……以前之所以沒錄下來，是因為我沒有做YouTube影片的技術。Vine對我來說非常完美，六秒鐘就把經過講完，上網分享」。

到2013年夏天，雅爾離開創立的公司，每天在Vine上花十二小時。隨著追蹤人數增加，他開始結識Vine的其他後起之秀。沒過多久，雅爾的合作對象就包括創作歌手尼可拉斯·梅加立斯（Nicholas Megalis），以及就讀佛羅里達大學的馬庫斯·強斯（Marcus Johns）。強斯和雅爾一樣也製作喜劇

短片，爆紅作品之一是「我爸是遜咖」。強斯在片中做滑板翻板失敗，跌在地上。他爸從車道走來，說：「嘿，我以前也玩滑板。」強斯正出言嘲笑：「我爸是——」鏡頭一轉，他爸在滑板上倒立。[9]

強斯的短片層次豐富，具有冷面笑匠風格，追蹤人數漸漸趕過雅爾。2013年7月3日，強斯成為第一位追蹤數破百萬的Vine用戶。他拍短片慶祝[10]，在鏡頭前撕開襯衫，露出胸前用綠筆塗的「1M」，接著自己絆倒摔在地上。

當然還有魯迪・曼庫索。他的影片開始吸引廣大觀眾，他也透過群組聊天與雅爾、強斯等人結為好友。他們一起分享拍片技巧，也一起探索這場令他們難以自拔的浪潮。

Vine影片工具雖然好用，但也有侷限。「Vine一開始要按『錄影』鍵開拍，手指放開才停下來。」曼庫索說：「不能編輯，不能後製時配上音樂，錄了什麼就是什麼。」曼庫索在這些限制下盡力而為，他的影片是第一批有多重故事和固定角色的（參與演出的主要是他的家人）。其他Viner也很敬佩他的製片功力和導演長才。

「魯迪・曼庫索不只是此時此刻最有天分的喜劇Viner，也是這個時代最頂尖的。」[11]雅爾當時說：「他也是我認識的第一個用三腳架拍片的Viner。」

2013年夏，青少年湧入曼哈頓參加Vine聚會，彼此合作拍短片。一開始只是零零散散、三五成群的小聚會，後來

膨脹成上百名粉絲的追星行動，爭睹自己每天在手機上看到的當紅Viner。

曼庫索、雅爾等人興致勃勃地看著這類聚會出現，強斯破百萬追蹤後，他們決定自己也來辦場活動找點樂子。曼庫索說：「我們有一天聊著聊著，突然想到：靠，我們都是頂尖Viner耶！我們決定全部到紐約見面，因為大多數創作者是東岸人。」

傑羅姆・雅爾、魯迪・曼庫索、馬庫斯・強斯、尼可拉斯・梅加立斯四人商訂之後，請另一名Viner克里斯・梅爾伯格（Chris Melberger）製作海報，於2013年7月25日在Instagram昭告天下：「中央公園綿羊草原（Sheep Meadow），27號星期六下午三點，打扮打扮 ＃化妝舞會」。[12]

他們也在Vine發了同樣的公告。

曼庫索說：「我們想知道如果我們都湊在一起，有多少人會跑來看，像真的見面會那樣。」雖然他們在Vine上都有龐大追蹤數，但那些數字看起來不太真實。

聚會那天上午，曼庫索先到曼哈頓下城和其他幾名Viner集合，再一起去中央公園。在路上他邊走邊想：到底會有多少人呢？他有十萬人追蹤，住在紐約的大概有幾百人，其中或許會有一、二十個到場。

到達目的地後，他們緊握彼此的手，走進中央公園。公園中央的大草原上已星羅棋布好幾百人，他們楞了一下才恍

然大悟：那群人不是來享受夏日風光，而是來看他們的。

眼尖的粉絲發現這幾名明星 Viner 到場，開始一擁而上。由於人數眾多，需要維持秩序，他們決定更換場地，走到公園裡有一塊大石頭那區，打算把那塊大石頭當臨時舞台，並在 Vine 上發文通知粉絲改變地點。曼庫索記得當時的情景：「我們對大家說：『不管你在哪裡，請來這裡。』沒過多久，好像全部的人都到了大石頭那邊。」

粉絲幾乎都是中小學生──最迷 Vine 的年齡層。他們大喊、歡呼，有些人甚至為親眼見到強斯、雅爾、梅加立斯、曼庫索而掉淚[13]，場面非常熱烈。曼庫索等人與粉絲合影，將照片上傳 Instagram，還玩起人體衝浪，從巨石上跳下來讓粉絲接住。

「那一刻我們才真的了解：『喔！這群人真的存在！』」曼庫索說。

EXTREME ONLINE
The Untold Story of Fame, Influence, and Power on the Internet

註解

1. Peter Kafka and Mike Isaac, "Twitter Buys Vine, a Video Clip Company That Never Launched," AllThingsD, October 9, 2012, https://allthingsd.com/20121009/twitter-buys-vine-a-video-clip-company-that-never-launched.
2. Casey Newton, "Why Vine Died," Verge, October 28, 2016, https://www.theverge.com/2016/10/28/13456208/why-vine-died-twitter-shutdown.
3. Newton, "Why Vine Died."
4. Dick Costolo (@dickc), "Steak tartare in six seconds. http://vine.co/v/bOIqn6rLeID via @dhof," Twitter, January 23, 2023, https://twitter.com/dickc/status/294124523714916353?.
5. Olivia Waxman, "Watch the First Vine Ever Shared," Time, January 23, 2016, time.com/4187825/first-vine-ever/.
6. Jérôme Jarre, "Don't be afraid of Love!," Vine, April 16, 2013, vine.co/v/bFQ1KYbhWTQ.
7. adarkenedroom (@adarkenedroom), "Afraid of Technology," YouTube, April 8, 2008, www.youtube.com/watch?v=Fc1P-AEaEp8.
8. Milagros Menendez (@milagrosmenendez9758), "Vine Star Jerome Jarre on Ellen Show," YouTube, December 15, 2013, www.youtube.com/watch?v=QgIAF6a5rjQ.
9. Marcus Johns, "My dad is such a loser... #skateboard #old #fart #jk #lovehim #funny #comedy #loop #favthings #amazing #marcusjohns," Vine, April 13, 2013, vine.co/v/bFZwbm59bE3.
10. Marcus Johns, "1 million followers! Thank you so much!," Vine, July 2, 2013, vine.co/v/haVr0rpWMwm.
11. team unruly, "Every Industry Should Tell Their Story in 6-Seconds," Unruly, June 11, 2014, unruly.co/blog/article/2014/06/11/every-industry-needs-learn-tell-story-6-seconds-says-vine-star-jerome-jarre/.
12. Rudy Mancuso (@rudymancuso), "Central Park (Sheep Meadow), NYC on Saturday, the 27th. 3pm. Wear a Costume #Costumeparty," Instagram, July 25, 2013, www.instagram.com/p/cMjj_dnJmC/.
13. Rudy Mancuso (@rudy mancuso), Instagram photo, August 15, 2013, www.instagram.com/p/dCfmvynJuL/.

11 競爭者混戰，用戶新時代

A Tangle of Competitors,
A New Era for Users

　　短短幾個月，Vine成為2013年最紅的社群平台，創造大量網路新星。那年秋天，18歲的俄亥俄大學新鮮人羅根・保羅（Logan Paul）應邀接受《今日秀》訪問，並接管該節目的Vine帳號。[1]雖然在擔任《今日秀》來賓之前，保羅在Vine上已有150萬人追蹤，但這次亮相還是為他錦上添花，讓他（與Vine）更受主流媒體關注。一個月後，雅爾受邀上艾倫・狄珍妮的節目，對幾百萬名觀眾暢談Vine的力量。

　　然而，儘管雅爾、曼庫索、保羅等人擄獲大量粉絲，Vine高層卻幾乎不理他們。Vine的創辦團隊雖然留意到這群網紅追蹤數可觀，但他們有更迫切的問題要處理。

　　Vine被推特收購後，依然維持獨立運作。整個2013年，Vine的每一項決策都經過霍夫曼、尤蘇波夫、克羅爾複核。直到Vine成立九個月、用戶人數到達數百萬之後，他們才雇了一名社群經理——也是Vine的第一位非技術員工。結

果是公司雖然深受媒體青睞，卻經常疲於應付快速成長帶來的壓力。新功能開發進度落後，內部結構一團混亂。

不過，最緊迫的問題仍是競爭對手虎視耽耽。Vine雖然是第一個讓手機影片大獲成功的應用程式，但證明這條路大有可為之後，手機影片也成為社群媒體兵家必爭之地。

在Vine問世幾個月前，Instagram的凱文・希斯特羅姆仍對Verge表示手機影片時機未到，因為「數據速度有限，看影片花費的時間太多。影片是難以駕馭的媒介，也是不易快速消化的媒介」。[2]但Vine的六秒上限解決了這些問題，在智慧手機攝影科技進步、網路連線速度提高之後，創作和散播手機影片的門檻大幅降低。

另一個以手機為主的社群影片應用程式是Socialcam。2012年，它的共同創辦人兼執行長麥可・希貝爾（Michael Seibel）接受網媒TechCrunch採訪時說：「我認為這個機會十分龐大。[3]每個人都知道自己身上隨時有一台小攝影機，但大家還是認為這台小攝影機有威脅性又不好使用。」希貝爾希望能顛覆陳規，奪下手機影片市場。2011年問世的Socialcam自詡為「影片的Instagram」，第一年就突破三百萬次下載。[4]在此同時，Vine宣布上線後六個月下載次數就超過一千三百萬，成長率幾乎是Socialcam的十倍。[5]儘管如此，Vine離主流仍有好一段距離。

市場出現幾十種功能優異的應用程式，而且許多背後都

第11章──競爭者混戰，用戶新時代
A Tangle of Competitors, A New Era for Users

有好幾百萬元創投資金做後盾。Socialcam、Viddy、Telly、Mobli、Klip、Color不僅彼此競爭，也都想挑戰Vine的霸主地位。但它們最後全部陷入沉寂，短的只維持幾個月，長的也只多撐了幾年。

一一擊敗較小的競爭者之後，Vine終須面對日益壯大的矽谷帝國。2013年6月20日，在希斯特羅姆對Verge表示手機影片時機未到幾個月後，他宣布Instagram新增影片功能，讓用戶能在現有的應用程式內製作十五秒短片。Instagram也超越Vine的陽春設計，不僅提供基本編輯功能，也為影片量身定做十多種濾鏡。希斯特羅姆在門洛帕克（Menlo Park）的發表會上說：「我們為相片做到的，對影片也做得到。」[6]

不料，這時出現了新的競爭對手：Snapchat。Snapchat在2011年秋便已成立，第一版除了讓用戶和朋友分享照片之外，還會讓照片在看過之後消失。青少年和大學生很喜歡這種「閱後即焚」的設計。到2012年10月，Snapchat用戶已經透過iOS版應用程式分享超過十億張照片。[7] 不過，Snapchat真正扭轉戰局的功能──限時動態（Stories）──要到2013年10月才推出。限時動態讓用戶與追蹤者分享照片或影片，不論追蹤者有沒有看，限時動態都會在上傳24小時後消失。

Snapchat和它的許多社群媒體前輩一樣，也不是為吸引觀眾設計的。共同創辦人伊凡·史匹格（Evan Spiegel）希望能

循臉書的前例,把焦點放在有心和朋友保持聯繫的一般用戶。但Snapchat用戶很快把限時動態當微型部落格用,拍影片記錄生活,三不五時上傳十秒短片。對許多名人來說,限時動態更親密、也更沒有壓力。隨著越來越多明星開始使用,Snapchat和Vine、Instagram一樣成為熱門話題。

同年,這場影片應用程式大戰又加入了一個新角色:Musical.ly──也就是最後變成TikTok的應用程式。

Musical.ly一開始叫Cicada,原本計畫成為教育平台,就各種主題提供三到五分鐘的影片給學生。燒掉二十五萬元之後,創辦人朱駿和楊陸育終於發現:Cicada的目標受眾厭惡所有和學校有關的東西。他們決定另尋他途。朱駿原本就對Vine掀起的影片革命深感興趣,有一天搭火車經過山景城(Mountain View)的時候,他靈光一閃。[8]

朱駿當時看著車廂裡的一群孩子,一半在聽音樂,另一半忙著照相或自拍,然後上傳社群媒體。朱駿心想:如果能把兩種活動結合在一起,不知道會有什麼結果?[9]

他將Cicada改成Musical.ly重新推出,並邀請科技經營家亞利克斯・霍夫曼(Alex Hofmann)加入,擔任美國Musical.ly有限公司執行長。2014年7月,朱駿等人決定改弦易轍後不到一個月,Musical.ly正式上線。Musical.ly一開始只是簡單的影片編輯工具,讓用戶為影片加上背景音樂。接下來大約一年,它沒沒無聞,沒人認為它能對Vine、

第11章────競爭者混戰，用戶新時代
A Tangle of Competitors, A New Era for Users

Snapchat或其他社群媒體巨獸構成威脅，也沒人料到它即將一飛沖天。

• • •

在這段手機影片新創公司寒武紀大爆發期間，科技公司創辦者的命運起起落落，絕大多數已消聲匿跡。然而，加入戰局的已不再只有矽谷科技圈。

每個應用程式都促成自己的創作者群。早期的Vine用戶如雅爾、曼庫索以驚人的速度成為明星，Snapchat、Musical.ly和其他新興應用程式也有類似的成績。

Snapchat剛推出時，肖恩・麥可布萊德（Shaun McBride）是滑板和滑雪服飾廠商的推銷員。麥可布萊德高大外向，留一頭長而蓬亂的棕髮，總是笑臉迎人。他喜歡推銷工作，每每必須跑遍全國出差。為了和六個妹妹保持聯繫，他總是用簡訊傳各地的照片給她們看。2014年，幾個妹妹對他說分享照片有更好的辦法：「你該試試Snapchat。」她們說用Snapchat傳照片更方便也更有趣。

麥可布萊德一試成鐵粉，出差時瘋狂拍照，更愛上Snapchat讓用戶在照片上塗鴉的功能，開始把自己的照片畫得花花綠綠，非常搞笑。他的妹妹忍不住給朋友看，他的Snapchat一下子多了幾十個人追蹤。

麥可布萊德在Snapchat上的暱稱是「Shonduras」，靠著

口耳相傳，他逐漸累積起一小群粉絲。隨著粉絲把他的相片截圖放上Reddit和推特，麥可布萊德成了名人。他和前教師麥可・普萊可（Michael Platco）、製片亞特拉斯・亞可匹安（Atlas Acopian）以及藝術家CJ OperAmericano一樣，都屬於早期Snapchat創作者，成功透過Snapchat在網路成名。[10]

2015年夏，Musical.ly的用戶同樣嘗到一夕爆紅的滋味，艾瑞兒・馬丁（Ariel Martin）便是如此。Musical.ly第一次大幅成長時馬丁14歲，正困在佛州彭布羅克派恩斯（Pembroke Pines）的祖父母家中。她當時剛從八年級畢業[11]，因為郊區的家管路破裂，她和兩個兄弟還有爸媽不得不暫住祖父母家。更糟的是，她媽媽那陣子腿斷了，馬丁和兄弟雅各想出門非常不方便。

這樣的炎夏特別漫長，馬丁必須找點樂子打發時間。和許多青少年一樣，她轉向手機，正好最近聽朋友說有個新應用程式叫Musical.ly，她決定下載一試。她沒有用自己的全名註冊，帳號用的是暱稱「艾瑞兒寶貝」（Baby Ariel）。

馬丁和麥可布萊德在Snapchat上一樣開創出獨特風格，作品與Musical.ly其他用戶判然有別。Musical.ly第一年的風氣中規中矩，在馬丁加入前，青少年錄對嘴唱影片時不是把手機擺在前方，就是好好拿在手上。但馬丁覺得這樣做太死板。她上傳的第一支對嘴唱影片是妮姬・米娜（Nicki Minaj）的〈蠢賤人〉[12]，錄影時她故意不拿穩手機，反而使出剛

開始在Vine引起話題的手法,邊唱邊將手機上下左右移動,或隨著節拍搖晃。用這種方式拍出的作品雖然混亂,卻有一種獨特的魅力,最後甚至成為Musical.ly的招牌風格。

回過頭看,Musical.ly居然直到那時還沒有人想到移動鏡頭拍攝,簡直不可思議,但短短幾週之內,馬丁就獲得好幾千人追蹤。「真令人難以置信,」Musical.ly執行長霍夫曼說:「她等於發明了Musical.ly影片。」公司開始在應用程式裡推廣馬丁的影片,霍夫曼發現「一時之間,每個人都開始複製她的風格」。

那年夏天接下來的日子,馬丁每天上傳一支Musical.ly影片。回想那段時間,她說:「看到那麼多人來按讚、留言,我總覺得:『實在太棒了,再做一支吧!』」隨著人氣節節攀升,開始有廠商找她合作,她爽快簽約。高中還沒開學,馬丁已經透過Musical.ly獲得穩定收入。

暑假即將結束時,馬丁獲得「王冠」認證,相當於Musical.ly版的「藍勾勾」。「得到『王冠』的感覺就像:『哇!我是正式創作者了。』」她說:「這是大事。我看到時在我朋友家裡,我們一起尖叫。」

艾瑞兒·馬丁讀完八年級時仍是個普通青少女,進高中時已是網紅。走廊上總有人盯著她看,或是別過頭竊竊私語;同班同學經常在談她影片的八卦。她感到尷尬,覺得不容易交朋友。「高中第一年總是想盡快融入。」她對我說:「但

大家看我的眼光怪怪的。」

高一開學一個月後，DigiTour和她聯絡。DigiTour是舉辦社群媒體明星巡迴演出的公司，專門帶內容創作者到全國各地辦見面會，在業界相當有名。他們正在找Musical.ly的創作者參加巡演，想知道馬丁有沒有興趣加入。馬丁召開家庭會議，她得決定是否要留在公立學校，或是改讀網路學校，這樣才能跑遍全國，全心專注內容創作。

「長大過程中，我從沒想過要當創作者或網紅。」她對我說：「那時不像現在……沒人覺得這樣賺得到錢、能當正職工作。這種事太新，誰也不知道會怎麼樣。」但暑假和廠商合作的經驗給了她信心，她決定放膽一試。那年秋天，她答應參加巡演，離開公立學校，踏上全美三十座城市之旅。

「我的生活突然改變。前一天還和大家一樣，第二天就開始巡演，每一天都在表演。我們總是在後座打電動、閒聊或看風景，看著一座座城市經過。」她說：「每天早上一起吃早餐，感覺像夏令營。」

每個地方的粉絲一群一群湧向他們。在彼此合作下，他們的觀眾越來越多。DigiTour拉高他們的追蹤人數，也帶來更多機會。「那時我原本只是普通青少年，沒想到突然在社群媒體爆紅。」馬丁回憶道：「那是我一輩子最酷的事。」

・・・

第11章──競爭者混戰，用戶新時代
A Tangle of Competitors, A New Era for Users

　　從2013到2015年，新的影片應用程式一個又一個出現，令人目不暇給。除了短影片之外，直播應用程式也蔚為風潮。直播並不是新鮮事，早自1990年代開始，就有網路泡沫富豪喬許·哈里斯（Josh Harris）創立Pseudo.com，志在讓一般人成為數位VJ。2007年，創業家簡彥豪、恩米特·席爾（Emmett Shear）、麥可·希貝爾、凱爾·沃格特（Kyle Vogt）一起成立Justin.tv網站（後來成為Twitch），讓人人都能上網發布影片。互動影音平台VYou也有類似功能，讓用戶能自製影片回應社群其他成員提出的問題。[13]

　　不過，2015年顯然是直播影片的轉捩點，為一般民眾打開網路成名的全新之路。這種轉變的部分原因是技術革新（例如手機處理性能更強、網路連線品質更好、無線網路範圍更廣），但更重要的因素是金錢。科技投資人和廣告商看見新的獲利機會，為此興奮不已。據Verge報導：「我們或許已經到達臨界點，直播將不只是好玩的遊戲，也會成為一門值得做的生意，有成為主流的潛力。」[14]

　　YouNow似乎已經準備好掌握這個新市場。YouNow於2011年9月問世，一開始發展不順。但公司在2012年推出手機應用程式，並逐漸增加新的功能，讓它容易上手，很快就能開始直播。

　　YouNow的創辦人艾迪·塞德曼（Adi Sideman）曾在紐約大學電影學院大學部就讀，後來又攻讀同校互動電信學程

（Interactive Telecommunication Program）。他對互動式媒體產品深感興趣，也很早看出網路創作者的力量。塞德曼對自己和其他人口中的「用戶生成媒體」深具信心，認為它是表達自我和建立連結的重要工具，一直致力降低一般用戶上網創作和建立聯繫的門檻。「我真的認為，我們雖然是在開拓新的領域——讓大家從任何地方都能直播，讓每一個人都能用這種方式表達自我——但也是在回應這個社會的需求。」塞德曼對我說：「我們不只要讓一般人能建立連結，減低孤獨、無聊和其他社交問題，也要讓創作者能以更有意義的方式與粉絲建立連結。」YouNow是塞德曼理想的終極實現。

2015年，YouNow已是iOS上獲利名列前茅的社群應用程式[15]，每天直播時間超過三萬五千小時，每月「斗內」（tip）直播主的金額超過一百萬元。在YouNow上吸引觀眾的大多是青少年，他們人數眾多，經常大量湧入平台聊天、唱歌、跳舞，尋找情感出口，與彼此建立連結。他們的直播往往很長，有的創作者還直播自己睡覺，加上「#睡覺大隊」的主題標籤，邊睡邊賺「斗內」。Meerkat和Periscope等直播應用程式吸引的是成人、明星和媒體，YouNow則漸漸變成年輕創作者的變現引擎，被稱為Muser的Musical.ly用戶尤其受歡迎。

・・・

第 11 章───競爭者混戰，用戶新時代
A Tangle of Competitors, A New Era for Users

　　從顏文字仍是最新潮的線上圖像開始，電競就是網路的重要組成部分。早在1990年代，科技就已進步到能讓玩家在線上一較高下。到2000年代初，南韓玩家開始組隊對戰。電競比賽極受關注，不但職業隊伍紛紛成立，甚至還有專門轉播比賽的新電視台。美國雖然不乏製作電玩遊戲的大型科技公司，但因為打電玩並非難事，沒什麼人相信會有觀眾想看別人打電玩。

　　殊不知Twitch從Justin.tv分拆之後，每個月雖然有超過五千萬名用戶造訪，但裡頭其實只有一小部分是自己打電玩，其他都是看別人打（Twitch成功吸引了一些愛看電競直播的YouNow用戶）。明星玩家與其說是打電玩給觀眾看，不如說是為享受觀眾的反應而玩。他們雖然會解說遊戲進度，有時也會閒扯和電玩八竿子打不著的話題。在這個過程中，他們逐漸建立超乎Twitch想像的名氣。如果要做個類比，或許可以想想充斥電視和網路的名人烹飪節目。

　　有的當紅Twitch創作者建立起自己的事業。例如網路暱稱Pokimane的伊瑪妮・安尼斯（Imane Anys），便充分利用她在Twitch的人氣建立品牌，生意興隆。伊拜・利亞諾斯（Ibai Llanos）也是如此。在追蹤人數突破新高之後，他順勢開設脫口秀節目，訪問從流行歌手到職業運動員的各界名人。Twitch看見這些創作者吸引用戶功力驚人，甚至勝過自己的行銷部門，開始設法讓創作者更容易獲利，並提供深度

分析報告，方便這些直播主評估和改善觸及。

　　Twitch也提高賭注，促成自己的原生網紅與其他名人合作，例如邀請饒舌歌手德瑞克（Drake）參加直播，與擁有數百萬人追蹤的Twitch創作者Ninja一起打《要塞英雄》（*Fortnite*），反應極為熱烈，直播時有六十萬人同時觀看。德瑞克參與直播大幅提高了Twitch的文化影響力，《要塞英雄》也為電玩產業打了一劑強心針。然而，雖然Twitch的規模越來越大，它的發展還是面臨根本的限制，一來是因為它不是為行動裝置設計的，二來是它把重點放在直播電競，無形間排擠了許多潛在用戶。

註解

1　Matt Murray, "Vine Superstar Logan Paul Takes over TODAY Account," TODAY.com, November 18, 2013, www.today.com/popculture/vine-superstar-logan-paul-takes-over-today-account-2D11603772.

2　Ellis Hamburger, "Instagram CEO Kevin Systrom: 'I'm Not Really One for Ritual. Life's More Interesting That Way,'" *Verge*, November 30, 2012, www.theverge.com/2012/11/30/3710112/instagram-ceo-kevin-systrom.

3　Colleen Taylor, "The Hunt for an 'Instagram for Video' Is On, and Socialcam Wants the Crown," *TechCrunch*, April 11, 2012, techcrunch.com/2012/04/11/socialcam-instagram-for-video-michael-seibel-interview/.

4　Jason Kincaid, "After a Hot Start, Justin.tv Spins off Socialcam, Its 'Instagram for Video,'" *TechCrunch*, August 29, 2011, techcrunch.com/2011/08/29/after-a-hot-

start-justin-tv-spins-off-socialcam-its-instagram-for-video/; Eric Eldon, "With Growth Accelerating, Socialcam's Mobile Video App Passes 3 Million Downloads," *TechCrunch*, December 7, 2011, techcrunch.com/2011/12/07/with-growth-accelerating-socialcams-mobile-video-app-passes-3-million-downloads/.
5. Darrell Etherington, "Twitter Releases Vine for Android Smartphones as It Tops 13M Users," *TechCrunch*, June 3, 2013, https://techcrunch.com/2013/06/03/twitter-releases-vine-for-android-smartphones-tops-13m-users.
6. Colleen Taylor, "Instagram Launches 15-Second Video Sharing Feature, with 13 Filters and Editing," *TechCrunch*, June 20, 2013, techcrunch.com/2013/06/20/facebook-instagram-video/.
7. Billy Gallagher, "You Know What's Cool? A Billion Snapchats: App Sees over 20 Million Photos Shared per Day, Releases on Android," *TechCrunch*, October 29, 2012, techcrunch.com/2012/10/29/billion-snapchats/.
8. Paige Leskin, "The Life of TikTok Head Alex Zhu, the Musical.Ly Cofounder in Charge of Gen Z's Beloved Video-Sharing App," *Business Insider*, November 24, 2019, https://www.businessinsider.com/tiktok-head-alex-zhu-musically-china-life-bio-2019-11.
9. All That Matters (@BrandedAllThatMatters), "Social Music: Alex Zhu, Co-Founder and Co-CEO, Musical.ly, All That Matters 2017," YouTube, November 15, 2017, www.youtube.com/watch?v=Bxk w2c3qbxw.
10. "Mike Platco – the Shorty Awards," Shorty Awards, April 23, 2017, shortyawards.com/9th/mplatco.
11. 譯註：美國七到八年級屬初中（middle school），九到十二年級為高中（high school）。
12. Ariel Martin (@baby ariel), "BabyAriel's First Musical.ly Post | Baby Ariel," YouTube, August 22, 2015, www.youtube.com/watch?v=LNwqJNi80Rc.
13. Ryan Lawler, "Video Q&A Startup VYou Is Shutting Down Its Consumer Site to Focus on White Label Opportunities," *TechCrunch*, March 29, 2013, techcrunch.com/2013/03/29/vyou-shut-down.
14. Ben Popper, "Twitter Reportedly Acquires Periscope, an App for Broadcasting Live Video," *Verge*, March 9, 2015, www.theverge.com/2015/3/9/817 7519/twitter-reportedly-acquires-periscope.
15. Ben Popper, "The Live-Streaming App Where Amateurs Get Paid to Chat, Eat, and Sleep on Camera," *Verge*, March 20, 2015, https://www.theverge.com/2015/3/20/8257141/younow-app-live-streaming-meerkat-amateur-video.

12 平行線
Parallel Lines

　　Twitch或許無法成為十億用戶平台，但它的確是門好生意。2014年，亞馬遜與Google談判破裂後收購Twitch，出價將近十億。在Meercat、Periscope、YouNow等應用程式爭相成為直播霸主的同時，臉書宣布「轉向影片」，嘗試收購或複製任何前景可期的影片應用程式。

　　同樣是2014年，YouNow開啟合作夥伴計畫，讓創作者能用直播賺錢。這項計畫讓YouNow紅極一時，不僅徹底改造直播的生態，也讓直播更加普及，在Z世代之間成為主流。許多Z世代這時只是青少年或中學生，網媒Verge發現：「（YouNow的）當紅用戶大多是沒沒無聞的青少年。[1]他們不是從什麼刺激勁爆的地方直播，也沒做什麼新鮮有趣的事。YouNow上的許多內容感覺像輔導級的直播妹，有的是和你掏心掏肺，有的是表演唱歌跳舞。」

　　YouNow的政策為整個產業設下新的標準，不僅迫使其他應用程式考慮分潤選擇，也讓更多創作者獲得更多機會，

成為多平台明星。

泰瑟・阿布翰德（Tayser Abuhamdeh）從2014年6月起在YouNow直播，暱稱「收銀先生」。[2]他24歲，在布魯克林威廉斯堡（Williamsburg）一家小店工作，負責為客人的香菸、三明治、咖啡、點心結帳。工作有時十分沉悶，他想直播或許是打發時間的好辦法，可以給自己找點樂子。於是他把手機擺在櫃臺後面，開始在值班時直播。

「我一開始是自言自語。」他2015年對Verge說：「後來我放開來說，隨便聊，講笑話自己笑。我開始表現得像有人在看，結果觀眾真的出現了。」[3]

阿布翰德一開始的直播平淡無奇，只是客人來來去去，大多數根本沒發現他在直播。後來他開始談比較私人的事，分享自己的生活點滴。隨著觀眾越來越多，他下班回家後繼續直播。

最後，他為了補貼手機費用加入YouNow合作夥伴計畫，沒多久就在YouNow爆紅，開始有人在街上認出他。此後，YouNow占去他越來越多時間，他很快變成一天直播好幾個鐘頭。

2015年某日，店長打電話給他，表示直播已經影響他的工作表現，要請他走路。阿布翰德不在乎──他接電話時人在芝加哥，正在和粉絲自拍。這時他已累積超過十三萬五千名追蹤者，收入是在小店工作時的三倍。[4]

• • •

　　YouNow為阿布翰德帶來更好的機會，但平台與創作者的關係正變得越來越複雜。整個MCN產業（如創作者工作室和全螢幕）原本是為填補空白而起，由於平台並不協助培養和管理創作者，MCN才為提供這些服務而生。

　　然而，隨著Vine蓬勃發展、YouTube人才輩出，娛樂業也開始關注這個領域。在忽視線上影片創作者多年後，他們擔心自己即將錯失新生代明星。為了急起直追，好萊塢開始向YouTuber的經紀公司砸下好萊塢等級的資金。

　　夢工廠動畫公司（DreamWorks Animation）搶先起步，在2013年收購MCN驚嘆電視（AwesomenessTV）。[5]根據報導，夢工廠出價一億一千七百萬。MCN在此之前從來沒有這麼高的身價，這代表網路創作者也可以具有電影明星的價值。這次收購造成骨牌效應。2014年3月，迪士尼公司以天價五億元收購創作者工作室[6]，還加上績效獎金一億七千五百萬。同年秋天，AT&T和切寧集團（Chernin Group）合資開設的網路影片公司歐特媒體（Otter Media）跟進，買下全螢幕的控制股權，據稱出價兩到三億。[7]

　　隨著數位明星獲得金錢和大眾關注的認可，YouTuber、Viner和其他網路創作者紛紛進入主流。一夕之間，網路創作者從原本窩在父母家的地下室浪費時間的屁孩，搖身一變

成為娛樂業的未來。

2014年夏,兩名YouTube明星薛恩·道森和娜·瑪柏（Jenna Marbles）登上《綜藝》雜誌封面,標題是「網路新星重寫成名規則」。在相關報導中,當時在藝人經紀公司威廉·莫理斯（William Morris）擔任數位經紀人的阿維·甘地（Avi Gandhi）表示,他看到越來越多網路創作者年賺七位數,有的甚至逼近八位數。他說:「這群數位明星的線上觀眾很多都比電視節目多。」[8]

雖然MCN崛起為其創辦者帶來龐大進帳,但這類公司將來是否仍有價值令人存疑。因為YouTube明星一旦夠紅,就不太需要MCN居間協調,可以直接找個人經紀人合作（像鍵盤貓的班·萊希斯）,自行決定收費標準。如此一來,MCN的衣食父母變成中小型YouTuber,但這些YouTuber也清楚:雖然自己得將好一部分廣告收益分給MCN,但自己能得到多少好處仍是未知數。隨著YouTube經濟壯大,MCN內部開始出現問題。

「投資者希望投資有成效、能賺錢,所以非常強調快速成長。因為我們如果不迎頭趕上,就會被淘汰。」「總站」和創作者工作室的卡山·加萊卜說:「結果,重點不再是把這裡變成很棒的工作室,讓創作者在這裡實現夢想,而是錢。」

於是,每家MCN都盡可能簽下更多創作者（甚至多達數萬人）,冀望其中有幾個成為超級巨星。[9]到2014年,

光是創作者工作室旗下就有五萬五千名內容創作者，可想而知，它不再能為每一位創作者提供優質、個人化的服務。加萊卜說：「我們有太多頻道，除非你規模夠大……否則你簽了約又放棄一部分收益，到頭來還是得不到太多好處。」

創作者工作室被迪士尼收購兩年後[10]，大砍創作者網絡，從幾千個頻道刪到三百個，還資遣大部分員工，最後在2017年併入迪士尼數位網路（Disney Digital Network）。電玩頻道Machinima在2010年代中期也大幅裁員，2019年完全歇業。全螢幕最後把剩餘的股份賣給AT&T和切寧集團，史莊波洛斯離開公司，踏上新的旅程。

• • •

隨著主流網路創作者宇宙逐漸拓展，另一個暗黑板的平行宇宙也悄悄出現。網路言論日趨激進，極端主義則一再被放逐到更幽暗的角落，例如留言板和Reddit討論區。2014年8月，這一切都被稱為「玩家門」（Gamergate）的一連串事件改變。

玩家門是一場多方聯手、深具厭女情結的騷擾，藉由人為操作的憤怒循環恐嚇支持進步價值的女性。這場霸凌由電玩開發者柔伊・昆恩（Zoë Quinn）的前男友伊隆・瓊尼（Eron Gjoni）起頭[11]，先是瓊尼在自己的部落格貼文造謠，詆毀昆恩，接著Reddit和4chan的匿名用戶紛紛出動，加油添醋

也搧風點火,將風波進一步擴大。隨著情況逐漸複雜,其他幾名女性也被羅織罪名、編派故事。恨意先是針對要求電玩產業增加多元性的呼聲,後來遍及整體自由派意識形態。成千上萬男性使用主題標籤「#玩家門」,對電玩界勇於發聲的女性不斷送出強暴和死亡威脅。

惡意在網路上不是新鮮事,性別歧視也不是(種族主義、反閃族主義、恐同和任何形式的惡意歧視,統統不是)。玩家門之所以是網路文化的轉捩點〔12〕,是因為它提供了藍圖,操弄媒體對網路文化的無知,利用媒體只看網路表象的習性,將社群媒體平台改造成散播仇恨的武器。陰謀論者編造荒誕的故事,指控自由派與媒體聯手摧毀美國。加害者不斷以令人厭惡的迷因、推文、貼文抹黑他們的目標,讓女性的雇主對她們失去信任,進而解雇她們。這套策略最終成為右翼人士的標準作業程序,至今已經使用將近十年,將無數女性趕出新聞界、電玩界和娛樂界。

玩家門也讓另一類網紅快速成名。因玩家門而結盟的參與者——例如米羅・雅諾波魯斯(Milo Yiannopoulos)、坎蒂絲・歐文斯(Candace Owens)和未來一些右翼網路名人——後來轉移陣地,造成其他惡果。在《迷因戰爭》(Meme Wars)中,作者瓊・多諾凡(Joan Donovan)、艾蜜莉・德雷佛斯(Emily Dreyfuss)、布萊恩・福雷伯格(Brian Friedberg)便指出:正是玩家門製造機會,「將年輕反動派帶向MAGA」。〔13〕〔14〕

唐納・川普（Donald Trump）的選戰核心策士史蒂夫・班農（Steve Bannon）並不否認這點[15]，他曾盛讚雅諾波魯斯藉玩家們創造出「軍隊」，讓他們「轉向政治和川普」。

不論是這群極右派網路創作者，或是跟隨他們腳步的反動網紅，後來都在網路上累積雄厚實力，成為泛右翼媒體生態系的骨幹。

• • •

至於Vine上的明星，則是在另一個網路宇宙闖蕩。2013年初夏，傑羅姆・雅爾看著自己的追蹤人數暴增的同時，也發現自己的同儕不太懂得生財之道。他有自信能為Vine明星和廠商牽線，但也明白自己需要搭檔。他的理想人選是從YouTube和推特崛起的創業家兼網紅蓋瑞・范納洽（Gary Vaynerchuk），但他不曉得范納洽的電話。最後，雅爾想出一個大膽的計畫。據范納洽說，他當時在多倫多主持活動，到問與答時間時，雅爾拿起麥克風向他下戰帖：比一局剪刀石頭布，如果我贏，就和我喝杯咖啡。[16]

雅爾贏了，而且在喝咖啡時說動了范納洽。雅爾提出他對新公司的願景，兩個人都贊成開一家新廣告經紀公司，協助Vine明星和廠商合作。「他花了七分鐘就說服我和他開經紀公司。」[17]范納洽對《紐約時報》說：「他比任何人都懂Vine、Snapchat和Instagram。」

2013年5月，這對搭檔一起成立GrapeStory。雖然到這個時候，為知名品牌與創作者媒合贊助合約已有模式可循，數位媒體早已習以為常，但還沒人和Vine明星合作過，而雅爾對他們再熟悉不過。

奇異公司（General Electric）是GrapeStory最早談成的合作之一，由雅爾和馬庫斯・強斯在零重力下拍了一支廣告，在Vine的熱門推薦頁面衝上第一名。GrapeStory後來又與羅根・保羅、納許・格里爾（Nash Grier）等當紅Viner合作。到2014年上半年，格里爾拍六秒廣告便能進帳兩萬五，平均每秒4,166元。[18]

不久，競爭對手出現。達倫・拉赫曼（Darren Lachtman）和羅伯・費雪曼（Rob Fishman）共同創辦利基（Niche）經紀公司。拉赫曼當時任職於貝德羅基媒體創投（Bedrocket Media Ventures，一家自營旗下YouTube頻道網的公司），費雪曼則是《赫芬頓郵報》的老員工，曾一路見證亞利安娜・赫芬頓（Arianna Huffington）從架設個人部落格到建立帝國。拉赫曼和費雪曼都密切關注YouTube的MCN興起，原先設想的也是和YouTube有關的計畫，但MCN數量已經飽和，再創立一家似乎沒什麼意思。另一方面，Vine的發展空間很大，而且沒有併入母公司推特的廣告網絡。所以，如果有廠商想在Vine推出廣告，就必須直接和Vine明星接洽。

Vine明星通常都把聯絡資訊放在個人頁面，並不難找；

更方便的是，他們很多人住在紐約。拉赫曼和費雪曼白天繼續上班，晚上則忙著和曼庫索、強斯等人見面，問他們：「如果我們為你們談下廠商合約，你們願意試看看嗎？」在此同時，利基二人組也寄電郵給多名Vine明星，詢問同樣的問題。他們都大聲說「願意」。

利基很快獲得第一個客戶：CBS影業（CBS Films）。拉赫曼和費雪曼請Vine紅人布蘭妮‧弗蘭（Brittany Furlan）、強斯、曼庫索助陣，以Vine短片的形式為CBS的節目拍宣傳廣告，貼到他們自己的帳號。

利基的生意從此上了軌道。Vine本身也在2013到2014年快速成長。Mashable、BuzzFeed、《赫芬頓郵報》等數位媒體彙整Vine的熱門內容，重新包裝成綜合報導或迷因說明，在網路上快速傳播。Vine紅到連白宮都經常使用，記錄賓夕法尼亞大道1600號的生活。

利基團隊引起推特注意。雙方合作，由推特的人將有興趣贊助Viner的廠商轉介給利基。拉赫曼說：「每次推特的廣告商和可口可樂談下大生意，利基幾乎都會受到推薦。」

利基舉辦的大型宣傳讓行銷部門逐漸正視Vine的地位。有一次為電腦巨頭惠普（HP）宣傳[19]，利基邀請潔希‧斯麥爾斯（Jessi Smiles）、布洛迪‧史密斯（Brodie Smith）、羅比‧阿亞拉（Robby Ayala）、札克‧金（Zach King）等Viner共襄盛舉，拍攝自己使用惠普筆電或平板的短片。這支廣告基本上

是Vine短片大剪輯[20]，甚至在職棒世界大賽（World Series）期間登上電視。Trident口香糖也請曼庫索和梅加立斯拍了一支電視廣告，讓兩人抱著一隻大粉紅泰迪熊讚美Trident「口味豐富」。羅根・保羅則接下內衣品牌漢佰（Hanes）的宣傳活動，周遊美國接受粉絲挑戰。[21]

利基的輝煌戰績令推特心動。[22]2014年底，推特以大約五千萬現金加股票收購利基。這場收購讓Vine明星突破重圍，大展身手。利基被推特買下第一年便進帳一千萬，第二年更成長為三千五百萬。不過，這筆交易的意義不只是收入提高而已，它讓創作者知道：YouTube之外的公司也認真看待他們的作品，肯定Vine短片的價值。或許，只是或許，Viner也將出人頭地？

Vine創作者表示，在2014年，廣告商開給網紅的價碼通常是每千名追蹤者三到五元。換言之，一百萬人追蹤的Vine明星發一支贊助短片能賺五千元。據網媒Recode報導，麥特・卡特謝爾（Matt Cutshall）從侍者一躍而成Vine明星後，雖然追蹤者（只）有三十二萬三千人，但每年光是在社群媒體上為廠商（如服飾公司Gap）打廣告，就能進帳將近七萬五千元。[23]

Snapchat上的大型創作者同樣嘗到成功的滋味。消費品和食物品牌如塔可鐘（Taco Bell）、奇波雷墨西哥燒烤（Chipotle）、迪士尼，也開始接受這套行銷模式，常常和胡蘿

葡創意（Carrot Creative）等新經紀公司合作設立帳號，每天在限時動態發布品牌快照。

然而，Vine和Snapchat的情況與Instagram早期一樣，只有極少數頂尖創作者追蹤數夠多，能單靠贊助內容賺得正常收入，連擁有數十萬追蹤者的帳號都需要另找外快。哪裡有賺錢機會仍是未知數。

不過，有些新興創作者（尤其是年輕人）認為自己或許有答案──答案就在曼庫索和雅爾在中央公園的經驗裡：既然粉絲待網紅如明星，咱們何不開始表現得像個明星？

• • •

2013年初，路易斯安那州的創業家巴特・波德倫（Bart Bordelon）靈機一動，開關出另一片商機。某日他在逛當地購物中心時，正好碰上15歲Instagram紅星亞倫・卡本特（Aaron Carpenter）的見面會。幾百名少女湧入購物中心，只為了看他一眼

這次經驗讓波德倫大開眼界。卡本特這種乳臭未乾的少年居然有這麼多熱情粉絲，可是只辦得出這種一團混亂的零預算活動。波德倫發現活動產業還沒進入社群媒體。

波德倫和卡本特聯絡，問他打不打算繼續辦這類活動，但大幅升級，讓舞台更大、製作更專業、表演更豐富、來的人更多？卡本特深感興趣。兩人開始腦力激盪，準備

邀請其他新興創作者一起參與。他們也為活動取了名字：Magcon，「見面大會」（Meet-and-Greet Convention）的縮寫。波德倫希望能邀到夠多社群媒體明星，帶他們巡迴全國，召喚出各地尖叫的粉絲大軍。

Magcon不是第一場創作者巡演活動。早在2011年，音樂經紀人梅里迪思‧瓦利安多‧羅哈斯（Meridith Valiando Rojas）和她當時的男友克里斯多福‧羅哈斯（Christopher Rojas）便首開先河，辦了一場叫DigiTour的活動。第一屆DigiTour獲得YouTube官方支持，成功邀請許多YouTube音樂創作者參與，例如格雷戈里兄弟、德斯特隆‧鮑爾（DeStorm Power）和喬‧佩那（Joe Penna，佩那的頻道MysteryGuitarMan人氣極高，2011年的訂閱數在YouTube名列前茅）。DigiTour後來更擴大規模，不僅邀請YouNow紅人、Musical.ly明星（如艾瑞兒寶貝），還把觸角伸向Vine、推特、Instagram、甚至某些更小的平台的頂尖創作者。除了傳統音樂表演之外，2013年巡演還請來不同領域的新網紅，例如英國美妝創作者柔伊拉（Zoella）。

DigiTour創作者巡迴全美各大城市，有的唱歌，有的表演搞笑短劇。第一次巡演長達六週，遍及北美27座城市，每場演出都有數千名青少年和兒童大排長龍，等著見見偶像，請他們在海報上簽名。DigiTour的門票大約25元，但加購名目五花八門，多付75元可以和一名創作者自拍。

Magcon加入戰局正是時候。因為DigiTour的重心在YouTube，但Vine正快速成長，製造出大批徒具人氣、卻不知如何利用人氣的新網紅。有了Magcon，卡本特和波德倫就能運用這股能量，一起尋找具有發展潛力的新人（主要在他們活動的南方）。由於目標受眾是青少女，他們把挑選重點放在年輕、英俊、粉絲多。

　　他們最大的斬獲是兩名髮型飄逸的少女殺手：出身北卡羅來納州大衛森的16歲少年納許·格里爾，以及來自加州聖貝納迪諾的19歲青年卡麥隆·達拉斯（Cameron Dallas）。格里爾和達拉斯都是在Vine初期便已成名，這次巡演讓他們的追蹤人數衝上新高。

　　2013年9月，第一次Magcon巡演從休士頓啟程。每一場的過程都和DigiTour差不多，簡短的表演和見面會之後就是合照。粉絲為各種福利付30到150元不等。全體陣容除了亞倫·卡本特以外，還包括Vine和YouTube的創作者：卡麥隆·達拉斯、納許·格里爾、肯恩·曼德斯（Shawn Mendes）、麥特·艾斯平諾沙（Matt Espinosa）、卡特·雷諾茲（Carter Reynolds）、泰勒·卡尼夫（Taylor Caniff）、傑克與傑克（Jack and Jack）、納許的弟弟海耶斯（Hayes），以及一名女網紅瑪洪嘉妮·羅克斯（Mahogany Lox）。

　　Magcon大受歡迎。雖然這群創作者只是在台上唱歌、搞笑、互虧，而且他們入選的主因是追蹤數和長相，而不是

歌唱或表演實力,但觀眾們反倒覺得這種半吊子演出親和有趣,熱情絲毫不減。台下觀眾一場多過一場。

在過去,青少年明星不論是從電影、電視或音樂圈走紅,都經過嚴格訓練和層層篩選,必須練習無數時間,通過業界重重考驗。但社群媒體不一樣,成名不需要通過道道關卡,粉絲們似乎也不在乎。表演者不論走到哪裡都被追著跑,幾乎無法在媒體露面。有一次達拉斯接受《時人》(People)雜誌採訪,卻被粉絲經營的推特帳號披露消息,結果一大群青少女聞風而至,場面混亂到保全必須介入。

Magcon見面會進一步助長網紅熱潮。和偶像自拍固然是粉絲無價的回憶,但照片上傳對明星來說也是可貴的宣傳。有的粉絲把巡演片段重新剪輯成Vine或YouTube影片,上傳之後同樣爆紅。舉例來說,YouTube有一支影片叫「Magcon男孩的有趣時刻:第一集」,觀看次數已經超過兩百七十萬[24];另一支Magcon男孩的Vine短片則接近五百萬次。[25]

Magcon一開始十分成功,但盛況未能持久。家長和對演出不滿的粉絲抱怨錢花得不值得,《商業內幕》說:「為一世代(One Direction)演唱會花一大筆錢,至少你知道能看到十分精采的表演。但這群網紅和他們的經紀人是另一回事[26],敲完小粉絲和他們的父母竹槓以後,給他們的卻是大排長龍等自拍,加上看一場和高中才藝表演差不多的歌舞。」

開始巡演僅僅八個月後,卡麥隆・達拉斯、納許・格里爾、海耶斯・格里爾、卡特・雷諾茲和幾個Magcon要角宣布退出。他們不再認為巡演對建立個人品牌有益,希望能被個別看待,集中心力發展自己的事業。

沒人料到的是,Magcon宣布落幕竟然引起激烈反應。新聞傳出之後不到一個小時,美國十大熱門主題標籤中有七個和Magcon結束有關。「#RIPMagcon」和「#thanksbar」數量暴增,Vine和YouTube出現海量致敬影片。青少女紛紛上Vine發布致敬剪輯短片,還有自己為巡演收場流淚的影片,甚至有人公開討論要隨Magcon解散結束生命。酸民逮住機會大加嘲諷,「#cutformagcon」主題標籤全國瘋傳,惡毒地慫恿年輕粉絲以自我傷害要脅,逼迫卡麥隆・達拉斯和其他社群媒體明星重回巡演。

支持聲浪讓巡演翌年重新舉辦,但部分話題人物還是選擇退出。達拉斯重新參加後來的歐洲巡演,過程同樣充滿熱情尖叫的粉絲,以及令籌備人員頭痛不已的種種難題。這次巡演雖然被Netflix拍為2016年紀錄影集《追尋卡麥隆》(*Chasing Cameron*),但Magcon再也沒有回到2014年的榮景。

Magcon其實已經依據Digitour的經驗調整作法。和音樂產業一樣,巡演已經變成創作者商業模式不能省略的部分,對於從Vine或其他手機應用程式竄紅的年輕明星來說,更是如此。很快地,MCN也開始舉辦類似活動,例如全螢

幕就辦了少女之夜巡演（Girls' Night In Tour）。連鎖餐廳布卡迪貝波（Buca di Beppo）也辦了一場類似Magcon的巡演，請年輕網紅在幾個分店演出並主持見面會。

　　DigiTour剛開始擴張神速[27]，2014年賣出十二萬張票，還獲得兩百萬元投資，投資者包括西克雷斯特（Ryan Seacrest）和康泰納仕（Condé Nast）的母公司先進出版公司。僅僅一年後，DigiTour不僅售票數量倍增，超過二十五萬張，又獲得Viacom等投資者挹注一千萬。在此同時，DigiTour也為創作者量身定做巡演，例如原本參加Magcon的YouTube二人組傑克與傑克，以及超人氣男團O2L。2016年，DigiTour開始擴大範圍，不只把焦點放在YouTuber，還向其他大型應用程式明星招手，例如Instagram的布雷克·格雷（Blake Gray）、Musical.ly的艾瑞兒寶貝，還有YouNow的威斯頓·庫里（Weston Koury）和內森·特里斯卡（Nathan Triska）。

　　可是到2018年，DigiTour也面臨困境。「巡演變得十分碎片化，」DigiTour前執行長梅里迪思·瓦利安多·羅哈斯說：「一下子變得太多，不僅稀釋市場，也失去原本的風味。」

　　雖然事實很快證明巡演潮是時代的產物，可是從創作者吸引的人潮看來，網紅的確有廣大受眾。隨著越來越多網路創作者脫穎而出成為明星，被娛樂圈吸納，他們對跨國巡演等活動的開價也越來越高，團體巡演幾乎不再可能辦成。

對創作者而言，這在許多方面都是一場勝利。可是對粉絲來說，這更像損失。粉絲不再有機會在同一個舞台上看到所有網紅，和他們的偶像見面、擁抱、互動。

巡演成本之所以越來越高，甚至無以為繼，還有另一個更黑暗也更令人悲傷的原因：明星越來越需要嚴密安全保護。在2013年，創作者樂於在沒有保全的情況下舉辦見面會，到購物中心和粉絲打成一片。但幾年以後，這已是奢望。轉捩點是2016年6月，YouTuber兼歌手克里斯蒂娜·葛林米（Christina Grimmie）在奧蘭多遭粉絲殺害。葛林米先前在社群媒體邀請大家參加她的演唱會，並在表演結束後留下來和粉絲見面。當她展開雙手準備擁抱一名27歲的粉絲，那名粉絲卻朝她頭上開一槍，胸口射兩槍。警方後來披露那名粉絲已在網路上跟蹤她多年，幻想兩人正在交往。當他終於發現自己得不到葛林米，便決定殺了偶像。[28]從此以後，不論VidCon大會、DigiTour或Playlist Live，頂尖創作者參加活動一定有保全陪同，粉絲進入休息室探望的機會更受限制。VidCon大會除了在入口設置金屬探測器之外，還嚴禁所有非正式見面會。

・・・

儘管懷念巡演時代的不乏其人（例如Vine明星卡麥隆·達拉斯、納許·格里爾和他們的粉絲），但押注巡演必將成

第12章————平行線
Parallel Lines | 243

為網路創作者商業模式的人，投資已付諸東流。

　　創作者的下一步，是他們每次面臨瓶頸都採取的策略：開發新的獲利模式。但這一次，他們尋找的是不必辛苦跑遍全國的收益流。他們的解決辦法將再次改變這個產業。

註解
1　Ben Popper, "The Live-Streaming App Where Amateurs Get Paid to Chat, Eat, and Sleep on Camera," *Verge*, March 20, 2015, https://www.theverge.com/2015/3/20/8257141/younow-app-live-streaming-meerkat-amateur-video.
2　"LIVE – Mr.Cashier Is Broadcasting on YouNow," YouNow, www.younow.com/Mr.Cashier. 2023.
3　Popper,"Live-Streaming App Where Amateurs Get Paid to Chat."
4　Popper, "Live-Streaming App Where Amateurs Get Paid to Chat."
5　George Szalai, "DreamWorks Animation to Acquire Online Teen Network AwesomenessTV," *Hollywood Reporter*, May 1, 2013, www.hollywoodreporter.com/

movies/movie-news/dreamworks-ani mation-acquire-online-teen-450171/.

6　Rachel Abrams, "Time Warner Leads $36 Mil Investment in Maker Studios," *Variety*, December 20, 2012, https://variety.com/2012/tv/news/time-warner-leads-36-mil-investment-in-maker-stu dios-1118063880; Ryan Lawler, "Maker Studios Raises Another $26 Million From Canal+, Singtel, And Others To Grow Its Business Overseas," *TechCrunch*, September 12, 2013, https://techcrunch.com/2013/09/12/maker-studios-26m.

7　Peter Kafka, "AT&T & Chernin Buy Fullscreen, the Big YouTube Video Network," *Vox*, September 22, 2014, https://www.vox.com/2014/9/22/11631150/att-chernin-buy-fullscreen-the-big-youtube-video-network.

8　Todd Spangler, "New Breed of Online Stars Rewrite the Rules of Fame," *Variety*, August 5, 2014, variety.com/2014/digital/news/shane-dawson-jenna-marbles-internet-fame-1201271428/.

9　Brooks Barnes, "Disney Buys Maker Studios, Video Supplier for YouTube," *New York Times*, March 25, 2014, www.nytimes.com/2014/03/25/business/media/disney-buys-maker-studios-video-supplier-for-youtube.html.

10　Geoff Weiss, "Maker Studios Reportedly Slashing Its Creator Network of 'Thousands' to Just 300," Tubefilter, February 15, 2017, www.tubefilter.com/2017/02/15/maker-studios-slashing-network-to-300-cre ators/.

11　Casey Johnston, "Chat Logs Show How 4chan Users Created #GamerGate Controversy," *Ars Technica*, September 9, 2014, arstechnica.com/gaming/2014/09/new-chat-logs-show-how-4chan-users-pushed-gamergate-into-the-national-spotlight/.

12　Joseph Bernstein, "The Disturbing Misogynist History of GamerGate's Goodwill Ambassadors," BuzzFeed News, October 30, 2014, www.buzzfeed news.com/article/josephbernstein/the-disturbing-misogynist-history-of-gamergates-g#.oxZjNaYNK8.

13　Joan Donovan, Emily Dreyfuss, and Brian Friedberg, *Meme Wars* (New York: Bloomsbury, 2022), 305.

14　譯註：MAGA為政治口號「讓美國再次偉大」(Make America Great Again) 的縮寫。

15　Mike Snider, "Steve Bannon learned to harness troll army from 'World of Warcraft,'" *USA Today*, July 18, 2017, https://www.usatoday.com/story/tech/talkingtech/2017/07/18/steve-bannon-learned-harness-troll-army-world-warcraft/489713001/.

16 Gary Vaynerchuk (@Gary Vee), "How Gary Vaynerchuk Met Jerome Jarre," April 2, 2015, www.youtube.com/watch?v=0qiLDGvJsj0.
17 Nick Bilton, "Jerome Jarre: The Making of a Vine Celebrity," *New York Times*, January 28, 2015,www.nytimes.com/2015/01/29/style/jerome-jarre-the-making-of-a-vine-celebrity.html?_r=0.
18 Christopher Glazek, "The Weird World of Internet Fame—Jerome Jarre, the Vine Entrepreneur," *New York Magazine*, April 18, 2014, nymag.com/news/media/internet-fame/jerome-jarre-2014-4.
19 Zach King, "I love aquarium screensavers. #BendTheRules @HP," Vine, August 20, 2014, vine.co/v/MLzT3utLh7B.
20 Jeff Beer, "Vine Stars Combine Their Powers for This HP TV Commercial," *Fast Company*, August 11, 2014, www.fastcompany.com/3034241/this-hp-tv-commercial-is-made-completely-out-of-vines.
21 Jeff Beer, "Vine Star Logan Paul Brings His Six-Second Creativity to New Hanes Campaign," *Fast Company*, July 20, 2014, www.fastcom pany.com/3033265/vine-star-logan-paul-brings-his-six-second-creativity-to-new-hanes-campaign.
22 Alyson Shontell, "Twitter Buys Niche, an Ad Network for Vine Stars, for about $50 Million in Cash and Stock," *Business Insider*, February 11, 2015, www.businessinsider.com/twitter-buys-niche-an-ad-network-for-vine-stars-2015-2.
23 Peter Kafka, "Advertisers Want Internet Stars, and Niche Wants to Connect Them," *Vox*, May 15, 2014, www.vox.com/2014/5/15/11626908/advertisers-want-internet-stars-and-niche-wants-to-connect-them.
24 Vine Boys Norway (@vine boysnorway3209), "Funny Moments Magcon Boys Pt.1," YouTube, March 9, 2014, www.youtube.com/watch?v=9NpcK0oYoPY.
25 aethina (@cloudylrh), "Compilation MAGCON Best Vines," YouTube, May 2, 2014, www.youtube.com/watch?v=fsGP7JdE1xY.
26 Megan Willett-Wei, "After a Major Convention Announced Its Comeback, Drama Started Brewing between a Bunch of Vine Stars," *Business Insider*, September 15, 2015, www.businessinsider.com/is-magcon-coming-back-2015-9.
27 Peter Kafka, "Ryan Seacrest and Conde Nast Parent Invest in a YouTube Concert Tour," *Vox*, May 15, 2014, https://www.vox.com/2014/5/15/11626912/ryan-seacrest-and-conde-nast-parent-invest-in-a-youtube-concert-tour.
28 Chris Stokel-Walker, "What the Murder of Christina Grimmie by a Fan Tells Us about YouTube Influencer Culture," *Time*, May 3, 2019, time.com/5581981/youtube-christina-grimmie-influencer/.

13 讀秒
Counting Seconds

　　到2015年，Vine明星已大有斬獲。他們和先前的第一代YouTuber一樣有經紀人、有經理。為了讓自己從網路新人變成長紅明星，他們找上好萊塢——事實上是直接搬到好萊塢。幾名當紅Viner借鏡「總站」的作法，一起住進洛杉磯的公寓大樓。那條街以他們的名字命名，地址是Vine街1600號（以下簡稱1600 Vine）。

　　協作屋在網路創作者世界不是新鮮事。在2000年代，部落客以斯拉・克萊恩（Ezra Klein）、布萊恩・布特勒（Brian Beutler）、班・阿德勒（Ben Adler）便同住於華府荷巴特屋（Hobart House，這樣取名是因為它位於荷巴特街）。華府還有一間「部落格屋」叫「廉價旅店」（Flophouse）[1]，住有部落格作家馬修・伊格雷西亞斯（Matthew Yglesias）、克里斯登・凱普茲（Kriston Capps）和斯賓賽・艾克曼（Spencer Ackerman）。至於Vine明星，位於1600 Vine的豪華公寓堪稱網路Vine時代的中心。從大型拍片、明星聚會，到改變一

第 13 章──讀秒 Counting Seconds

生的商業合約，一切都發生在這裡。雖然 Vine 最後會在這裡走入墳墓，但 1600 Vine 曾經是純潔無瑕的天堂。

後來繼續在 YouTube 和 TikTok 走紅的 Vine 明星布蘭特・李維拉（Brent Rivera）說，完美的協作屋應該「寬敞，設備越多越好，例如要有游泳池，浴室要豪華，燈光要講究，前後院要大，裡裡外外要有足夠的空間辦活動和做好玩的事」。雖然理想的協作屋也應該遠離愛打探隱私的鄰居，但還是不能離市中心太遠。

安德魯・巴赫勒（Andrew Bachelor）是第一個搬進這間公寓大樓的住戶。他魅力十足，網路人稱「巴赫王」，2013年初入住1600 Vine時才25歲──而且他當時還沒有下載Vine。「我之所以選擇1600 Vine，只是因為我以前住過影視城（Studio City）維恩蘭（Vineland）街。」他說：「之所以搬到1600 Vine，是因為我喜歡『Vine』這個名字。」一年後，他成為Vine當紅巨星，短片以風趣幽默聞名，經常調侃一些「容易讓人會心一笑的」情境，例如和朋友擊掌時漏拍、瘋了似地想讓球鞋保持乾淨，還有他身為年輕黑人常遇到的種族刻板印象。

巴赫勒成名後認識了約翰・沙希迪（John Shahidi），後者是好萊塢知名商人，當時正與小賈斯汀密切合作。沙希迪在2013年與小賈斯汀合創自拍相片應用程式Shots，與巴赫勒結識時正設法壯大聲勢，邀請更多Vine明星使用。沙希

迪已經考慮在洛杉磯找住處一陣子了，拜訪巴赫勒在1600 Vine的公寓之後，他租了一間頂樓，他的弟弟山姆・沙希迪（Sam Shahidi）也跟著搬進來（山姆・沙希迪也是知名創業家，與哥哥約翰和小賈斯汀一起創立Shots）。沙希迪說：「Shots想提供創作者相片服務，就像Vine提供創作者影片服務一樣。」雖然Shots最終未能在激烈競爭下生存，但沙希迪的投資吸引許多Vine明星住進1600 Vine。

沙希迪的1600 Vine樓中樓有大片落地窗，採光良好。他的房間在樓下，樓上當Shots總部使用。小賈斯汀是這裡的常客，有時是開會，有時只是來晃晃。

巴赫勒早就想和明星拍片，立刻把握良機，開始和小賈斯汀在1600 Vine拍短片。別的Viner也聞風而至，來沙希迪家閒聊，找小賈斯汀合拍影片。對內容創作者來說，1600 Vine有拍片所需的一切：數不清的走廊和公共區域，還有游泳池和健身房等等。寬敞摩登的公寓加上大面白牆，是拍攝影片的絕佳背景。而且1600 Vine位於市中心，輕輕鬆鬆就能上街捉弄路人，或是在附近的地標拍攝影片。

魯迪・曼庫索此時已在洛杉磯闖蕩一年，拍片之餘也繼續追求導演夢。2014年末，他因緣際會來1600 Vine看巴赫勒拍片，發現這裡還有不少空房子，就也搬了進來。

有曼庫索、巴赫勒、沙希迪等前例，其他Viner紛紛跟進。先是羅根和傑克・保羅（Jake Paul）搬進來，合住一

間；接著是當時最多人追蹤的女性Viner莉莉・龐斯（Lele Pons）和許多其他人。另一位頂尖Viner安瓦爾・吉巴（Anwar Jibaw）搬入之後，成為小賈斯汀喜歡合作的對象。到2015年中，Vine的當紅創作者幾乎有二十個搬進1600 Vine。「我們年輕、愚蠢又有錢，感覺就像住在大學宿舍。」曼庫索說：「這填補了我沒有的大學經驗，像是誇張版的大學經驗。」

莉莉・龐斯2015年搬進1600 Vine時才高中畢業，她也覺得住在那裡像大學生活，她說：「那時我的感覺基本上就是：『去上Vine大學吧！』大家都在那裡，每天一起生活、一起合作。」龐斯的媽媽變得像1600 Vine的宿舍阿姨，和女兒一起住寬敞的兩房公寓。

雖然1600 Vine的生活亂烘烘，但亂中有序。創作者每天大約十點起床（偶爾宿醉），先看看依各種指標定期更新Viner名次的平台Rankzoo（Rankzoo所屬公司是另一家早期多頻道聯播網Collab，2012年由泰勒〔Tyler〕、詹姆斯〔James〕、威爾・麥可法登〔Will McFadden〕三兄弟和康順〔音譯：Soung Kang，全螢幕早期領導者〕創辦）。早餐後，創作者一起到泳池商量當天發布的內容，拋出短劇靈感和各式各樣的哏。由於許多短片需要多人合作，他們會輪流在彼此的影片演出，或幫忙拿手機拍攝。1600 Vine像網路戲劇公司，巴赫勒說：「拍片太容易了，我只要敲敲阿曼達（Amanda Cerny）或羅根的門，就可以開始拍。」

計畫好當天拍攝內容後，1600 Vine住戶會接著討論如何擴散。這群當紅Vine明星其實牢牢掌控哪些短片能紅：由於「revine」功能可以把別人的短片轉貼給你的追蹤者，追蹤人數多的用戶可以透過「revine」主導Vine的熱門推薦頁面（頂尖Viner甚至利用這點賺外快：收錢幫新興創作者轉貼作品）。YouTube、Instagram等平台當時因為沒有原生轉貼工具，並沒有出現這種現象。相較之下，Vine特別容易被一群頂尖創作者壟斷。

1600 Vine每天早上的例行公事，就是一起討論應該由誰在哪個時間分享哪支影片，才能帶來最大流量。由於巴赫勒成長最快，一天將近有十萬人追蹤，所以通常由他帶頭。在他的影片曝光可能帶來重大突破，吸引幾千名新追蹤者。

1600 Vine的創作者不只操弄Vine的排名演算法，還挑戰應用程式本身設下的限制。Vine原本會移除所有疑似在應用程式外創作的內容，但馬庫斯·強斯發的百萬追蹤慶祝影片顯然經過第三方應用程式編輯，然而Vine沒有刪除。其他創作者看到之後，也開始預先編輯內容再貼上動態，加上音效或有趣的視覺細節，讓影片更受青睞。

傑瑞米·卡巴隆納（Jeremy Cabalona）原本是Mashable的社群媒體小編，2013年9月轉職到Vine，是Vine聘的第一位非設計、非工程員工。「社群媒體小編」又稱「社群媒體製作人」，負責監督公司在社群平台的曝光，當時剛剛興起。

雖然傳統新聞編輯室多半忽視這份工作，BuzzFeed、《赫芬頓郵報》和幾家新創數位媒體公司已經開風氣之先，聘請全職社群媒體小編。社群媒體小編多半二十出頭，地位常常只比實習生高一點點，但這群基層員工往往能自主代表公司發文。卡巴隆納進入Mashable時才大學畢業，在Vine問世的第一天便為公司申請帳號。[2]他在曼哈頓熨斗區的Mashable辦公室拍短片，以無厘頭的幽默大獲好評。Mashable甚至在紐約新聞編輯部專門設了一間「Vine攝影棚」。[3]

卡巴隆納轉職到Vine以後，任務是經營公司的社群媒體頻道和線下行銷，以及與Vine社群互動，協助其成長。但他很快發現：「這家公司和創作者非常疏離，不曾建立關係。雖然我會對他們發推特、標記他們、分享他們的作品，但幾位創辦人的整體態度是不甩他們。公司方面對他們有些怨言，覺得他們搶了自己的平台。公司的感覺有點像『我們不喜歡這些東西，Vine不是拿來貼這些玩意兒的……Vine是用來捕捉生活片段，不是給你愛現搏版面的。』」

從2013到2014年，當紅Viner和公司摩擦不斷，連無關緊要的功能都能挑起爭端。2013年12月，Vine引入個人簡介和人名連結（vanity URL）[4]，讓用戶自訂簡短好記的網址，將Vine上的個人簡介分享到應用程式之外。然而，當紅Viner責怪公司在開啟功能之前沒有預先通知，讓Vine明星兼Magcon男孩的納許‧格里爾成了受害者——功能

開啟後,有用戶搶先幾分鐘申請走他的人名連結「vine.co/nashgrier」。格里爾深感失落,請公司協助他取回用戶名稱。卡巴隆納說這原本不難處理,他也請創辦人幫格里爾這個忙,但 Vine 共同創辦人科林·克羅爾嗤之以鼻。卡巴隆納說:「科林表現出來的態度就是:『這有什麼大不了的?叫他看開一點。』情況很明顯:他不想幫。」雖然格里爾後來申請到「griernash」的帳號,但這個名稱造成不必要的混淆,也傷害他的搜尋能見度多年。

頂尖 Viner 和公司之間的緊張持續升高。格里爾等創作者還發現公司暗地阻擋他們的影片傳播。他們在 Vine 上花了不計其數的時間,早已摸清平台的模式。根據經驗,只要有一千個讚就能登上「熱門推薦」頁面。所以,一看到某些遠遠破千讚的影片突然從熱門推薦頁面消失,他們馬上知道一定有人動手腳。卡巴隆納常常是他們第一個找上的人,他對我說:「創作者太清楚貼文和應用程式的運作邏輯。他們表現出來的態度是:『我拿了這麼多讚,所以應該能登上熱門推薦頁面,但我沒有。』他們會找上門問:『為什麼那支影片沒在那裡?』大家整天找我都是要說:『你們擋我們,我們清楚得很。』」

他們沒猜錯,幾個共同創辦人的確會干預 Vine 的流行內容。如果熱門推薦頁面上竄起的 Vine 明星開的玩笑太幼稚,或是影片內容不受共同創辦人認可,公司會拉下他們。

卡巴隆納說:「公司有人會表示意見:『這個屁孩居然紅了,把他弄下來。』」更糟的是,公司不准卡巴隆納對外承認有這種作法,這進一步破壞創作者和公司之間的互信。

2014年8月,Vine開始准許所有用戶上傳預先錄製的影片。這項調整讓Vine更加遠離初衷。和之前的幾個應用程式一樣,Vine在用戶視規則如無物之後也修改自己的規則。雖然其他競爭者如Socialcam、Instagram、Musical.ly都漸漸學到這點,但Vine高層對此充滿怨懟。

・・・

2014年初,Vine和創作者之間的緊張到達高峰,正好又有數名高層離職,公司延請YouTube產品經理傑森・托夫(Jason Toff)擔任產品總監。托夫對Vine明星的態度不一樣,克羅爾認為公司和創作者之間應該有「隱形圍牆」,托夫則希望能與高人氣用戶建立更溫暖的關係。「我認為我們應該和他們多多交流,畢竟他們是這個平台的中心。」他對我說:「我的策略是擁抱,而非對抗。」

托夫率先提出幾項改革,希望能讓創作者和內部團隊都更好做事。Vine引入「循環次數」,公開顯示每支短片被觀看(「循環」)的次數,讓創作者和廠商有新的參考標準,藉以判斷內容是否成功、觸及率是否理想。托夫也大幅修改「探索」頁面,為Vine編輯團隊提供工程資源,讓他們有更

好的工具彙編爆紅內容。

2014年，Vine第一次參加VidCon大會。VidCon大會此時已經邁入第五屆，吸引成千上萬名青少年湧入加州安那罕會展中心（Anaheim Convention Center），爭睹年度網路明星齊聚一堂。Vine派出的團隊成員不多，托夫和卡巴隆納都是其中一員。頂尖Viner到處受尖叫的粉絲簇擁，Vine的攤位則乏善可陳，只有上頭印著「DO IT FOR THE VINE」的塑膠手環。在此同時，線上影片霸主YouTube派出了幾十名員工，全場大肆宣傳。

Vine團隊原本以為創作者起碼會和他們禮貌寒暄，但結果令他們大失所望。Vine員工有來會場的消息傳開之後，積怨已久的創作者找上他們便是一連串質問。有幾個Vine明星態度尤其激烈，一陣唇槍舌戰之後，卡巴隆納和一個同事匆忙離開現場，唯恐他們動粗。

在此之後，Vine設法改善和創作者的關係，延請曾任Showtime數位總監的安德列・薩拉（André Sala）監督內容與合作。然而，雖然卡巴隆納盡可能將Viner的擔憂反映給公司高層，但因為公司和推特也陷入僵局，聘請新人和開啟合作夥伴計畫的建言都石沉大海。

翌年的VidCon大會，Vine一改漠視自家平台明星的態度，把焦點放在他們身上。卡巴隆納事先邀請幾名創作者合拍影片，公司也不惜血本砸下兩萬元投影在大型螢幕上。卡

巴隆納說：「我們和他們一起拍宣傳影片，設法讓他們成為Vine的門面。」這次宣傳是Vine第一次透過追捧自家明星進行行銷，公司甚至申請新帳號「Viners」舉辦這次活動。[5]

為籠絡自家明星，Vine也在VidCon大會上為他們舉辦慶功派對，邀請頂尖Viner與會。公司高層對這次大會寄予厚望，希望能與Vine明星建立良好關係，在主會場顧攤的員工除了接待創作者之外，還舉辦了一場非正式見面會，讓當紅Viner和粉絲交流。

然而，儘管Vine為這次活動投入大筆金錢，公司似乎還是不懂如何經營這些關係。從卡巴隆納匆匆逃離憤怒的Viner已過了整整一年，對社群媒體來說，一年有如一輩子。

・・・

2014年秋，YouTube一舉豪撒幾百萬元[6]，用自家明星蜜雪兒・潘、貝莎妮・莫塔（Bethany Mota）、羅珊娜・潘森（Rosanna Pansino）大打廣告。一時，電視廣告、印刷廣告和全國各地的廣告招牌都是她們。《華爾街日報》報導這場宣傳時說：「只要事關推銷YouTube，Google的策略都很簡單：昭告天下我們的創作者可以多紅。」[7]Vine想依樣畫葫蘆，但為時已晚。許多Viner正在擴大曝光範圍，在YouTube、Instagram和其他更新的應用程式上發表內容，為自己開闢更多條路。簡言之，他們正從Vine外移。

VidCon大會之後，Vine延聘卡琳・史賓塞（Karyn Spencer），希望能讓公司和創作者之間的關係更上軌道。史賓塞曾為多位高知名度明星經營社群媒體，經典之作是讓艾希頓・庫奇的追蹤數在推特上一飛沖天。她也曾在網紅行銷公司「觀眾」（Audience）任職，專門負責人氣變現，為許多Viner洽談廠商合作。史賓塞在Vine的任務是當和事佬，成為公司與平台當紅用戶的橋樑。

史賓塞於2015年9月到職，原本相當樂觀，但沒過多久就發現問題重重。「到職三星期左右，他們找我去會議室，關上門，大意是：『我們之所以找你來，是因為公司現在岌岌可危。』」她對我說：「我那時才知道，雖然我的新工作光鮮亮麗，其實危機四伏。」

Vine的用戶不斷下滑。史賓塞到職後不到一個月，推特就解雇了最後一個當時還在公司的Vine創辦人，Vine創意總監羅斯・尤蘇波夫。隨著Vine的創辦人全部離去，Vine的一部分人希望能和推特改善關係。不幸的是，推特當時的情況也不好。在解雇尤蘇波夫的同時，推特還資遣了將近三百名員工。

史賓塞一方面為尤蘇波夫突然去職震驚，另一方面也把這些變化當成機會，希望能趁機修補公司與Vine明星長久以來的裂痕。她開始到活動場合與Viner碰面，也為他們安排機會。2015年10月，她帶了一群創作者見第一夫人蜜雪

兒‧歐巴馬，希望歐巴馬鼓勵高等教育的努力能帶給他們啟發，刺激他們製作相關內容。[8]

史賓塞想方設法與Vine明星互動。「我在傳統娛樂圈觀察到一件事：盛大隆重的活動非常重要。」她說：「頒獎典禮得靠與會來賓才撐得起來。舉例來說，如果哪個好萊塢女性協會希望場面熱熱鬧鬧，可以去找黛咪‧摩爾（Demi Moore）或哪個大明星，對她們說：『嘿，我們想頒最有影響力女性獎給你。』明星覺得有面子，協會也可以靠你的名氣沾光。」

史賓塞從Rankzoo和內部分析得知安德魯‧巴赫勒一直是頂尖Viner。她找上巴赫勒的妹妹（同時也是他的經理），對她說Vine想頒給她哥哥「年度Viner獎」。

「我是公司新任創作者總監。」史賓塞對巴赫勒說：「除了在此恭喜你以外，我們想在洛杉磯為你辦場派對，邀請你所有的朋友和熟人參加。方便和你討論一下邀請名單嗎？」

Vine明星一開始滿腹狐疑。「我每一次和Viner聯絡，都必須不斷說明我的身分，因為公司以前從來不和他們接觸。」史賓塞說：「第一次和巴赫坐下來談時，他說：『喔，我一直以為Vine討厭黑人。我以前每次想和他們溝通，他們理都不理。』」

2015年11月9日，年度Viner派對在威尼斯海灘一間寬敞、摩登的租屋舉行。幾乎每個頂尖Vine明星都到場恭喜巴赫勒，也想看看史賓塞究竟在玩什麼把戲。這是Vine為

創作者辦的第一場大型派對，屋裡到處是 Vine 的周邊商品、氣球、餐巾紙，還有一塊攝影區供創作者拍短片，道具應有盡有，當天第一名還有一千元獎金。一面大螢幕循環播放巴赫勒的熱門短片，還有一場關於他生活瑣事的問答遊戲。

派對直到深夜才結束，幾十名 Viner 擠在屋頂喝飲料、吃東西、拍影片。有些創作者是第一次見面，整晚處處都是擁抱和喜悅的眼淚。史賓塞對成果十分滿意。Viner 似乎都很盡興，情況看似出現轉機。

但派對快結束的時候，馬庫斯・強斯把史賓塞拉到一邊，問她和其他 Vine 員工隔天在不在城裡，他們想邀史賓塞和她的團隊到 1600 Vine 談談。史賓塞回答沒問題的同時，也暗自擔心會無好會。

• • •

史賓塞清楚培養頂尖 Viner 攸關公司存亡，但也知道公司對 1600 Vine 創作者心情複雜。「他們早已串連，只要有人推出短片，就會把連結丟到群組聊天室，接著其他創作者就會幫他們轉貼，名次立刻竄升。」史賓塞說：「他們創造出永遠遙遙領先的權力結構。」這種共謀不但讓用戶難以看見新的創作者，也讓 Vine 難以培養明星。

這種壟斷令 Vine 尤其頭痛的是：1600 Vine 住客的作品常常不是公司想推廣的。他們的玩笑說好聽一點是幼稚，充

滿厭女、恐同和種族偏見。史賓塞說：「他們的影片總是在拍女人屁股和開種族玩笑，『白人都如何如何』、『黑人都如何如何』等等，最低俗的那種搞笑。」舉例來說，巴赫勒有一部影片是他按著電梯門，對門外一群男女說要想讓他繼續按著就得來一砲。[9]那群人置之一笑，進了電梯，門關上後巴赫勒說「我是認真的」，開始對他們拳打腳踢。最後一幕是巴赫勒走出電梯，拉上褲子拉鍊，那群年輕男女衣衫不整倒成一片。笑點是他性侵了他們。這就是最紅的Vine短片。

Vine長久以來不斷移除他們認為冒犯的內容，巴赫勒的影片似乎證明公司這樣做不無道理。但因為平台被這群同住一處的黨羽掌控，公司也莫可奈何。如果撤下巴赫勒的影片，他會不會帶槍投靠其他平台？整個1600 Vine幫會不會一起跳槽？這是困擾社群媒體平台已久的難題：當你最受歡迎的創作者是壞榜樣，該怎麼做才好？

舉辦年度Viner派對時，史賓塞就在想：要是沒有1600 Vine幫霸占「熱門」影片，Vine會是什麼樣子？這種內容究竟是1600 Vine幫硬塞給用戶的？還是用戶本來就喜歡這種影片？如果不和最令人厭惡的幾個1600 Vine創作者妥協，任他們離開，是不是能給新興創作者一個機會，鼓勵他們創作更多元的內容？

派對結束隔天上午，當史賓塞鼓起勇氣站在1600 Vine門前，她滿腦子都是這些問題。和她一道的還有傑瑞米・卡

巴隆納和威廉‧格魯格（William Gruger），後者是內容策略師，進Vine以前在《告示牌》工作，Vine聘他是為了與音樂產業建立更緊密的關係。

三人抵達之後，主導這次會談的強斯領他們進會議室，只見裡頭已有大約二十名Vine明星就坐。Vine團隊很想知道該怎麼做才能讓這群創作者滿意。據格魯格說，他們都很清楚這群Viner「寡占我們平台的瀏覽量」。隨著Vine用戶遽減，公司需要大多數1600 Vine住客留在平台。沒料到的是，這場會談變得不像傳統商業談判，反而像心理輔導。創作者紛紛發洩被漠視的心情，一一道出他們因為Vine達成的成就，例如為家人買車、購屋、把試播片賣給大電視台等等。「可是，」其中一名Viner沉痛地說出彼此共同的心聲：「你們是我們第一次見到Vine的人。」

強斯還說，他在洛杉磯開車，到處都看得到YouTube明星的大廣告招牌。「為什麼我們對你們這些人來說沒那麼重要？」他怒氣沖沖地問。公司的肯定在哪裡？他認為推特根本不像YouTube那樣在乎創作者。然而，整間會議室包括三名Vine員工在內，沒人知道怎麼改變母公司的基本態度。

這群創作者不只對變現制度失望，也為公司似乎無心增設明星用戶需要的功能而深感挫折。他們的困擾之一是騷擾。喬‧保羅‧皮克斯（Jon Paul Piques）和其他幾名Viner都認為：儘管頂尖創作者（尤其是女性）經常遭到鋪天蓋地的

惡毒攻訐，但不論是Vine或母公司推特，對約束這類騷擾都做得不夠多。他們要求Vine加入過濾留言、封鎖、禁言功能，並提供更詳盡的分析報告。

史賓塞設法安撫這群創作者，表示她已聽進他們的心聲，了解他們一路以來的遭遇。她也提到自己雖然是新人，但她和她的團隊既然出現在這裡，就代表公司已經改弦易轍，開始重視Vine明星。Vine希望找出向前邁進的路，與他們重新開始。

強斯冷冷地回應，他們不想聽場面話，但很清楚要是他們一起停更，Vine一定會受到重創。他還說是Vine得看他們臉色，如果公司希望他們繼續發布影片，就必須答應他們開出的條件。

第一項要求：每年給一百萬，他們就每週發三支短片。

強斯說會後他們會以正式信函提出條件。史賓塞和同事回到紐約，向推特轉達Viner的要求。

史賓塞原本對結果審慎樂觀。她對我說，為每週三支短片付一百萬元給十九個左右的創作者，或許「是讓我們進入下個階段必要的權宜之計」。

幾天後，史賓塞收到1600 Vine幫的信，打開一看，目瞪口呆——原來他們要的不是每年給他們全體一百萬，而是一人一百萬，合計一年一千九百萬。Vine甚至都還沒有獲利，而且與推特的關係正搖搖欲墜。史賓塞完全不知道怎麼

說服公司:這群創作者不但內容幼稚、充滿爭議,而且透過操弄成為平台霸主,還要公司每年付他們1,900萬?公司絕不可能同意。

史賓塞對強斯坦言開價過高,希望渺茫,強斯聞言大怒。史賓塞設法解釋:Vine本身沒有收益,目前仍靠推特支持,拿不出這筆錢。強斯破口大罵,指控史賓塞撒謊。史賓塞說強斯對她說:「我知道推特賺多少,去年賺了九千萬。」不曉得他是從哪裡聽說這個數字,但推特2015年營業額雖然有幾十億,可是到2017年最後一季才轉虧為盈。[10]

史賓塞向推特高層轉達要求,他們堅決反對,深信付費給平台用戶將創下惡例。推特幾年以前才好不容易站穩立場,不為明星推文付費,如果現在開始付Viner錢,往後每個明星推文都會來要錢。

讓事態更加惡化的是:協議的消息已經在創作者之間傳開。有的1600 Vine住客開始向會談當天不在場的Vine明星炫耀,吹噓自己簽下一百萬元的合約。龐斯對同為Vine明星的好友蓋比·漢娜(Gabbie Hanna)詳述會談內容,漢娜馬上打電話給史賓塞,怒氣沖沖地質問協議為什麼漏了她。史賓塞回憶漢娜當時的話:「你們要是不開同樣的條件給我,也付我一百萬,我就跟Vine上每一個人講。」

隨著協議內容傳開,隨之而來的是談判破局。史賓塞向1600 Vine成員報告壞消息。失望過後,他們展開報復。

第13章──讀秒
Counting Seconds

· · ·

接下來幾個月，1600 Vine 住客全部停止在 Vine 發布原創內容，反而在 Instagram、Snapchat、YouTube、Musical.ly、臉書上傳一支又一支影片，鼓勵粉絲轉移陣地，繼續追蹤他們。

Vine 嘗試最後一搏，設法挽留平台上的明星。2016年2月，公司招待幾名當紅 Viner 飛往倫敦辦公室，協助他們與英國創作者建立關係和合作。除了安排這群創作者下榻蘇活區豪華酒店之外，Vine 員工還辦了一場如何創作高參與度內容的討論會，格魯格和其他幾名美國辦公室的員工更帶著他們遊覽。創作者對這趟旅行似乎還算滿意，又開始在 Vine 頁面發布原創內容。

但準備前往倫敦希斯羅機場（Heathrow Airport）那天早上，格魯格走進酒店大廳，只見這群 Viner 湊在一起拿著手機，興奮地聊個不停。原來 Instagram 剛剛在它的「探索」標籤頁推出新專集，輪流播放幾個創作者的 Instagram 頁面和影片，而榮獲 Instagram 推廣的創作者都在酒店大廳。

中型 Viner 非但沒有升上頂端，反而在 1600 Vine 幫煽動下跟著離去。

Vine 的員工也各奔東西。托夫在 2016 年 1 月離開，公司頓時群龍無首。雖然有人暫時掌舵，但員工普遍認為這條

船已千瘡百孔，隨時可能滅頂。

2016年6月，漢娜‧多諾凡（Hannah Donovan）臨危授命，成為Vine的新總經理。多諾凡曾在Last.fm和MTV任職，經驗豐富，推特執行長傑克‧杜錫命她再次改造Vine的創意工具。然而，Vine接連不斷的災難已經讓員工離心離德，甚至埋怨母公司從一開始就搞砸了Vine。2016年9月初，多諾凡獲通知參加一個看似平常的推特財務會議，討論第一季的預算。豈料會議中途，有人提到多諾凡在Vine的員額即將凍結。她心中警報大作。又有人說：「喔，她還不知道。」這時多諾凡心知一定出了狀況。

會議結束後，她立刻聯絡杜錫。杜錫說他們得好好談談。回到舊金山旅館房間，她吐了。對於即將發生的事，她心裡雪亮。

推特本身在2016年也風雨飄搖，其中一部分原因是大環境轉向影片。推特不但用戶流失，股價暴跌，廣告收益一日不如一日，媒體報導也紛紛唱衰。CNN說：「推特成長停滯，完全看不到轉虧為盈的跡象。」[11]到2016年中，推特的產品、工程、媒體、人資主管已全部離去。

多諾凡對這一切再清楚不過，所以當杜錫告訴她Vine即將關閉，她雖然錯愕，但並不意外。

她的任務變成為Vine關燈。雖然能做的已十分有限，但她決定盡可能保存這個應用程式，全力爭取將網頁存檔，

讓創作者不致失去多年心血。

2016年10月27日，Vine宣布即將關閉。所有員工隨即解職，僅留十名。剩下的日子，包括多諾凡在內的幾名員工忙著存檔，將Vine以純攝影應用程式的面目重新上架，保留已經存在的影片，但不能再上傳新的。

Vine就此謝幕。

EXTREME ONLINE
The Untold Story of Fame, Influence, and Power on the Internet

註解

1. Ashley Parker, "Washington Doesn't Sleep Here," *New York Times*, March 9, 2008, www.nytimes.com/2008/03/09/fashion/09bloghouse.html.
2. Mashable, "Just doing some rearranging around the office… #vine," Vine, January 25, 2015, vine.co/v/b5QFFdnqgH9.
3. Mashable, "Inside the Mashable Vine Studio," Vine, August 13, 2013, vine.co/v/hMMWat5JLhF.
4. Nicole Lee, "Vine Introduces Web Profiles, Lets You Snag Vanity URL," *Engadget*, December 20, 2013, www.engadget.com/2013-12-20-vine-web-profiles.html.
5. Viners, "I'm @twitter |IG|snap: thegabbieshow. Tune in to my own special VidCon channel this weekend," Vine, July 23, 2015, vine.co/v/egaw ZaQ2DvI.
6. Sam Gutelle, "YouTube's Next Creator-Focused TV, Print Ads Will Feature Lilly Singh, Tyler Oakley," Tubefilter, September 8, 2015, www.tubefilter.com/2015/09/08/youtubes-next-creator-focused-ads-will-fea ture-lilly-singh-tyler-oakley/.
7. Mike Shields, "YouTube Touts Collective Digital Studio's 'Video Game High School' in New Ad Campaign," *Wall Street Journal*, September 9, 2014, www.wsj.com/amp/articles/youtube-touts-collective-digital-studios-video-game-high-school-in-new-ad-campaign-1410287826.
8. Madison Malone Kircher, "The Most Popular Female Vine Star Just Got to Meet Michelle Obama," *Business Insider*, October 19, 2015, www.businessinsider.com/vine-stars-take-selfie-with-michelle-obama-2015-10.
9. Cody Ko (@CodyKo), "It's Gotten Worse . . . ." YouTube, April 27, 2017, www.youtube.com/watch?v=X3vgL5IFWuU.
10. David Goldman, "Twitter Is Losing Customers and Its Stock Is Falling," CNN Money, February 10, 2016, https://money.cnn.com/2016/02/10/technology/twitter-stock-users/index.html.
11. Goldman, "Twitter Is Losing Customers."

14 重新洗牌
The Shuffle

　　Vine 的結束震撼整個網路創作社群。在此之前,從來沒有巨型社群媒體平台一夕告終。它的殞落引起一場混戰。

　　將受眾從一個平台轉移到另一個,是極其艱鉅的任務。Vine 收攤後,一整代中小型創作者難以為繼。雖然許多人請求 Vine 將追蹤者轉移到推特帳號,但公司的內部緊張讓這條路寸步難行。「那段時間非常、非常黑暗。」卡琳・史賓塞回憶道:「Vine 關閉後,我們看到許多創作者失去幾百萬名觀眾。」

　　除了凸顯創作者變得多麼重要之外,Vine 的終結還有另一層影響。雖然 1600 Vine 明星個個受眾龐大,比小型創作者更容易將粉絲引到新的平台,但 Vine 的落幕終究摧毀了這個平台促成的社群和同志情誼——不論在線上或 Vine 街 1600 號都是。

　　到 2017 年初 Vine 正式關閉時,魯迪・曼庫索和其他 1600 Vine 住客都已搬離公寓大樓。管委會早已受夠幾十個

網紅成天在走廊奔跑、尖叫、惡作劇（例如在好萊塢大道搭飛索送包裹給粉絲；在街上假裝中槍嚇不知情的路人），也不想再看到大批粉絲擋住出入口。雖然大樓三令五申禁止在泳池和公共區域拍片，但實際上難以執行。2017年3月，羅根・保羅在影片中宣布大樓決定不再和他續約。他成為最後幾個搬離那裡的Vine明星。[1]

不論在線上或線下，1600 Vine幫各奔東西。曼庫索開始更常與電影導演為伍，在傳統娛樂圈建立事業，最後以自己的聯覺經歷為題，為亞馬遜工作室執導及出演一部短片。巴赫勒也進入傳統娛樂圈，在幾部Netflix電影和電視影集中演出。然而，企圖躍入傳統娛樂圈的Vine創作者多半跌落低谷，失去Vine的廣大粉絲基礎之後，他們只不過是另一個巴望在好萊塢嶄露頭角的小人物。

看見Vine由盛而衰，人們一度以為暴得而來的名氣脆弱無常，不可信任，傳統成功之路之所以存在一定有其道理。殊不知到了最後，發展最成功的還是那些對線上世界著力更深的前Viner。Vine的諸多決策雖然削弱了自己，卻孕育出一整代直到今日仍叱吒網路的線上明星。這或許是Vine為世界留下的最大遺緒。

即使在Vine苦苦掙扎的階段，仍有許多傑出創作者因為它大紅大紫。例如當時22歲的Viner亞歷姍妲莉雅・菲茲派翠克（Alexandria Fitzpatrick，網路暱稱AlliCattt），她的作品

透過Vine大幅傳播，最後有490萬人追蹤。Vine結束後，她轉而以Musical.ly為主要平台，經常向200萬追蹤者直播。她發現：「用直播和粉絲互動效果更好、也更直接。」[2]

蓋比・漢娜也是成功轉換跑道的網紅。在Vine山窮水盡之前，她已成功將觀眾轉往YouTube和Instagram。可是當Vine關閉的消息傳來，她還是感到惆悵。「我前幾年對Vine充滿怨言，但他媽的，它沒了我還是滿難過。」她推文說：「感覺像很久沒聯絡的老朋友死了。雖然交情早就淡了，但說真的，聽見他們死了還是心痛。」到這個時候，漢娜在YouTube和Instagram已經有超過兩百萬人追蹤。

Vine明星阿曼達・塞爾尼（Amanda Cerny）就沒這麼念舊。她對我說，Vine消失「的確有點傷感」，但「反正粉絲幾乎都已轉移到Instagram、YouTube、Snapchat和臉書，那些平台對我來說更大，我應該沒流失多少粉絲」[3]（塞爾尼在Vine有大約四百萬人追蹤，經得起流失一部分）。

Vine出局後，其他科技競爭對手磨刀霍霍，相互爭奪頂尖創作者。YouTube和Instagram大開荷包，Snapchat、Musical.ly和YouNow也使出渾身解數。塞爾尼轉往Snapchat發文後，公司將她捧為十大最值得追蹤網紅。許多平台加碼推出同樣的影片分享模式，竭力從其他平台挖角明星。彼此競爭的同時，他們也都準備迎接另一個重大挑戰：最大的社群媒體巨人即將加入戰場。

· · ·

在1600 Vine那場惡名昭彰的會談之後,喬・保羅・皮克斯意氣消沉,和許多Viner一樣開始思索下一步。這時,他發現好友蘭斯・史都華(Lance Stewart)在臉書有不少觀眾。

「兄弟,你一定得來臉書。」史都華在2016年初對他說:「把你在Vine那些短片剪成合集,我保證會爆紅。」史都華自己的經驗就是如此:他在2015年末就剪輯了這樣一支影片上傳,觀看次數已突破一億。

Vine在2013年發動影片革命的時候,臉書一度慌了手腳。到2014年,祖克柏已下定決心,在臉書第一個社群大廳中向員工強調:公司將以影片為重心。他宣布:「五年內,大多數(臉書)貼文將是影片。」

臉書成立十年後已是大型企業,每次以銀彈解決問題總掀起狂風巨浪。據SocialMediaToday報導[4],在臉書宣布轉向影片一年之內,每天上網看臉書影片的用戶已超過五億,每二十四小時觀看影片數量達八十億支。在此同時,根據社群分析平台Hootsuite統計,在2015年,美國臉書用戶上傳影片數量增加94%。[5]

Vine敗相一露,臉書便大舉入侵。在2016年4月的臉書F8開發者會議上,祖克柏說:十年之內,「影片將和手機一樣,為我們的分享和溝通方式帶來巨變。」[6]在臉書

2016年第三季的法說會上,祖克柏一次又一次宣示:臉書和Snapchat、Vine、Musical.ly一樣「影片優先」。

在直播市場取得初步進展是臉書的優先任務之一,公司為此推出的工具是直播功能。在祖克柏看來,直播影片是社群媒體和傳統娛樂影片之間的天然橋樑。「我們認為直播影片是創新的好例子。」[7]祖克柏在前述2016年法說會上說:「它帶來的其實是社群經驗,而非傳統影片經驗。」

臉書的投資讓2016年直播用戶大幅增加,也促成這年的另一次爆紅事件:2016年4月,BuzzFeed直播公司員工在西瓜上捆橡皮筋,一條捆完再捆一條,影片標題是:「看我們用橡皮筋捆爆西瓜!」BuzzFeed後來報導:「據臉書觀察,同一時間看這部影片的人比(臉書上)其他影片都多。」[8]這支影片片長45分鐘,高峰時有八十萬七千人同時觀看,總觀看次數超過五百萬。

沒過多久,臉書開始出現原生爆紅影片。例如被稱作「丘巴卡媽媽」的坎達絲・佩恩(Candace Payne)[9],她自拍在車上戴上丘巴卡面具,影片超過一億八千萬次觀看。但這種爆紅無法預測,臉書難以事前策劃。爆紅影片往往長度短,用手機拍攝(佩恩的影片是在車上拍的,長度只有四分多鐘)。由於多數媒體出版人仍把重心放在撰文(連熟悉數位世界的也不例外),所以河道上出現的影片內容大多出自朋友或業餘者。YouTube正開始打進每年幾百億元的電視廣

告市場，臉書也希望從中分一杯羹。為達成這個目標，臉書需要更可靠、更專業、更具吸引力、也更能預測的內容。

臉書在2016年的VidCon大會上已充分展現企圖心，為頂尖創作者提供專屬休息室，讓他們在沒有經理和經紀人監督下建立聯繫。VidCon大會後，公司邀請創作者參觀臉書園區，和負責團隊會面，除了提供用戶回饋意見之外，也和他們討論如何在影片方面攜手合作。然而，這些舉動固然有助於雙方更進一步，但進展不如預期。

接著Vine關閉，臉書突然獲得大好機會。

臉書負責招募前Vine創作者的是蘿倫・施尼伯（Lauren Schnipper）。施尼伯在2014年加入臉書，任務是協助公司與數位生態系中的創作者進行合作。她當時在網路創作者圈裡已無人不識，YouTuber對她尤其熟悉，因為她曾擔任YouTube明星薛恩・道森的產品與開發主任，協助道森獲得幾百萬人追蹤。身為道森的製作夥伴兼經理，施尼伯不僅為道森的YouTube頻道處理日常庶務，也監督他一路進軍電視、電影、音樂和播客。這些經驗和聲望使她成為招募人才的不二人選。

施尼伯開始與Viner接觸，向他們大力推銷臉書。雙方似乎一拍即合：Viner有明確的受眾、風格和專業內容，臉書有龐大的觸及量和衷心希望能與他們合作的團隊。在Vine退場後幾個月，幾乎所有1600 Vine知名住客都在臉書

大量曝光。他們在整個過程中與臉書代表密切合作,後者不僅與他們分享發文策略,也協助他們處理粉絲專頁的各種問題,讓他們在臉書站穩腳跟。

在此同時,臉書也付費請媒體公司和創作者製作影片和直播。光是在2016年,臉書便投入超過五千萬元與影片創作者簽訂一百四十份合約,其中包括與安德魯‧巴赫勒、莉莉‧龐斯、羅根‧保羅等頂尖創作者合作[10],以最高二十二萬元的代價請這群頂尖YouTuber、Viner和1600 Vine住客在臉書發表獨家內容。

皮克斯也是和臉書簽訂合約的創作者。2016年4月,他與臉書談妥條件:只要接下來六個月每月在臉書直播五次以上,臉書便支付他十一萬九千元。他的第一支影片是將自己的Vine熱門短片剪成合集,上傳之後立刻爆紅,在臉書上獲得超過一億五千萬次觀看。這是天文數字,他的專頁追蹤數在一天之內從一千暴增到五十萬。他的內容在動態消息中瘋傳,隔年追蹤人數到達七百五十萬。[11]

他不是唯一一個大獲成功的人,幾乎所有Vine創作者都一炮而紅。羅根‧保羅當時也上傳了一支影片,剪輯他在世界各地景點劈腿的鏡頭,累計超過兩千萬次觀看。[12]皮克斯、保羅、龐斯、巴赫勒成為臉書新寵,參與度常常超過媒體公司和明星專頁。

許多前Viner深感樂觀,相信自己將以內容攻下另一座

平台,再次賺進大把鈔票。不過皮克斯和一些人還忘不掉Vine的慘痛經驗,獲得津貼固然開心,但他們更想知道臉書的長期計畫。拍拍影片就有錢賺確實不賴,但和觀看次數相近的YouTube影片廣告分潤比起來,十萬元簡直小巫見大巫。雖然臉書說他們還在規劃影片的長期分潤模式,平台也實驗性地讓部分創作者在影片中放進15秒廣告〔13〕,而且有些參加者說獲利和YouTube差不多,可是在臉書吸引許多1600 Vine住客加入一年後,大規模變現模式仍不見蹤影。最重要的是,臉書督促創作者發表越來越長的作品,最後更要求影片必須三分鐘以上,以便在開頭或中間插進廣告。

「他們沒對我們說明賺錢的計畫,」皮克斯說:「只說他們已經在想了。我對家人說我想寫一本《我有28億次觀看,卻沒賺到半毛錢》(*I Got 2.8 Billion Views and Made $0*),因為實情就是那樣。」

創作者苦等之餘,開始覺得臉書只容許他們透過它賺錢,別的方式都不考慮。舉例來說,雖然贊助內容在Instagram和YouTube已隨處可見,但創作者認為臉書老是降低贊助內容在動態消息的排序。臉書的人雖然回應說他們無法操縱演算法,最終決定內容值不值得分享的仍是用戶,但這種解釋沒能安撫創作者。

臉書似乎也刻意斬斷創作者其他收入來源。1600 Vine幫本來想在臉書使出老招數,透過彼此分享內容拉抬聲勢,

或收費代為分享,但臉書的人暗示這樣做可能被處罰。

到2017年末,數位創作者對臉書失去信心。他們還是沒有變現選項,覺得自己遭到這個巨人平台利用,當完白老鼠後就棄之不顧。臉書在2016年還不斷吹捧他們,鼓勵他們貼文,臉書的影片產品也因此起飛。可是到2017年,隨著大型媒體組織進駐,大規模為臉書創作內容,平台上的風氣也跟著轉變。這是川普執政第一年,極為政治化的內容當道,前Vine明星那種騎著滑行車在洛杉磯搞笑的影片已經不符潮流。

1600 Vine幫進一步分道揚鑣。皮克斯加緊耕耘仍然流行短片的Instagram,保羅、龐斯等人則把重心放到YouTube。2015年影片蓬勃時看似廣闊無垠的機會之窗,現在再次縮小。

・・・

在Vine黯然告終之後的一段時間,Snapchat似乎很有希望取而代之。

2013年末,隨著Snapchat推出限時動態,許多Viner開始在兩個平台之間遊走。Vine成為廢墟後,Snapchat一躍而入主流文化,建立龐大的文化資本。

開啟Snapchat黃金時代的是歌手DJ卡利(DJ Khaled)。卡利透過Snapchat和粉絲分享日常見聞,勤奮更新,將自

己大大小小的冒險拍攝成一大堆影片（其中有不少是他在邁阿密海邊騎水上摩托車）。他在Snapchat的口頭禪也經常變成網路迷因（「再一次」、「祝好運」、「給他們點顏色瞧瞧」）。Snapchat即時、隨興、稍縱即逝的特色，在社群媒體應用程式中獨具一格。

卡利之於Snapchat就如庫奇之於推特。「藝人和媒體有時猶如天作之合，相得益彰到超越過往的一切。」記者喬·卡拉曼尼卡（Jon Caramanica）在《紐約時報》說：「沒有人像DJ卡利這麼懂得駕馭Snapchat⋯⋯他已成為社群媒體巨星，名氣超過他當歌手的時候⋯⋯他在這個媒體上的影響力和吸引力，已將他從丑角拉抬成有一定高度的公眾人物。」[14]

DJ卡利的成功不僅吸引其他名人和公眾人物加入（如實境秀明星斯賓塞·普拉特〔Spencer Pratt〕和凱莉·詹納），也推了Snapchat原生明星一把（如街頭塗鴉高手肯恩·麥可布萊德），Viner也蜂擁而至（其中包括好幾個1600 Vine幫）。隨著Snapchat獲得主流關注，許多曾在Vine下廣告的公司轉向Snapchat。

然而，Snapchat的盛況沒有持續多久。更諷刺的是，它走下坡的原因和Vine幾乎相同——失去創作者的信任。對原本的Snapchat明星來說，Vine明星大量湧入不是帶槍投靠，而是侵略。

由於Snapchat和Vine的功能不同，Vine明星的觸及

率一直高於Snapchat明星。Vine有分享功能「revine」，Snapchat沒有；Vine的短片輕輕鬆鬆就能傳遍網路，Snapchat的限時動態時間一過就消失無蹤。這些差異讓Vine創作者累積的粉絲基礎比Snapchat創作者雄厚。

但幾年下來，Snapchat明星也發揮創意，找到擴大受眾的方式。其中一個直到2016年仍相當成功的辦法，是與Viner聯手擴大觸及，提高廠商合作意願。麥可布萊德說：「我經常和Viner一起招攬生意。」從2014年開始，他和麥可・普萊可等Snapchat明星就找Viner搭檔，與羅根・保羅、魯迪・曼庫索等人一同合作。這種組合既能發揮Snapchat明星獨特的敘事方式，又有Viner龐大的受眾做後盾。「廠商會投放我的即時動態和作品。」麥可布萊德說：「而他們也會覺得：『有了Viner，我們的廣告會有更多人看。』」Viner則能藉此擴大受眾，以免Vine生變時造成損失。

到2016年，麥可布萊德和普萊可為Snapchat帶來的參與度已十分可觀，但他們覺得自己是這個平台的異數。Snapchat的設計不是為了幫助他們增加觀眾，也不是為了讓一般用戶看見他們的內容。「我們會想：『有沒有什麼東西能幫助我們建立品牌，或是增進內容？』」麥可布萊德回憶道：「從來沒有，從來沒有能幫助創作者成長的功能。」

相較之下，初來乍到的Vine明星已經有龐大的觀眾，一下子就吃掉原本屬於Snapchat明星的廠商合約。「我們當

時已經建立Snapchat明星社群一年。接著Viner突然空降，每一個的追蹤數都是我們的五到十倍，生意很快全被他們搶走。」麥可布萊德說。

雖然明星Viner大批湧入Snapchat、蠶食鯨吞廠商合約，但Snapchat的資金依然不穩。Instagram也推出限時動態後，原本在Snapchat花錢宣傳的廠商開始多方出擊，也在Instagram投放廣告。Snapchat原生明星在主場節節敗退。

Snapchat很快發現自己陷入和Vine十分類似的困境。BuzzFeed新聞當時報導說：「Snapchat頂端用戶的失望讓人想起Vine的前車之鑑。」[15] Vine當初就是因為忽視自己的明星，才讓他們紛紛轉向YouTube和Instagram，最後導致平台變成鬼城。」

「Vine是不知道怎麼對待創作者，Snapchat則是根本不想要創作者。」麥可布萊德說：「我去找過伊凡・史匹格兩、三次，他明擺著就是對我們沒興趣。情況令我們Snapchat明星感到沮喪，因為他們根本不想要內容創作者，也根本不把Snap當創作者平台。」如麥可布萊德所說，Snapchat高層只希望它當傳訊平台。「Chat」一字就嵌在它的名字裡，對史匹格來說這才是重點。

少有創辦人能徹底檢討自己一手打造的模式，毅然決然砍掉重練。但創立社群媒體平台有一條鐵律：想要成功，就必須改變你創立時的計畫。舉例來說，2003年創立的

第 14 章──重新洗牌
The Shuffle

LinkedIn一開始依循臉書的模式,採用雙重確認加入（double opt-in）,強調聯絡人都是現實世界認識的前同事、主管、生意夥伴。但情況不久就起了變化,LinkedIn顯然必須走出朋友圈。2012年,LinkedIn開始網紅計畫,讓他們精挑細選的名人和商業領袖撰文評論流行議題,但人數非常少,比爾‧蓋茲和理查‧布蘭森（Richard Branson）都在列。

隨著這群名人發文泛談管理,LinkedIn冒出一群新的創作者。他們以「哥兒們詩」（broetry）[16]文體發文,經常散發拚命過度的工作狂精神。[17]由於這類貼文廣獲關注,LinkedIn不得不在2017年調整政策,推出方便用戶發文和互動的新工具。2021年3月,LinkedIn終於引入「創作者模式」,將「交友邀請」按鍵改成「關注」,以單向互動讓創作者更容易建立受眾。LinkedIn還開了播客頻道,在創作者身上投資兩千五百萬元,建立超過五十個人的創作者管理團隊,協助公司與平台上的大型網紅聯繫。這是史匹格忽視的潮流:給予一般用戶力量,幫助他們成為創作者,你的社群網路就能更加成功。

Instagram對頂尖藝人十分積極,2017年已成立合作經理團隊吸引創作者加入。Snapchat明星看見Instagram對自家網紅如此支持,對Snapchat更加失望。

到2017年秋,Snapchat明星麥可‧普萊可大動作請粉絲轉往Instagram。普萊可對BuzzFeed新聞說:「我喜歡

Instagram。[18]我在Snapchat上看到的每個缺點，都能在Instagram上看見相反的優點。」Snapchat明星的失望具體反應在數據上。2017年10月，行銷公司Mediakix發現：在Snapchat和Instagram同樣活躍的網紅，2017年在Snapchat的發文減少33%，在Instagram的限時動態則增加14%。

同年11月，Snapchat推出極具爭議的新設計，將「社群」和「媒體」分開，希望能藉此提高用戶參與，並與競爭對手區隔開來。可是對Snapchat的創作者社群來說，這是壓垮駱駝的最後一根稻草。Snapchat經過這次改造，分成兩個各自獨立的區塊，朋友發布的內容和限時動態還是放在一起，但Snapchat明星和名人的內容被擺進專屬頻道，劃入作為平台媒體入口的「探索」標籤頁。一夕之間，凱莉‧詹納、DJ卡利、肯恩‧麥可布萊德等創作者必須迎戰重量級對手，他們生產的內容和Refinery29、沃克斯新聞網、《每日郵報》（Daily Mail）等媒體公司的專業頻道混在一起，相形之下黯然失色。Snapchat明星的瀏覽數驟減。

「我的整個人生和事業都建立在Snapchat上，我花了一年才不得不承認Snapchat多蠢。」麥可布萊德說：「確定他們不喜歡我們之後，我慢慢地、悄悄地離開Snap。我知道它會慢慢死去，最後我放手讓它走。」他把重心轉移到他已經成立的YouTube頻道，後來成功獲得幾百萬人訂閱。他也順利創立自己的內容公司「太空站」（Spacestation）。然而，許

多Snapchat明星走得不夠快。他們繼續發布內容,但觀眾越來越少,最後才黯然放棄。

註解
1　Logan Paul (@loganpaulvlogs), "very bad news.," YouTube, March 21, 2017, www.youtube.com/watch?v=GgL0Rh9O3V8.
2　Taylor Lorenz, "Months before Vine's Demise, Its Biggest Stars Plotted Their Escape," Mic, October 28, 2016, www.mic.com/articles/157945/months-before-vine-s-demise-its-biggest-stars-plotted-their-escape.
3　Lorenz, "Months before Vine's Demise."
4　Josh Althuser, "Facebook Will Be All Video in 5 Years: Here Are 4 Figures to Prove It," *Social Media Today*, July 15, 2016, www.socialmediatoday.com/marketing/facebook-will-be-all-video-5-years-here-are-4-figures-prove-it.
5　Shannon Tien, "Top 5 Social Media Trends in 2019 (and How Brands Should Adapt)," Hootsuite Social Media Management, May 27, 2019, blog.hootsuite.com/social-media-trends/.

6 Maya Kosoff, "Facebook Exaggerated Its Video-View Metrics for Two Years," *Vanity Fair*, September 23, 2016, www.vanityfair.com/news/2016/09/face book-exaggerated-its-video-view-metrics-for-two-years.

7 Jessica Guynn, "Mark Zuckerberg Talks up Facebook's 'Video First' Strategy," *USA Today*, November 2, 2016, www.usatoday.com/story/tech/news/2016/11/02/mark-zuckerberg-talks-facebook-video-first/93206596/.

8 Brendan Klinkenberg, "This Exploding Watermelon Was Facebook Live's Biggest Hit to Date," BuzzFeed News, April 8, 2016, www.buzzfeednews.com/article/brendanklinkenberg/this-exploding-watermelon-was-facebook-lives-biggest-hit-to.

9 Candace Payne, "It's the Simple Joys in Life….," Facebook video, May 19, 2016, www.facebook.com/candaceSpayne/videos/10209653193067040/.

10 Deepa Seetharaman and Steven Perlberg, "Facebook to Pay Internet Stars for Live Video," *Wall Street Journal*, July 19, 2016, www.wsj.com/articles/facebook-to-pay-internet-stars-for-live-video-1468920602.

11 Seetharaman and Perlberg, "Facebook to Pay Internet Stars."

12 Logan Paul, "SPLITTING THE WORLD! #OlympicEdition CREATE YOUR OWN SPLITS EMOJI WITH MY NEW APP! LINK HERE http://appstore.com/SplitMoji," Facebook video, August 8, 2016, www.facebook.com/LoganPaul/videos/538113089720206/.

13 Daisuke Wakabayashi, "Why Some Online Video Stars Opt for Facebook over YouTube," *New York Times*, July 9, 2017, www.nytimes.com/2017/07/09/technology/facebook-video-stars.html.

14 Jon Caramanica, "For DJ Khaled, Snapchat Is a Major Key to Success," *New York Times*, December 21, 2015, www.nytimes.com/2015/12/22/arts/music/for-dj-khaled-snapchat-is-a-major-key-to-success.html.

15 Katie Notopoulos, "Snapchat Use Is down 34% among Top Influencers," BuzzFeed News, October 3, 2017, www.buzzfeednews.com/article/katieno topoulos/snapchat-use-is-down-34-among-top-influencers.

16 譯註:「哥兒們詩」的特徵是句句簡短而不斷換行,內容通常正向而自負。

17 Taylor Lorenz, "LinkedIn Bro Poetry Pretty Much Sums Up 2017," *Daily Beast*, December 8, 2017,https://www.thedailybeast.com/linkedin-bro-poetry-pretty-much-sums-up-2017.

18 Alex Kantrowitz, "Frustrated Snap Social Influencers Leaving for Rival Platforms," BuzzFeed News, March 2, 2017, www.buzzfeednews.com/article/alexkantrowitz/frustrated-snap-social-influencers-leaving-for-rival-platfor #.vob5Je404.

PART 5
創作者盛世
THE CREATOR BOOM

15 贏家
The Winners

　　創作者紛紛離開 Vine 時,只有三個平台大到可以接收他們:Musical.ly、YouTube 和 Instagram。

　　Musical.ly 一直是實力和 Vine 最接近的競爭對手,但 Vine 的員工不太看得起它,認為它的用戶都是小孩子。這種說法有幾分道理,因為 Musical.ly 是第一個主要擄獲 Z 世代的主流社群平台。但不可否認的是,Musical.ly 深具創新精神,影片編輯工具簡單好用,讓用戶能輕鬆製作精緻、有創意的影片。如果沒有這些工具,同樣品質的影片原本要花好幾個鐘頭。

　　Musical.ly 精明地做好自我定位,最初幾年主打音樂挑戰,代表作是 2015 年 7 月 4 日造成轟動的「別評斷我」挑戰:是先把自己弄得非常醜(多半是化醜妝),再用手蓋住鏡頭,手拿開後變成精心打扮、美麗帥氣的模樣。Musical.ly 透過程式發送通知,鼓勵大型創作者參與活動。

　　前述挑戰選用的歌是歌手 OMI 的新單曲〈啦啦隊〉(Cheerleader)。隨著挑戰蔚為風潮,這首歌和主題標籤

「#DontJudgeChallenge」都在網路竄紅。幾天內〈啦啦隊〉便衝上《告示牌》百大熱門歌曲排行榜榜首[1]，Musical.ly 也攻上應用程式商店第一名。這次大捷登上 MTV 和《芝加哥論壇報》（Chicago Tribune）等主流媒體的版面[2]，執行長亞利克斯・霍夫曼也將 Musical.ly 定位為音樂產業的新勢力。

接下來幾個月，Musical.ly 穩定擴張，不斷吸引關注。艾瑞兒・馬丁、布雷克・格雷、雅各・薩多利斯（Jacob Sartorius）等 Musical.ly 明星紛紛受邀加入 DigiTour，賺錢方式和 2010 年代中期其他創作者一樣，也是贊助內容。到 2016 年夏，Musical.ly 邁向另一個里程碑：就在首度參加 VidCon 大會一個月前，Musical.ly 獲得熱騰騰的一億元投資，公司市值上看五億。Musical.ly 有十足理由樂觀：在 Vine 苦苦掙扎時，原本位居第二的 Musical.ly 在十九個國家躍升到應用程式第一名，包括美國。

Musical.ly 首次參加 VidCon 大會，就在會議中心包下大型攤位，在舞台上放大沙發，背板是一大面貼滿 Musical.ly 商標的粉紅牆。雅各・薩多利斯等 Musical.ly 原生網紅每二、三十分鐘上台表演，吸引超過五千人圍觀。主辦單位急忙和 Musical.ly 職員協調，以免場面失控。

Musical.ly 也充分利用參加 2016 年 VidCon 大會的機會，宣布推出直播應用程式 Live.ly。Live.ly 專為 Musical.ly 用戶設計，短短四個月就超過五十萬次安裝[3]，成為美國最大

的直播應用程式。它採用YouNow模式，允許Muser接受粉絲數位「斗內」和禮物賺錢。有的Musical.ly創作者頓時每週進帳數萬，獲得最需要的穩定金流，繼續鞏固個人品牌。霍夫曼說：「有創作者靠斗內每個月賺十五到二十萬元。」

在2016年VidCon大會上大出風頭後[4]，Musical.ly站穩腳跟，成為眾所公認的重量級角色，每天有超過一千萬支新影片上傳。大型YouTuber和Instagram明星看到Muser在VidCon大會如此風光，也開始加入Musical.ly，嗅出數位風向的歌手亞莉安娜・格蘭德（Ariana Grande）、席琳娜・戈梅茲、妮姬・米娜亦一一跟進。同年，格蘭德用Musical.ly宣傳新單曲〈迷戀你〉（Into You），粉絲反應熱烈，上傳的對嘴唱和伴舞影片超過十五萬支，不僅讓這首歌爆紅，也讓它的串流播放次數攀上新高。

2016年6月，華納音樂集團（Warner Music Group）成為第一家與Musical.ly簽約的唱片公司，授權Musical.ly使用它的音樂。華納音樂發言人向《告示牌》表示：「Musical.ly將對嘴唱、空氣吉他和伴舞藝術帶向新的層次，難怪會成為年輕粉絲趨之若鶩的應用程式。」[5]

2017年2月，Musical.ly面臨中國科技集團字節跳動（ByteDance）嚴峻挑戰。字節跳動當時剛剛收購了一個名叫Flipagram的新應用程式，將它重新設計，看起來和Musical.ly一模一樣。[6]除此之外，字節跳動還在中國推出複製

Musical.ly的應用程式「抖音」。雖然Musical.ly有自己的科技和資料科學團隊，但它難以複製字節跳動遙遙領先的內容推薦演算法。另一方面，中國因為人口龐大，抖音吸收國內用戶的速度比Musical.ly爭取國際用戶還快。

Musical.ly高層一心擴大全球版圖，此時不免感到壓力。但外國應用程式的挑戰不是他們唯一的擔憂——綜觀國內主要競爭對手，個個背後都有科技巨頭撐腰：Instagram有臉書，YouTube有Google，Twitch有亞馬遜。到2017年中，Musical.ly已積極思考收購議題。

經過無數討論，Musical.ly高層決定：面對抖音的挑戰，最好的因應策略是「打不過就加入」。同年夏天，他們開始和字節跳動洽談。2017年11月，Musical.ly以八億六千萬賣給字節跳動。[7] 字節跳動將以人工智慧優勢增進Musical.ly推播效果，並且協助Musical.ly開拓原本不得其門而入的韓國、日本、東南亞市場。Musical.ly則加入字節跳動的應用程式家族。主管們為這個應用程式列了四百個候選名稱，最後決定採用一個既響亮又中性、足以傳達平台宏大抱負的名字——TikTok。

・・・

2018年8月，Musical.ly以TikTok為名重新發行，兩年內就成為新社群媒體要角。但直到那時，YouTube仍是霸主。

YouTube到2018年已是社群媒體界的大老,不僅遙遙領先競爭對手,也深知創作者是公司的重要資產,必須用心栽培明日之星。

自2010年代初採取一連串精明策略以來,YouTube已成為優質內容中心。當YouTube發現自己缺少MCN為創作者提供的服務,它收購新世代網絡彌補不足。YouTube也為創作者提供實務服務,協助他們提高影片品質。為了擴大版圖和提高聲望,十年來YouTube始終堅持直接投資創作者。

YouTube也持續執行成功的計畫,透過預付現金、製作支援、出借攝影設備等方式支持創作者。2011年,YouTube拿出一億元贊助超過一百個新頻道[8],希望增加他們的能見度,鼓勵他們為YouTube製作原創的優質內容,受惠的創作者遍及各種領域。2012年,YouTube引入「創作者俱樂部」(Creator Clubs)[9],在各地舉辦創作者聚會,協助YouTube明星結交、合作、分享技巧。YouTube也在洛杉磯、東京、倫敦、紐約成立「YouTube空間」(YouTube Space),讓用戶「免費使用最新、最好的設備、片場和支援,期能激發創意、創新內容」。YouTube不斷擴大服務對象,希望能讓每個創作者都能透過經營頻道賺廣告費,按創作者45%、YouTube 55%的比例拆帳。YouTube也持續贊助VidCon大會和DigiTour等活動,並擴大公司裡專門支持創作者的團隊。

YouTube一步一步幫助它的創作者像傳統藝人一樣獲

利,在所有數位平台中,它是第一個這樣做的。2014年,YouTube宣布成立Google精選(Google Preferred)[10],視YouTube創作者為值得大企業下廣告的「一流」(premium)內容。這個計畫實現了喬治・史莊波洛斯多年以前極具遠見的願景:原生創作者可以像主流電視明星一樣享有高知名度,擁有龐大市場需求。

YouTube透過合作夥伴計畫學到的經驗有了回報。多年以來,YouTube深知自己必須提供新生代明星舞台,讓他們有機會崛起和竄紅。但YouTube平台也有自己堅持的方向:它在2012年便修改演算法,把重點放在整體「觀看時間」而非觀看次數,換言之,較長的影片比較可能被推薦。YouTube高層之所以重視觀看時間[11],反映的是他們不只打算和臉書及其他科技巨頭競爭,還有雄心和電視界一較高下。這看似微小的調整改變了YouTube內容的特色。

在YouTube改變演算法之前,用戶經常在許多簡短但吸睛的影片間跳轉。演算法改變後,創作者發現:越是讓粉絲看見自己的日常生活,影片的參與度越高。新演算法鼓勵創作者回到lonelygirl15時代,影音部落客一時蔚為風潮,迎來YouTube的黃金時期。

紐約製片卡西・奈斯塔特(Casey Neistat)開風氣之先,成為每日更新的影音部落客。他是YouTube的多年用戶[12],以前就會上傳影片。2015年3月26日起,他開始天天發布

影片，每集八分鐘。他說：「對我來說，當影音部落客的目的是分享我的想法和觀點，在留言區與人對話或閒聊，你問我就答。這裡是我的論壇。」

他的影片引起廣大迴響。五個月後，奈斯塔特達到百萬訂閱，一年後訂閱人數暴增至四百萬人。

奈斯塔特的部分影片吸引大量觀眾，其中大都會藝術博物館慈善晚宴那支更是粉絲最愛。他的最高紀錄是2016年1月時，頂著暴風雪由吉普車拉著在紐約街頭滑雪，影片在二十四小時內獲得六百五十萬次觀看。同年，奈斯塔特獲得英國《GQ》的年度「新媒體之星」獎。

雖然步調輕快的Vine適合緊湊而不加修飾的風格，但YouTube重視的是觀看時間，想在這裡成名，影片策略必須調整。許多Vine明星在Vine時便已天天更新，但當時有最多六秒的限制，所以必須剪去大量鏡頭。轉到YouTube後，他們乾脆任攝影機持續拍攝，不再取捨。沒想到許多粉絲不但喜歡這種新形式，還很高興能有更多時間「相處」。

2016年末，Vine網紅兄弟傑克和羅根・保羅開始在YouTube日更。傑克以「兄弟，天天來逛逛」為口號，宣告他將持續不斷更新內容。同樣出身Vine的大衛・多布里克（David Dobrik）也開始每週更新至少三次，每支影片4分20秒。[13]這群前Vine明星很快在YouTub竄紅，合作夥伴計畫也為他們帶來豐厚收益。

YouTube的演算法不只獎勵觀看時間，也嘉許頻繁更新。觀眾收看的創作者越常更新，YouTube就越會向他們推薦這名創作者的影片。不常更新的創作者很容易被常更新的擠下來。

為因應新的規則，創作者開始大幅提高發文頻率。產量增加造成助手需求大增，影片剪輯、製作助理和各種支援儼然形成小型生產鏈。隨著網路明星開始將製作工作外包，甚至建立完整團隊協助經營他們的內容帝國，創作者產業也邁入新的階段。

對許多創作者（尤其是前Vine明星）來說，惡作劇是讓影片有趣的王道。惡作劇好執行、成本低，而且往往能贏得演算法青睞。連惡作劇都無法吸引注意之後，YouTube網紅開始用公開叫陣和惹是生非來引人注目，其中許多是套好招的。RiceGum也是透過這種方式成名的YouTuber，經常寫歌辱罵別的YouTuber，被他羞辱的YouTuber往往也以其人之道還治其人之身。

以這種手段引發關注的YouTuber不少，傑克和羅根·保羅也是如此。傑克成立第十隊（Team 10）內容屋後，也開始和其他內容屋的成員公開叫陣，例如FaZe幫（FaZe Clan）和威力幫（Clout Gang），後者成員包括保羅的前女友艾莉莎·維歐雷（Alissa Violet）。

保羅於2017年發表歌曲〈兄弟，天天來逛逛〉，在

YouTube 上的觀看次數超過兩億，歌詞除了訴說自己的日更生活之外，還趁機狠批維歐雷。維歐雷則和同為威力幫成員的 RiceGum 回敬了一首〈姊妹，天天來逛逛〉。這場爭議大幅提高主流社會對內容創作者的關注，第十隊和威力幫在互嗆中雙雙受惠。

日更時代竄起的網紅喧鬧、粗俗而浮誇，但沒過多久，這種作風威脅到他們的事業，甚至 YouTube 本身的聲譽。2015 年 11 月山姆・佩珀（Sam Pepper）拍了一支「謀殺好友惡作劇」，一時輿論譁然。佩珀在影片裡綁架一名男子，將他綁在椅子上，逼他看好友被蒙面人「殺害」。這基本上是套好招的整人影片，只見被惡整的人動彈不得，前後晃動，絕望哭喊。雖然影片竄紅，但佩珀被媒體嚴加撻伐，連其他 YouTuber 都看不下去，認為他做得太過火。同為 YouTube 明星的伊薩・特威茲（Issa Twaimz）推文說：「拜託 YouTube 處理一下山姆・佩珀，那支影片實在令我反胃，根本不應該出現在網路上。」[14] 但這些關注只引來更多觀眾，佩珀的追蹤人數暴增。

・・・

到 Vine 關閉時，Instagram 上的網紅經濟已經過熱。Instagram 創作者經常把贊助產品放進自己的照片和影片，但很少披露有接受贊助。專門為網紅和廠商牽線的公司

Captiv8說,到2016年,廠商為了網紅行銷,每個月光是在Instagram上就投入超過兩億五千五百萬元。[15]

隨著大筆資金湧入Instagram,平台上的創作者和YouTuber一樣,也費盡苦心製作內容。不同的是,YouTube漸漸走向日更和幼稚的惡作劇,Instagram仍偏好賞心悅目的美學,這種審美觀可以用一種顏色定義:千禧粉紅。

2010年代中期,內容創作者間十分流行「牆面探索」(wall scouting),不斷尋找適合拍美照的背景。保羅·史密斯那面亮粉紅牆成了這段時間的標誌。光是在2016年,就有超過十萬名Instagram用戶上傳在這面牆前拍攝的照片。設計者每年得花六萬元左右維護這面牆,每三個月重新粉刷(史密斯還說,除了中國長城之外,這面牆是世界上被拍攝次數第二多的牆)。保羅·史密斯甚至雇保全守在旁邊,以免有人觸犯規定:不可把腳踩上牆面,不可使用道具,不可變裝,不可使用專業攝影機(雖然很多人不甩這條規定)。毫不令人意外的是,2016年傑克·保羅宣布成立「第十隊」時[16],這個團體選擇在保羅·史密斯的粉紅牆前拍照。

「Instagram牆」的概念紅到變成迷因。很快地,每個活動都會搭設一個臨時牆面供參加者拍照。從2017到2018年,全美各地開始出現所謂「Instagram博物館」(如披薩博物館、冰淇淋博物館),吸引網紅打卡拍照。[17]

色彩亮眼的牆面[18]、精心擺設的拿鐵和酪梨土司[19]、

千禧粉紅的一切[20]，以及經過縝密布局、細心校色、光鮮亮麗的美學，成為Instagram的同義詞。[21]沒有人比網紅更懂得以千禧美學獲利。有人靠出售照相濾鏡賺了幾千元[22]，讓買家能為自己的照片輕鬆校色，符合這種審美模式。

Instagram網紅產業擴大同樣提高人力需求，需要相片編輯、影片剪輯、場堪人員及各種支援組成小型生產鏈。出現「Instagram老公」概念[23]，代表大眾逐漸意識到線上內容製作不易，常需要幕後搭檔搞定一切雜務（如攝影和編輯）。「Instagram老公」和「Instagram男友」成為這種人的代稱，和他們的性別以及與內容創作者的關係未必有關。

「Instagram老公」的概念是2015年出現的。當時傑夫·賀頓（Jeff Houghton）拍了一支假公益廣告上傳YouTube，介紹何謂「Instagram老公」，隨著影片爆紅，這種角色也變得路人皆知。這支影片的觀看次數超過七百萬，採訪「每個Instagram網美背後的」男人（他們無不痛訴成了「人形自拍棒」，為了讓出儲存空間給越來越多的照片，不得不刪掉手機上所有應用程式）。塔可鐘在2018年秋也拿這個哏拍廣告[24]，只見一名男子掛在旋轉木馬上為女友拍美照，說：「我是Instagram男友。不論抓拍、擺拍，還是和牆壁上的翅膀塗鴉合拍──交給我就對了！」

對專職創作者來說，為了賺錢，你得先願意砸錢。高品質的作品固然成本較高，但也可能吸引到檔次更高、出手更

大方的贊助商。但隨著廠商將觸角伸向數以千計的小網紅，較不知名的帳號也開始得到機會。隨著新的行銷資金不斷湧入，而且經費一年比一年高，變現途徑越來越多。

好日子似乎永遠不會結束。

註解

1. Gary Trust, "OMI's 'Cheerleader' Leaps to No. 1 on Hot 100," *Billboard*, July 13, 2015, www.billboard.com/pro/omi-cheerleader-hot-100.
2. Meg Graham, "Don't Judge Challenge: Why Teens Are Getting 'Ugly' for Social Media," *Chicago Tribune*, July 6, 2015, www.chicagotribune.com/business/blue-sky/ct-dont-judge-challenge-bsi-20150706-story.html.
3. Todd Spangler, "Musical.ly's Live.ly Is Now Bigger than Twitter's Periscope on IOS (Study)," *Variety*, September 30, 2016, variety.com/2016/digital/news/musically-lively-bigger-than-periscope-1201875105.
4. "Short Video Service Musical.ly Is Merging into Sister App TikTok," *TechCrunch*, March 2, 2017, techcrunch.com/2018/08/02/musically-tiktok.
5. Dan Rys, "Fresh off a Big Funding Round, Musical.ly Signs Its First Major Label Deal with Warner Music," *Billboard*, June 29, 2016, www.billboard.com/pro/warner-music-group-deal-musical-ly.
6. Aisha Malik, "ByteDance Accused of Scraping Content from Instagram, Snapchat," *Tech Crunch*, techcrunch.com/2022/04/04/tiktok-owner-bytedance-re portedly-scraped-content-from-instagram-snapchat-posted-flipagram.
7. Jon Russell and Katie Roof, "China's Bytedance Is Buying Musical.ly in a Deal Worth $800M-$1B," *TechCrunch*, November 9, 2017, techcrunch.com/2017/11/09/chinas-toutiao-is-buying-musical-ly-in-a-deal-worth-800m-1b.
8. Marc Hustvedt, "YouTube Reveals Original Channels," *Tubefilter*, October 29, 2011, www.tubefilter.com/2011/10/28/youtube-original-channels/.
9. YouTube, "YouTube Creator Clubs," sites.google.com/site/ytcreatorclubs/?pli=1.
10. Andrew Wallenstein, "YouTube Unveils Google Preferred at NewFronts Event," *Variety*, April 30, 2014, https://variety.com/2014/digital/news/youtube-unveils-google-preferred-at-newfronts-event-1201168888/; Maria Yagoda, "You're About to See a Lot More of YouTube Creators Tyler Oakley and Lilly Singh," *People*, September 8, 2015, https://web.archive.org/web/20170811080434/https://people.com/celebrity/lilly-singh-and-tyler-oakley-featured-youtube-creators-new-youtube-ad-campaign/.
11. Mark Bergen, *Like, Comment, Subscribe* (New York: Viking, 2022), 154.
12. Casey Neistat (@casey), "The Pressure of Being a YouTuber," YouTube, May 28, 2018, www.youtube.com/watch?v=G38ixvYVNyM.
13. Geoff Weiss, "David Dobrik Taking Brief Vlogging Break so That His 420th Video Falls on 4/20," *Tubefilter*, April 5, 2018, www.tubefilter.com/2018/04/05/david-

第 15 章　　　赢家
The Winners | 297

dobrik-brief-vlogging-break-420/.
14　Issa (@twaimz), "@youtube please do something about sam pepper because i'm actually sick to my stomach and that should not be allowed on the internet," Twitter, November 30, 2015, twitter.com/twaimz/status/671246139610365952.
15　Sarah Frier and Matthew Townsend, "Bloomberg – Are You a Robot?" *Bloomberg*, August 5, 2016, www.bloomberg.com/news/articles/2016-08-05/ftc-to-crack-down-on-paid-celebrity-posts-that-aren-t-clear-ads.
16　Brie Hiramine, "What Is Team 10? Jake Paul's Social Media Incubator House Debunked," J-14, September 27, 2018, https://www.j-14.com/posts/what-is-team-10-137260; Jake Paul (@jakepaul), "We are officially Team 10 ⑩ @Team10official ⑩ follow us to keep up with the squad ," Twitter, August 6, 2016, twitter.com/jakepaul/status/762006604476583936.
17　Clare Lanaux, "The Museum of Ice Cream Pop-Up Is Now Open in Los Angeles," The Points Guy, April 30, 2017, https://thepointsguy.com/2017/04/museum-of-ice-cream-los-angeles.
18　Michelle Rae Uy, "Los Angeles' 12 Most Instagram-Worthy Walls," Fodor's Travel Guide, December 21, 2017, https://www.fodors.com/news/photos/los-angeles-12-most-instagram-worthy-walls.
19　Jasmine Vaughn-Hall, "These Yummy Avocado Toast Captions Are All You Avo Wanted For Your Pics," Elite Daily, July 25, 2018, https://www.elitedaily.com/p/these-avocado-toast-instagram-captions-are-all-you-avo-wan ted-9879019.
20　Maura Judkis, "Millennial Pink Took over Your Instagram Feed. Now It's Coming for Your Food," *Washington Post*, October 23, 2021, https://www.washing tonpost.com/news/food/wp/2017/08/10/millennial-pink-took-over-your-instagram-feed-now-its-coming-for-your-food.
21　Zachary Carlsen, "16 Latte Art Pros You Need To Follow On Instagram Right Now," Sprudge, February 16, 2023, https://sprudge. com/16-instagram-latte-art-feeds-you-need-to-follow-61430. html.
22　Taylor Lorenz, "Custom Photo Filters Are the New Instagram Gold Mine," *Atlantic*, November 13, 2018, www.theatlantic.com/technology/archive/2018/11/influencers-are-now-monetizing-custom-photo-filters/575686/.
23　@TheMysteryHour, "Instagram Husband," YouTube, December 8, 2015, www.youtube.com/watch ?v=fFzKi-o4rHw.
24　Qiyu Liu (@QiyuLiu), "Taco Bell Instagram Boyfriend Commercial," YouTube, December 1, 2018, www.youtube.com/watch?v=cYaz6LVnKIk.

16 Instagram登上顛峰

Peak Instagram

2016年3月，聯邦貿易委員會（Federal Trade Commission，以下簡稱FTC）對羅德與泰勒百貨公司（Lord & Taylor）展開調查，網紅產業警鈴大作。在此之前，羅德與泰勒百貨曾支付五十名網紅酬金（最高達四千元），請他們在Instagram私人帳號為公司宣傳，但事後沒有揭露。網紅們也都沒有明說相關貼文其實是廣告。

幾十年來，FTC始終要求廣告明確揭露，但相關指引往往落後網路平台發展。FTC並非毫無作為，多年以來，他們已經對部落格上的祕密行銷和贊助內容制訂不少規定，但社群媒體仍是灰色地帶。Instagram早期為了維護平台精神，會懲罰過度露骨的廣告，但過去已是過去。畢竟，贊助內容的重中之重就是要看起來不像廣告。

到2016年夏，監督機關開始點名批評名人和內容創作者涉入廣告詐欺。據彭博社報導，DJ卡利沒有揭露他在Snapchat的詩洛珂（Ciroc）伏特加貼文是廣告。[1]時尚生活

第 16 章　　Instagram 登上顛峰
Peak Instagram

風格部落客卡菈・蘿倫・范・布魯克林（Cara Loren Van Brocklin）也是如此，沒有揭露她的 PCA Skin 防曬乳貼文受廠商贊助。情況類似的還有妲薇・蓋文森（Tavi Gevinson），她在僅僅 11 歲時，就因創立時尚部落格「時尚新秀」（Style Rookie）而成名，不時宣傳她在布魯克林的豪華公寓，卻沒有揭露房東給她租金折扣。

　　擁有大量贊助內容合約的卡戴珊一家也成為箭靶。她們依循內容變現先鋒部落客的策略，把贊助內容融入貼文，打造令人欽羨的網路形象。在大多數名人尚未進軍網路之前，卡戴珊一家便已透過網路直接與粉絲交流，與受眾建立可貴又能夠變現的關係。如金・卡戴珊所說，社群媒體是「我免費的焦點團體」。

　　卡戴珊家對線上世界的投資顛覆了現代名人的模式。金・卡戴珊不僅推出手機應用程式，還發行專屬表情貼「金表情貼」（Kimoji），賺進幾百萬元（她當時的丈夫有句名言：「咱一分鐘賺一百萬。」）克蘿依・卡戴珊（Khloe Kardashian）創立服飾品牌 Good American。凱莉・詹納不僅創立美妝及護膚品牌「凱莉美妝」（Kylie Cosmetics）[2][3]，在她透露注射豐唇填充劑後，英國詢問那種注射劑的人二十四小時內增加七成。2018 年她推文宣布不再使用 Snapchat，Snapchat 的市值一夕蒸發十三億。[4]

　　回到 2016 年，在聯邦貿易委員會找上羅德與泰勒百貨

之前幾個月，消費者保護非營利組織「廣告真相」（Truth in Advertising）便已寄「法律信函」給卡戴珊家，指責她們沒有「依聯邦法律要求」揭露贊助內容合約，並投訴Puma、卡文克萊（Calvin Klein）、卡爾・拉格斐（Karl Lagerfeld）、雅詩蘭黛（Estée Lauder）等二十七家公司。廣告真相警告：如果卡戴珊家不撤除贊助貼文，他們將向FTC舉報。幾天後，考特妮（Kourtney）、凱莉、克蘿依・卡戴珊近期的貼文都加上主題標籤「＃廣告」。

在長長的貼文底下標示短短的「＃廣告」看似無關痛癢，可是在網路創作者世界是驚天動地的大事。有些網紅得靠不公開揭露的代言費維持生計。創作者擔心一旦揭露收了哪些廠商的錢，不但顯得有失真誠，還會被觀眾唾棄。即使是最重視公開透明的網紅，對揭露資訊也忐忑不安，唯恐在廣告客戶未明確要求時這樣做會得罪客戶。至於廣告客戶，他們擔憂的是消費者發現網紅的貼文其實是廣告之後，購買意願會一落千丈。總之，不論是網紅或廣告客戶，都認為揭露資訊是這種商業模式的喪鐘。

到2016年，Instagram基本上已不再干預贊助內容，只偶爾制止打廣告過頭的廠商和網紅。雖然Instagram還是不准大剌剌地狂灑垃圾廣告，但已無意阻止快速成長又有影響力的用戶賺錢。何況廠商活躍對平台有益無損，不但能拉抬Instagram本身的廣告費率，也能讓更多人看見Instagram。

於是，整頓這門生意的責任就落到FTC頭上。2017年4月，FTC對廣告客戶和內容創作者提出警告，寄了總共九十多封信函給多位名人、運動員、內容創作者和他們合作的廠商，訊息很明確：揭露贊助資訊，否則後果自負。

難道要讓幾百萬元的行銷活動變成令人頭痛的官司？這是廣告客戶最不樂見的事。網紅行銷經紀公司德爾蒙朵（Delmondo）前執行長尼克・希瑟洛（Nick Cicero）對彭博社說：「多年以來，監管真的非常、非常鬆，你可以規避掉許多規範。」[5]但現在，他請所有客戶一律使用主題標籤「＃廣告」，無一例外。

Fohr公司的詹姆斯・諾德說，FTC出手之後，業內一夕風雲變色。「如果Fohr經手的廠商宣傳貼文沒有揭露是廣告，他們可以禁止我們做贊助貼文兩年。」他說：「這會毀了我們。所以，每一家和網紅合作的經紀公司和廠商都嚴肅以對。我們開始逼網紅揭露。雖然網紅不想揭露，但我們非讓他們這樣做不可。」

2017一整年，越來越多創作者開始公開揭露贊助資訊。YouTuber說明開箱影片有收費；Instagram創作者言明酒店招待他們入住；Musical.ly明星揭露他們的穿搭是服飾品牌付費宣傳。

為提高贊助內容的透明度，讓用戶更能分辨付費和非付費貼文，Instagram本身也設計出新的功能，在用戶為廠商

或產品發布的贊助貼文或限時動態上顯示「付費合作」。[6]

諾德表示：「業界憂心忡忡。」創作者和廣告客戶都很擔心公開揭露會造成嚴重打擊，毀掉內容創作者世界賴以運作的一切。「大家認為這種行銷之所以這麼有效，是因為它感覺不像廣告。」諾德說：「一旦明說這是廣告，就沒那麼有效了。」

隨著「付費合作」標示和主題標籤「#廣告」出現，業界屏息以待，等著看參與度雪崩，廣告客戶和創作者也做好收入驟降的心理準備。

媒體和科技業許多人為網紅即將沒落額手稱慶。矽谷創投人士和記者幸災樂禍，嘲笑網路創作者終於會去做「真正的工作」。2017年一篇尖刻的報導說：「（網紅）總是急著證明靠影響力吃飯是正經生意，但沒人知道他們除了自拍以外還會幹什麼。」[7]

但巨禍並未降臨。

「我們都等著看，但什麼也沒發生。」諾德說：「一切正常得令人吃驚。沒有人的參與度變低。」

廣告客戶和創作者面面相覷。追蹤者似乎不但不在意他們的貼文是否有人贊助，一部分追蹤者對贊助內容的參與度甚至更高。諾德說：「我們誤判的是：觀眾其實認為這樣很棒，他們樂見自己聽過也欣賞的廠商和自己崇拜也追蹤的創作者合作。」

這段插曲顯示：追蹤者喜愛社群媒體明星的程度，勝過對廣告的厭惡。受眾對網路創作者已經產生深厚的情感，足以讓他們愛屋及烏，正面看待廠商合作，為創作者拿下越來越大的合約高興，也感到自己對喜愛創作者的成功有所貢獻──確實如此：在廠商考慮合作人選時，追蹤數和參與度都是重要參考。

在FTC發布規定之前，大多數創作者對廠商合作慎之又慎；知道追蹤者不介意他們接廣告、甚至樂觀其成之後，他們再無顧忌。

「等到他們開始公開揭露贊助資訊，也發現觀眾沒有棄他們而去，就像打開了水閘。」諾德說：「他們覺得自己像是得到許可，貼文原本只有5%到10%是贊助內容，一下子變成有40%是贊助內容。」一時，人人都想知道如何變現。「創作者世界的競爭這時才真正開始。大家都想知道誰拿到哪些合約、誰在成長、誰沒成長、行情多少。」他說。

FTC為創作者送上一份大禮。

・・・

到2017年，廠商已充分了解網路創作者的實力。只要能找對網紅發對貼文，就能賣光全部產品。既然如此，何不更進一步？何不按照網紅的風格設計商品？

諾斯壯是美國最早一批親眼見識網紅驚人實力的公司。

看見英國時尚品牌 Topshop 與凱特・摩絲（Kate Moss）合作大獲成功，諾斯壯深受啟發，也找街頭風偶像卡洛琳・伊薩（Caroline Issa）合作，宣傳公司推出的新產品線（價格在 195 到 2,995 元之間）。翌年，諾斯壯找上奧莉維雅・巴勒摩，一起在特定商店和網路上販售服裝系列，為期一年（她在名媛排行榜由紅翻黑之後，先是成為實境秀明星，此時又變身街頭風大師）。2017 年，諾斯壯已準備好直接與網紅合作，由網紅構思和設計產品，諾斯壯負責後端生產和鋪貨。等到產品在零售店和網路商店上架，再由網紅向追蹤者推銷。

在這段時間，從事網紅行銷的廠商別無所求，只要能看到擁有大量粉絲的俊男美女討論自家產品，便已心滿意足。但諾斯壯在行銷上一向領先群倫，他們會仔細研究銷售數據，思考如何擴大合作範圍。

「他們和大多數公司不同，會細心觀察找網紅宣傳實際上能增加多少銷售量，以及原因何在。」[8] 網紅行銷公司 Heartbeat 共同創辦人凱特・愛德華茲（Kate Edwards）對網媒 Glossy 說：「他們用這些數據決定該找誰合作，不像大多數公司那樣只看網紅可不可愛、追蹤數多少。」

30 歲的艾瑞愛爾・查納斯（Arielle Charnas）對網紅行銷並不陌生。她在長島長大，2009 年創立時尚部落格「Something Navy」。她在米特帕金區（Meatpacking District）的服裝店 Theory 工作，經常上傳自己的時尚穿搭，展示流行

第 16 章　　Instagram 登上顛峰
Peak Instagram

服飾和必備配件。查納斯的文字高雅脫俗，卻又和藹可親，種種特色讓她在 2010 年代初成為當紅時尚部落客。

不少部落客在 2015 到 2016 年轉戰 Instagram，查納斯也是其中之一。這波網路移民潮讓 Instagram 風格丕變，重心從你所拍攝的照片，**轉變成以你為主角的照片**。查納斯從部落格時期便有廠商登門合作，有多年廣告經驗。2015 年，她與 TRESemmé 簽訂為期數年的代言合約，還為這家美髮品牌拍攝電視廣告。

2017 年初，在諾斯壯和查納斯接洽時，她在 Instagram 已即將突破百萬追蹤。由於查納斯也很想成立自己的服飾品牌，雙方一拍即合，商定由查納斯為諾斯壯的子品牌 Treasure & Bond 設計三十件服飾和配件，由公司的零售店獨家販售。在合作開發的幾個月中，查納斯不時吊粉絲胃口，不僅在 Instagram 限時動態發布幕後照片和影片，還讓他們投票選擇圖案和配色，親身參與設計過程。

於是，這一系列商品還未上市便已引起廣泛討論，等到 2017 年 9 月正式上架，諾斯壯官網立刻湧入查納斯粉絲的大量訂單，幾乎每一件都在幾分鐘內售罄，全系列二十四小時內賺進超過一百萬元。粉絲紛紛到查納斯的留言區求她補貨，沒過多久，這些商品在 eBay 以雙倍價格出售。《女裝日報》報導說：「短短二十四小時內，她居然為諾斯壯賣出超過一百萬元的商品，這樣的成績在網紅界幾乎前所未聞。」

查納斯向廠商和零售店證明：與網路創作者合作可以帶來龐大商機。在此之前，廠商多半只把網紅當推銷手段。在YouTuber或Instagram網紅身上下廣告原本只是錦上添花，是商品設計和製作完成之後的最後一步。

　　查納斯的成功讓人們看見：如果能讓網路創作者更早加入，給予他們更大的揮灑空間，可以進一步放大合作效益。創作者之所以是廠商的好夥伴，不只是因為他們觸及率高又別具一格。查納斯這樣的創作者和電影明星不一樣，他們不只受追蹤者愛戴，更深知追蹤者的品味和偏好，沒有人比他們更清楚什麼商品能打動他們龐大的粉絲。創作者能實現零售商直接接觸市場的夢想。

　　「身為網紅，我的平台讓我聽見追蹤者的聲音，讓我看見他們對我Instagram上的什麼東西特別感興趣。這些數據是我的資源，讓我得到最真實的回饋。」這一系列商品發布之後，查納斯在芝加哥一家諾斯壯商店的見面會上說：「我們覺得自己有義務善用這可貴的知識，為我的追蹤者帶來他們喜歡的東西……我們希望能在這次成功的基礎上，繼續用心聆聽我可愛的觀眾。」

　　到2017年9月，諾斯壯官網手機版的推薦流量已有八成來自網紅[9]，其中出自聯盟行銷平台RewardStyle的占79％。諾斯壯乘勝追擊，立刻安排為查納斯全系列重新補貨，準備12月再次上架。

最後，諾斯壯邀請查納斯主持一個獨立品牌，以她的部落格名稱命名為Something Navy。查納斯在Something Navy再創佳績，為公司賺進幾百萬元，讓諾斯壯在往後幾年更傾向這種策略，和更多內容創作者建立合作關係，相繼與克莉絲莉・林（Chriselle Lim）、布萊兒・伊迪（Blair Eadie）、茱莉亞・恩格爾（Julia Engel）等網紅聯手出擊。

諾斯壯和其他廠商擴大合作方式，開始與幾乎所有類型的創作者互動。每一篇贊助內容都有推薦碼，讓諾斯壯能追蹤每個創作者的轉換率，也讓創作者能進一步從他們促成的銷售中獲益。諾斯壯有心尋找不同規模的網紅合作，從YouTube訂閱數達七十三萬六千人的亞莉姍德莉亞・加爾薩（Alexandrea Garza），到YouTube訂閱數七萬一千人的施雅・惠特尼（Shea Whitney），都是他們亟欲網羅的明星。為了宣傳年度促銷，諾斯壯也提供Instagram明星推薦碼，並邀請YouTube創作者拍片暢談購物經驗，還付錢請美妝及生活風格內容創作者和部落客發文，在Instagram限時動態和YouTube展示他們的諾斯壯戰利品。

諾斯壯也開始和「微網紅」（micro-influencers，只有幾千人追蹤的網紅）與地方網紅合作，一起推出特色產品，希望能在關鍵地方市場再創查納斯的佳績。

例如在2018年5月，達拉斯地方新聞網站報導：「諾斯壯的新夏裝看起來有濃濃的德州風，這並不令人意外，因為

它和達拉斯有關。」Gibsonlook服裝系列找生活風格創作者凱西・弗里曼（Cassie Freeman）合作，一起推出限量版女裝，由諾斯壯官網獨家販售（弗里曼除了經營時尚部落格之外，在Instagram上也有數萬名追蹤者）。[10]

弗里曼的服裝系列非常暢銷，這次經驗也令她大開眼界，發現原來可以和廠商在更深的層次合作。她說：「我記得（Gibsonlook創辦人）蘇西（Suzie Turner）寄電郵和我談合作的時候[11]，我以為她想做的是Instagram宣傳或小型贊助。所以你可以想見，當我得知她想用我的風格設計一整個服裝系列，我有多麼驚訝！」

• • •

隨著越來越多網紅試圖將自己商品化，管理公司紛紛應運而生。2010年，數位品牌建築師（Digital Brand Architects，以下簡稱DBA）成立，到2010年代中，它已是首屈一指的生活風格網紅管理公司。DBA的姊妹經紀公司數位品牌產品（Digital Brand Products）戰績輝煌，多次談下備受矚目的合作案，諾斯壯之所以能與查納斯、「當女孩遇上魅力」（Gal Meets Glam）的茱莉亞・恩格爾，以及瑞秋・帕塞爾（Rachel Parcell）合作，都是拜它之賜。

DBA在業界率先把網紅當創業家看待。在矽谷男人幫為YouTube明星野獸先生（MrBeast）喝采，讚美他將創作者

第16章——Instagram 登上顛峰
Peak Instagram

的產品主流化的五年多以前[12]，DBA及其代表的女性已經開始創立日用品品牌。雖然當時大眾和大多數媒體不把女性網紅放在眼裡，但DBA已經看出她們是商業人才。DBA的客戶有92%是女性，公司團隊有94%是女性。

隨著DBA最早服務的一批網路名人結婚、購屋、生子，公司也透過產品和授權部門協助她們進軍鍋具、日用品等市場。[13]DBA總裁凡妮莎・弗萊赫迪（Vanessa Flaherty）說：「從內容創作、品牌合作、產品開發到舉辦活動，我們扮演策略顧問的角色，為創作者提供服務⋯⋯她們已經擴大版圖，跨出傳統變現途徑，開始建立自己的品牌、投資新創事業或創業。」2018年，DBA與創業家麥可・伯斯提克（Michael Bosstick）一同創立播客頻道「親愛的媒體」（Dear Media），有心以播客為女性網紅的跳板。[14]

「我們將近十年前創立DBA的時候，創作者經濟還不存在。」DBA執行長芮娜・潘彰斯基（Raina Penchansky）說：「而現在，女性能買房子，能投資其他女性的公司。協助女性在自己的事業上成長是我們的DNA。」

2019年，DBA被聯合藝人經紀公司收購，這家管理公司在這個領域的龍頭地位更加穩固。

• • •

2010年代末贊助內容盛行，也造成一些奇怪的現象。

僅僅幾年以前，廠商恐怕怎麼想也想不到會出現這等怪事。

2018年，內容創作者帕拉克・喬希（Palak Joshi）上傳一張看似標準贊助內容的照片：相片從上方拍攝，背景是混凝土，主角是光可鑑人的白色盒子，上頭印有中國手機製造商「一加」（OnePlus）的紅色商標。貼文裡有這支新款Android手機行銷活動的主題標籤，還標記一加的Instagram帳號，與這家公司及其他內容創作者發布的宣傳幾乎一模一樣。然而，喬希的貼文並不是廣告。她對我說：「看起來像贊助內容，其實不是。」[15] 追蹤喬希的人以為這只是另一則贊助貼文，但她說：「他們以為什麼都是贊助的，不是贊助的也以為是贊助的。」喬希說她就希望大家這樣想。

接受贊助不再被認為是出賣自己。到2018年，廠商合約已經成為身分地位的象徵。如果廠商開給你不錯的合作條件，大家會認為你成功了；如果沒有，就代表你不是個角色。內容創作者開始假造贊助內容。洛杉磯生活風格網紅希德妮・普伊（Sydney Pugh）為當地一家咖啡廳做假廣告，她自己買杯咖啡，拍照上傳，加上像極宣傳文案的說明，讓貼文看起來像贊助內容。「我不寫什麼『我需要咖啡撐過一天』，我會寫『我喜歡阿佛列德家的咖啡，因為如何如何』，」普伊說：「贊助貼文千篇一律都是這種內容，很容易模仿，就算他們沒付你錢你也會寫。」

創作者自費享受豪華假期，但貼文卻像接受航空公司和

酒店招待。他們標記身上的衣服，推銷桌上的美食，彷彿全部都由廠商買單。

2018年中，克里斯汀・迪奧（Christian Dior）重新推出經典馬鞍包時大舉宣傳，不僅贈送許多創作者價值兩千元以上的包包，還付錢請他們在社群媒體發文。孰料這場宣傳一團混亂——完美反映失序的網紅行銷狀態。有些創作者收到費用，理應協助宣傳包包，卻沒有揭露他們受邀參加活動；也有創作者根本沒有受邀，卻自己買了包包拍照上傳，而且貼文寫得像自己有參加活動，還加上主題標籤「＃廣告」。

雖然FTC明確規定付費廣告必須誠實揭露，卻沒有禁止創作者把貼文偽裝成付費廣告。身兼插畫家和Instagram創作者的莫妮卡・阿哈諾努（Monica Ahanonu）對我說，那段時間假贊助內容猖獗，她根本分不出哪些是贊助內容、哪些不是。〔16〕

從小在這種環境成長的Z世代，是最常偽造贊助內容的族群之一。「大家會假裝有廠商合作，好讓別人覺得自己很了不起。」一名15歲少年對我說：「這是能拿來炫耀的事，感覺就像『我和你們這些魯蛇不一樣，我的是免費的，你們得花錢買』。」

「我們為NARS辦了一場大宣傳，結果一大堆貼文加了『＃廣告』的人根本沒參加活動。」詹姆斯・諾德說：「我們要他們撤掉，對他們說『你們沒有受邀參加活動』，但假造

贊助貼文已經變成一種追求肯定的方式。」

「在網紅的世界，獲得贊助是勳章。」生活風格年輕網紅布萊恩・潘陶（Brian Phanthao）說：「你得到越多贊助，就越有威望。高中小鬼常做這種事，他們很受網紅影響。」

行銷人員對這種免費宣傳多半樂觀其成，但高級品牌深感困擾，擔心青少年和不入流的內容創作者一再這樣蹭活動，表現得像是有受邀合作，久而久之會讓自家品牌跟著貶值。有的公司為了反制，乾脆明確列出「官方合作者」，或是用自家 Instagram 帳號加強曝光有合作關係的創作者。但特地查核的用戶少之又少，冒牌貨繼續大行其道。

・・・

2018 年，世界廣告主聯盟（World Federation of Advertisers）的調查發現：全球 65% 的廣告主預計在未來 12 個月提高網紅行銷經費。然而，隨著越來越多野心勃勃的創作者投入贊助內容淘金潮，這個產業的基礎建設開始顯得不足。

隨著相關需求越來越大，一下子出現好幾百家網紅管理和行銷公司，提供仲介服務。光是 2017 年就成立四百二十多家，翌年更暴增一倍。

這些新公司的運作方式幾乎一模一樣：內容創作者先將自己的社交媒體檔案和網紅行銷平台同步，再由平台察看社群媒體 API 提供的資料，評估創作者的追蹤數和其他分析數

第 16 章　　Instagram 登上顛峰
Peak Instagram

據。創作者提交受眾的基本人口統計資訊、自己專精的主題（如生活風格、美食、美妝），並寫下自己的收費標準。

　　於是，廠商辦宣傳活動時可以參考這些資料庫，以年齡、追蹤數、居住地區、收費等標準篩選數千名創作者。網紅行銷和管理平台對中小型創作者最有幫助，因為追蹤數一千萬以上的明星通常有專屬經理人和經紀人，為他們尋找和洽談合作。對其他人來說，透過網紅管理與行銷平台尋找合作機會較為簡單。

　　這些平台舉辦活動有的固定收費，有的向廠商抽成。舉例來說，可口可樂這樣的公司可能會支付網紅行銷平台十萬元，請他們針對 25 到 40 歲的女性進行宣傳。這家網紅行銷平台接案之後，會聯絡能觸及目標受眾的網紅，協調他們發文，確保創作者使用廠商提供的正確行銷文案，並在活動完成後發放酬金——當然會先抽成。

　　雖然這門生意利潤豐厚，內容創作者仍然受到層層剝削。由於網紅現在透過仲介尋找合約，他們不得不受仲介擺布。有些行銷仲介根本不付內容創作者錢，或是在活動之後拖延付款超過半年、甚至一年。[17]

　　環境再次改變。由於競爭日趨激烈，創作者必須墊付部分費用才能參加廠商宣傳。舉例來說，他們必須自己訂機票參加宣傳活動，再向公司申請報銷。

　　商人紛紛擠向網紅市場出現的縫隙。對行銷人員而言，

將責任外包給各式各樣的小經紀公司更省錢、也更有吸引力，這些小經紀公司也不負所望，不斷擴大創作者服務次級市場的規模和重要性。事態演變得太快，標準和規範根本趕不上。有時候網紅以為拿到合約能大賺一筆，到頭來卻一無所得。在這種時候，不論你用了多少濾鏡，最後剩下的就只有藍色。

註解

1 Sarah Frier and Matthew Townsend, "FTC to Crack Down on Paid Celebrity Posts That Aren't Clear Ads," *Bloomberg*, August 5, 2016, https://www.bloomberg.com/news/articles/2016-08-05/ftc-to-crack-down-on-paid-celebrity-posts-that-aren-t-clear-ads.

2 譯註：凱莉・詹納和金・卡戴珊及克蘿依・卡戴珊同母異父，因此姓氏不同。

3 Emma Akbareian, "Kylie Jenner Lip Filler Confession Leads to 70% Increase in Enquiries for the Procedure," *Independent*, May 7, 2015, www.independent.co.uk/life-style/fashion/news/kylie-jenner-lip-filler-confession-leads-to-70-rise-in-enquiries-for-the-procedure-10232716.html.

4 Kaya Yurieff, "Snapchat Stock Loses $1.3 Billion after Kylie Jenner Tweet," CNN

Money, February 22, 2018, money.cnn.com/2018/02/22/technology/snapchat-update-kylie-jenner/index.html.
5. Frier and Townsend, "FTC to Crack Down."
6. Rich McCormick, "Instagram Tries to Beat Secret Celebrity #Sponcon with New Label," *Verge*, June 14, 2017, www.theverge.com/2017/6/14/15799024/instagram-sponsored-posts-label.
7. Paul Pastore, "Influencers Are Upset about Being Stigmatized for Sponsored Content," CR Fashion Book, May 3, 2017, crfashionbook.com/celebrity-a9600107-influencers-ftc-sponsered-content-fatigue/.
8. Katie Richards, "Nordstrom Is a Unicorn: How the Department Store Finds Success with Influencer Collabs," *Glossy*, June 3, 2019, www.glossy.co/fashion/nordstrom-is-a-unicorn-how-the-department-store-finds-success-with-influencer-collabs/.
9. Rachel Strugatz, "Digital Download: The Power of Influencer Referrals," *WWD*, September 19, 2017, wwd.com/feature/influencers-chriselle-lim-man-repeller-leandra-medine-reward-style-drive-traffic-and-sales-10994073/.
10. Stephanie Merry, "Popular Dallas Blogger Fashions Chic Summer Collection with Nordstrom – CultureMap Dallas," Dallas Culture Map, May 31, 2018, dallas.culturemap.com/news/innovation/05-31-18-blogger-hi-sugarplum-gibson-nordstrom-summer-collection/#slide=0.
11. Merry, "Popular Dallas Blogger."
12. John Coogan (@JohnCooganPlus), "Why Billionaires LOVE MrBeast," YouTube, January 17, 2022, www.youtube.com/watch?v=uMr-9MfDOI0.
13. Alexa Tietjen, "DIGITAL DOWNLOAD: How DBA Fosters Successful Influencer Brands — Offline," *WWD*, August 9, 2019, wwd.com/feature/digital-brand-architects-influencer-brands-gal-meets-glam-1203235581/.
14. Taylor Lorenz, "How Dear Media Reinvented Internet Celebrity," *Washington Post*, January 2, 2023, www.washingtonpost.com/technology/2022/12/29/dear-media-women-podcasts.
15. Taylor Lorenz, "Influencers Are Faking Brand Deals," *Atlantic*, December 18, 2018, www.theatlantic.com/technology/archive/2018/12/influencers-are-faking-brand-deals/578401.
16. Lorenz, "Influencers Are Faking Brand Deals."
17. Taylor Lorenz, "When a Sponsored Facebook Post Doesn't Pay Off," *Atlantic*, December 26, 2018, www.theatlantic.com/technology/archive/2018/12/massive-influencer-management-platform-has-been-stiffing-people-payments/578767/.

17 廣告末日
The Adpocalypse

當網紅產業在Instagram如日中天，YouTube出手大力整頓它的創作者生態系。

2017年情人節，《華爾街日報》的一篇報導在網路掀起熱議：〈YouTube明星PewDiePie發表反閃族貼文，迪士尼壯士斷腕，終止合作關係〉。[1] PewDiePie本名菲利克斯・謝爾貝格（Felix Kjellberg），27歲，瑞典人，是YouTube上訂閱人數最多的網紅。《華爾街日報》在報導中如實描繪了他的好幾支影片。

到2017年，PewDiePie的YouTube頻道已有超過五千三百萬人訂閱，不僅合作收入高達數百萬元，還被迪士尼旗下首屈一指的MCN創作者工作室簽下，YouTube出資的實境節目《PewDiePie恐怖秀》（*Scare PewDiePie*）第一季也大獲成功。此外，謝爾貝格已入選YouTube精選計畫，和其他菁英YouTuber一樣有資格參加薪酬豐厚的廣告活動，也享有其他好處。

謝爾貝格的成功之道是穩定更新喜劇短片、電玩直播和評論影片，對迷因文化和網路風向瞭若指掌。粉絲說他的影片迷人之處就在於「尖銳幽默」（edgy humor）。

可是出了粉絲圈，社會輿論對他的玩笑另有看法。《華爾街日報》指出，PewDiePie 近期上傳的九支影片有反閃族玩笑或納粹圖像。2017 年 1 月 11 日的影片尤其令人不敢恭維：PewDiePie 付錢在印度找了兩個人拿標語，上面寫的是「猶太人全部去死」。

這支影片是 YouTube 日益升級的惡作劇風潮的新橋段。創作者會上零工媒合網站 Fiverr 隨機找不知情的人，付錢雇他們參與惡作劇。

許多粉絲認為這種橋段就像社會評論，重點是讓觀眾看見多少人（尤其是發展中國家的人）利令智昏，願意為了錢在網路上做出極端的事。謝爾貝格說他原本不認為他雇的人真的會聽命行事，連「猶太人全部去死」這種標語都願意舉，他的粉絲也樂於接受他的說詞。可是在粉絲圈外，大家認為這個惡作劇爛透了。

《華爾街日報》刊出文章後，謝爾貝格遭到前所未有的強烈反彈。創作者工作室立刻與他切割，YouTube 取消他的實境節目第二季。影片裡的那兩名印度人公開道歉，說他們英文不好，不曉得那句話的意思。

謝爾貝格則認為這起爭議是惡意攻擊，為此深表挫折，

在為自己辯護的影片裡說：「他們講得像是我拍了一支影片，說：『哈囉，各位，我是PewDiePie。猶太人全部去死。來，請大家跟我說一遍：猶太人全部去死。喔對了，希特勒是對的。我真的看清白人優先才是王道。我認為大家現在應該付諸行動了。』他們基本上就是這樣報導的，好像我講了這些話一樣。」

在PewDiePie這波爭議幾個月後[2]，YouTube頻道DaddyOFive的麥可（Michael）和希瑟・馬丁（Heather Martin）也引起公憤，因為他們把惡作劇嚇小孩的過程拍下來上傳。馬丁夫婦原本是V落客，後來才主打惡作劇。例如他們會把隱形墨水倒在地毯上，再賴給兒子科迪。只見希瑟把科迪叫進房間怒罵：「看你幹的好事！」而科迪在父母責備下哭喊：「我對天發誓不是我弄的！」最後，科迪滿臉通紅，跌坐在地。

面對眾怒，馬丁夫婦試圖開脫，說影片都是套好招的，全家只是演戲而已，但網路觀眾不買帳。由於馬丁一家住在馬里蘭州，幾千名Reddit用戶向當地兒童保護機構提出檢舉。法庭下令暫時停止親權，馬丁夫婦好一陣子沒再拍片。[3]他們的兒子後來回到YouTube，開了一個較溫和的頻道叫「馬丁一家」。

然而，正如記者愛美莉雅・泰德（Amelia Tait）的觀察，這些反彈未能遏止惡作劇風潮。[4]她在2017年談YouTube惡作劇文化的文章中說：「男友假裝把女友的貓丟出窗外，

爸爸騙媽媽兒子死了，還有YouTuber故意踩陌生人的腳惹是生非。有些假裝搶劫的人的確遭到逮捕，但在此同時，他們的訂閱人數持續上升，甚至到達幾百萬人。」演算法決定了一切。

• • •

YouTube很早就開始為創作者的影片爭取豐厚廣告利潤，幾年下來，YouTube的成功已遠遠超出自己的想像。廣告客戶樂意為頂尖創作者出高價，而創作者不僅賺進百萬報酬，也獲得百萬訂閱。對年輕世代來說，PewDiePie這些YouTuber比電影明星還紅。可是在他們頻頻掀波之後，事實證明他們不僅是資產，也可能成為負債。許多人長年發表爭議內容，卻一直沒有受到懲罰。

YouTube的演算法已經把PewDiePie和其他爭議創作者捧上天。不過，雖然YouTube影片的粗俗和剝削十分刺眼，可是和臉書和推特演算法放大的內容相比，YouTube的社會影響微乎其微。

多年以來，記者對臉書和推特的報導一向偏正面，可是在2016年大選之後，記者開始嚴格檢視兩家平台在選前如何影響政治風向。民主黨急於尋找唐納·川普大爆冷門贏得選舉的原因，看見臉書涉入其中的證據一一浮現，他們越來越為憤怒。臉書似乎助長假新聞傳播，還將用戶蒙在鼓裡，

讓有問題的政治顧問機構取得他們的個資。此外，臉書的演算法獨尊參與度，推廣偏激內容，放大惡劣用戶的影響力。推特的演算法也不遑多讓——從川普競選期間的表現就能看出，他的推特帳號就是他最強大的資產。

從班‧夏皮洛（Ben Shapiro）、麥可‧塞諾維奇（Mike Cernovich）到米羅‧雅諾波魯斯和蘿倫‧索頓（Lauren Southern），川普陣營吸引了一批極右派酸民和內容農場主，最後全都變成社群媒體政治網紅。這群用戶一邊透過社群媒體貼文、臉書、YouTube影片和直播鼓吹MAGA，一邊又用與一般創作者和網紅無異的方式賺錢。

隨著推特和臉書成為選後主要焦點，人們開始從政治角度審視YouTube的爭議。PewDiePie的部分內容同樣令人搖頭[5]，和推特上搧風點火的極右派酸民相去不遠。雖然謝爾貝格抗議外界扭曲他的影片，刻意無視其中的惡作劇脈絡，但YouTube本身也陷入爭議。

除了前述《華爾街日報》的文章以外，還有其他報導揭露YouTube令人不安的作為。YouTube內部吹哨者指控公司的推薦引擎不僅推送極端內容，還鼓勵充滿陰謀論的內容。倫敦《泰晤士報》調查後發現[6]：包括賓士、滙豐（HSBC）、萊雅（L'Oréal）在內，幾百家大型跨國企業的廣告被胡亂投放，出現在伊斯蘭國、戰鬥18（Combat 18，親納粹暴力團體）等恐怖組織的YouTube影片中。

這場媒體風暴讓許多公司重新評估自家的YouTube廣告策略。由於YouTube沒有編輯審查，大公司其實一直知道在那裡下廣告有風險。他們之所以還是願意冒險一試，是因為YouTube有如孤島，引起反彈的機會似乎不高，而且能讓他們接觸到其他地方接觸不到的年輕受眾。然而，YouTube和它的創作者現在非但不再低調，還因為各種錯誤的原因成為目光焦點。

廣告客戶紛紛離去，YouTube的資金開始流失。2017年3月，美國兩大廣告客戶AT&T和嬌生表示：由於YouTube無法保證廣告不會出現在仇恨言論和冒犯內容上，他們將停止在YouTube和其他Google平台下廣告。[7]威訊和租車公司Enterprise立刻跟進。不少英國廣告客戶也跟著退出，要求YouTube徹底改變投放廣告的方式。

英國廣告商聯合會（ISBA，Incorporated Society of British Advertisers）執行長菲爾・史密斯（Phil Smith）對《衛報》說：「不論Google的編輯策略是什麼，廣告應該只投放在對廠商無虞的內容上⋯⋯Google應該確保內容在適當分類之前保持隔離。」[8]

Google承擔不起廣告流失的後果，畢竟他們前一年之所以能淨賺195億元，主要就是歸功於廣告生意興隆。Google商務總監菲利普・辛德勒（Philipp Schindler）在部落格發文，試圖平息廣告客戶的擔憂。

這篇貼文以捍衛創作者生態系開頭。「網路已經為新社群和平台打開大門，幫助人們看見不一樣的觀點，也提出自己的見解。」辛德勒寫道：「今天，有智慧手機就能成為內容創作者……Google已經讓無數內容創作者和出版者獲得聆聽、找到受眾、自食其力，甚至建立事業。這項成就有很大一部分是透過廣告達成的。我們的廣告網每天增加幾千個網站，YouTube每分鐘有超過四百小時的影片上傳。我們有責任保護這片充滿活力和創意的天地，讓剛剛起步的創作者和站穩腳跟的出版者都能表達自我——即使我們未必同意他們的看法。」[9]

接著，辛德勒承認公司對廣告客戶也有責任。他為廣告被投放在冒犯內容和仇恨言論致歉，也承諾全面檢討公司的廣告策略和工具。公司也表示將做出改變，讓廠商更能控制他們的廣告投放在哪些內容上。

YouTube收緊規定造成龐大的漣漪效應，這場巨變被網路創作社群稱為「廣告末日」（Adpocalypse），幾乎衝擊每一名知名創作者。頂尖YouTuber馬上發現廣告收入驟降，有些影片和頻道被關閉營利，而且原因往往不明。對花費好幾年時光才了解YouTube的節奏和演算法的創作者來說，這些改變令人無所適從。他們得靠YouTube維持生計，誰知道一夕間風雲變色。

謝爾貝格在創作者間一向心直口快，直言自己在這場爭

議後收入大減。不僅PewDiePie那種類型的Youtuber受害，網路每一個角落的創作者都為收入驟減驚慌。YouTuber漢克・葛林創立非營利組織網路創作者公會（Internet Creators Guild），為網路內容創作者發聲。公會調查幾十名創作者後發現：收入損失已經嚴重到足以讓許多創作者的事業全部歸零。[10] 有創作者在創作者公會影片底下寫道：「我的廣告收益在2015和2016年大幅下降，不到以前的一半。情況非常令人沮喪。」

　　伊森（Ethan）和希拉・克萊恩（Hila Klein）的談話頻道h3h3productions，在YouTube同類型頻道中一向享有高知名度，但他們在2017年5月表示：遭到抵制之後，進帳只剩先前的15%。將YouTube評論與新聞頻道經營得有聲有色的菲利普・德佛蘭科也說，在廣告客戶杯葛之後，他的收入驟降八成。雖然幾個月後稍有改善，但德佛蘭科的收入到4月中仍少了三成。[11] 進步派新聞評論員大衛・帕克曼（David Pakman）也是如此，他說自己的廣告收益減少了99%。

　　創作者遭受重創，開始自組群組聊天室交換情報。他們為YouTube的變化困惑，也不知如何避免牴觸篩選標準。舉例來說，YouTube現在讓廣告客戶過濾影片，排除含有「悲劇或衝突」、「敏感社會議題」或「性暗示」的內容。演算法掃描創作者的內容之後，如果認定影片屬於上述廣泛的分類，那些影片就會失去收益。但這樣一來，大學裡教《馬克

白》（Macbeth）的課程影片還能不能過關？《星際大戰》新片的預告片呢？拍片分享怎麼做巧克力餅乾會不會遭到抗議，因為非洲許多可可豆農民受到剝削？沒人知道怎麼做才能不受影響。

「提供廣告客戶新選擇的結果，是讓我們大多數人沒有廣告。」2017年4月，伊森・克萊恩在推文中說，同時附上YouTube新廣告政策的截圖：「最棒的是@TeamYouTube正常發揮，不解釋為什麼搞出這些新政策，也不告訴你如何保護自己，一聲不吭整死每一個人。」

YouTube一面做出改變，一面安撫廣告客戶和創作者。YouTube職員瑪利沙（Marissa）在公司論壇向憂心忡忡、尋求協助的創作者喊話：「我們知道這段時間令人挫折，但我們會持續盡快向大家報告進展。」公司代表也敦促創作者重新檢視影片縮圖、影片名稱和內容描述，確保第一印象容易獲得廣告客戶青睞。至於該怎麼做才能得到廣告客戶青睞，還是沒人知道。

・・・

如果2017年春的廣告末日就此結束，YouTube或許還能穩住陣腳，但同年11月初爆發另一起爭議。《紐約時報》調查製作兒童內容的YouTuber後發現：兒童收看的部分YouTube動畫有自殺和暴力情節。[12]幾天後，作家及藝術

家詹姆斯‧布萊多（James Bridle）在部落格發文〈網路出了問題〉，詳述更多在YouTube上以兒童為受眾的影片——裡頭的內容只能用「恐怖」形容。[13]

布萊多和《紐約時報》發現一大堆內容詭異、充滿惡意的影片，而且其中不少已有幾千萬次觀看。[14] 舉例來說，有一支由通過驗證的創作者Freak Family上傳的影片內容是：有人拿著刮鬍刀刮小女孩的臉（似乎是為了懲罰），小女孩在哭，額頭看起來在流血。這支影片還刻意取了搜尋引擎最佳化（SEO）的標題：「壞寶寶鬧脾氣，哭著要棒棒糖，小寶寶們學顏色，手指家庭」，觀看次數已累積到五千三百萬次，令人咋舌。這些令人不安的影片似乎經過精心算計，反過來利用YouTube的推薦演算法，讓自己更有機會出現在父母為孩子選的影片之後。簡言之，YouTube的演算法成了幫凶，幫忙把兒童推進夢魘不斷的兔子洞。

「雖然我根本沒有小孩，但我現在只想燒了這一切。」[15] 布萊多說：「有某些人或某個組織、或某些人加某個組織在利用YouTube，讓YouTube自動、大規模、有系統地驚嚇和虐待兒童，對他們造成創傷，這讓我不得不全面懷疑我對網路的信心。」

布萊多發現的問題後來被稱為「艾莎門」（Elsagate），以熱門迪士尼電影《冰雪奇緣》（Frozen）的主角為名。布萊多毫不客氣地提出指控：「讓孩童暴露於這種內容是虐待……

這些孩子年紀非常小,幾乎一出生就被有心人士鎖定,用這種內容騷擾他們、造成他們的創傷,而網路平台對這種虐待毫無招架之力。這非關酸民,而是數位系統與資本主義誘因結合後必然產生的暴力。我的看法是:這個系統已經從根爛起,根本是虐童共犯。」[16]

YouTube再次急忙滅火,設法解決爭議。這些詭異的兒童影片似乎很多都是AI大規模製作的,還刻意塞進YouTube演算法偏好的關鍵字。YouTube發言人透過媒體向憂心的父母保證這種影片非常少。事實上,它們是YouTube決定仰賴AI審核內容的症狀——YouTube生態系已經變得太大,不可能全面直接審核,監管更是難如登天。YouTube其實早就設立兒童專屬入口,對兒童影片也另有規定,但那些惡意影片顯然找到漏洞。

YouTube為化解危機,加倍投入人力審核兒童影片,並進一步收緊演算法。YouTube執行長蘇珊・沃潔斯基甚至考慮全面撤下兒童影片的廣告。[17]最後,公司決定撤下超過兩百萬支兒童影片的廣告,也更嚴厲打擊演算法認定觀看次數可疑的影片。

雖然YouTube已邁出一大步,廣告客戶對它自我監管的能力仍有疑慮。他們再次刪減在YouTube下廣告的預算,降低贊助創作者的經費。

頂尖創作者在自己的YouTube影片裡大吐苦水。菲利

普‧德法蘭科、漢克‧葛林、PewDiePie、卡西‧奈斯塔特齊聲催促YouTube盡快振作。再這樣下去，他們無法再以創作內容為業。

「我們見識過廣告末日，也遇過各式各樣的困境。」[18] 菲利普‧德法蘭科在影片中說：「現在我們深感挫折，因為YouTube雖然在想辦法，但大家的荷包越來越空。很多YouTuber是月光族。看到傑克‧保羅那樣的人你可能會想：『才怪，YouTuber都很有錢。』拜託一下，實際情況才不是那樣。一大堆創作者得勒緊褲帶過日子。」

接著，羅根‧保羅拍了一支屍體影片。

． ． ．

聖誕節後不久，羅根‧保羅和幾個朋友去日本旅行一週，四處遊歷，為影片取材。保羅當時每天拍十五分鐘的生活影片上傳，YouTube頻道有超過一千五百萬人訂閱，他稱粉絲們為「羅根幫」（Logang）。

在日本期間，保羅和朋友決定去富士山旁的青木原樹海露營，「看看有沒有鬼」。因為那裡有「自殺森林」之稱，數以百計的人選擇在那裡結束生命。保羅有心挑戰禁忌，享受可能引爆爭議的快感，於是一行人邊錄影邊闖進森林。結果——12月31日，保羅照例上傳每日十五分鐘的影片，但這次的標題是：「我們在日本自殺森林發現一具屍體……」。

「標題不是騙你點進來看。這是這個頻道有史以來最真實的影片。」保羅在影片開頭說：「我覺得這一定會在YouTube史上留下一筆，因為我很確定以前YouTube沒人遇過這種事。現在給我做好準備吧，因為你以後再也看不到這樣的影片！」

保羅和幾個朋友手裡拿著攝影機，走進樹林才一百碼就撞見一具屍體。死者似乎幾個小時以前才輕生，脖子上套著繩子。保羅一行人怔住不動，他指指那棵樹，對著鏡頭說：「這他媽不是開玩笑的⋯⋯你各位，叫警察。」

他們慢慢靠近，近距離拍攝吊在樹上的屍體，只有臉部打碼。鏡頭拉近那名男子的手，保羅說：「你各位看看，他的手發紫了，八成是早上死的。」

「各位羅根幫，真是抱歉。」保羅繼續說：「這支影片本來應該很好玩的。」事後，一行人回停車場集合。保羅從背包拿出一瓶酒，自嘲說：「你各位，老子準備吃黃標沒錢賺了，幹！」接著大口喝酒。

影片最後先上了一段類似公共服務公告的自殺警語，然後保羅對著鏡頭喃喃自問這時宣傳訂閱是不是很沒品。「如果這種影片最後還叫大家別忘了訂閱，是不是有點爛？好像有點响⋯⋯」他說：「不，才怪，我拍下來就是要你訂閱。這樣你才能和我一起經歷這段旅程。如果你還不是羅根幫，趕快加入。我向大家保證，明天的影片會歡樂得多。」

第17章———廣告末日
The Adpocalypse   329

即使社會此時別無風波，輿論風平浪靜，這支影片還是粗暴得足以引起眾怒，何況在PewDiePie和艾莎門爭議之後？主流媒體加大力道譴責YouTube再次出現冒犯內容。

保羅激起的反彈傳遍網路。他試圖推文道歉：「我拍這支影片不是為了衝觀看次數。我有我的目的。我想透過這支影片在網路上產生一些正面影響……我想喚醒大家重視自殺和自殺防治。」但他的道歉顯然和影片不同調，社會的怒火繼續延燒。

「有YouTuber說……這只不過是玩笑開過頭，他的朋友只是為了衝觀看次數才去拍屍體——這正是2017年YouTube的縮影。」有將近三百萬人追蹤的社群媒體網紅內特・迦納（Nate Garner）推文說。

「親愛的羅根・保羅，這種事你也幹得出來！你令我作嘔。我真不敢相信有那麼多年輕人崇拜你。」演員亞倫・保羅（Aaron Paul，與羅根・保羅無親戚關係）推文說：「真是悲哀。希望這支影片能打醒他們。你根本是垃圾，百分之百。自殺不是拿來開玩笑的。下地獄吧。」

另一名YouTuber寫道：「我只不過拍了一支我飲食失調的影片，整個頻道就被永遠停止營利。[19]羅根・保羅跑去拍屍體、拿自殺開玩笑、一走了之……還紅了。」

超過一個星期，保羅的爭議占盡版面。CNN和全國各地電視晨間節目都在討論，每家主流媒體也都在報導。

YouTube本身設法控制損害，發表聲明說：「對於在YouTube上建立社群的創作者，我們有更高的期待。」接著，YouTube祭出懲戒PewDiePie、Toy Freaks等爭議網紅的手段，停止保羅的影片營利權，將他逐出廣告客戶精選名單。公司表示：「我們密切關注後續效應。」

YouTube的頂尖創作者聯絡員葛拉漢‧班內特（Graham Bennett），後來對彭博社科技記者馬可‧伯根（Mark Bergen）說：這一連串爭議對YouTube而言猶如警鐘。「這是我們第一次發現YouTube創作者真的是世界巨星。」[20]班內特說：「換句話說，要是他們做了什麼出格、瘋狂或是會上新聞的事，全世界都會知道。」他的評論顯示：連YouTube本身都不清楚媒體環境在前十年發生多大的變化，都不了解網路創作者實際上可以發揮多大影響力。

事後，YouTube對創作者訂立更多行為規範，內部開始流行一句新格言：「從YouTube賺錢是特權，不是權利。」[21]

• • •

不過，三好球並沒有讓YouTube出局。儘管警鈴猶在呼嘯，公司已開始全力安撫廣告客戶。為遏止極端言論、粗俗影片和詭異內容，YouTube在2017年對演算法進行三百多次調整。[22]在此同時，公司也設法監督旗下明星，以更高的標準約束他們。

創作者倒是從2017年的廣告末日得到不同的教訓。在2010年代，YouTube曾經是最支持他們的平台。但現在，網路創作者發現自己已經太依賴YouTube。不只演算法和平台政策難料，廣告末日也讓他們看見廣告客戶多麼善變。更重要的是：隨著審查升級，許多創作者覺得自己只要發錯一次貼文，就會失去生計。

他們開始開拓其他賺錢管道。大型YouTuber在Patreon開設頁面，讓粉絲透過支付訂閱費取得獨家內容和其他福利。中型創作者隨後跟進[23]，在YouTube於2018年1月對小型頻道實施更多營利限制之後，湧入Patreon的人更多。然而，網紅在Patreon的收益始終有限，因為他們的觀眾大多數是少年少女，而許多家長對所有週期訂閱都有疑慮。

於是，許多YouTuber開始學Instagram網紅的辦法。有些創作明星已販售周邊商品多年，隨著廣告末日到來，這也成為YouTube創作者的主要生財之道。沒有人比保羅兄弟更積極擁抱這項轉變，他們的成功也讓一整代小型創作者有例可循。從2016到2017年，包括卡西・奈斯塔特和吉夫朋（Jiffpom）在內（後者是Instagram上一隻粉絲超過七百萬的狗），四十多名頂尖YouTuber開始發行周邊商品。保羅在2017年1月YouTube頻道無法營利後，進一步把重心移向他的商品品牌「獨行俠」（Maverick）。很快地，保羅、大衛・多布里克、內爾克男孩（Nelk Boys）等大型YouTuber不斷在影

片中兜售周邊商品，推銷限量連帽衫、運動衫、T恤等等，賺進幾百萬元。

2010年代初，發行周邊商品的網路創作者通常需要MCN或接單印製（print-on-demand）電商協助。到2017年，一家名為粉絲樂（Fanjoy）的新創公司開始主宰這塊市場。粉絲樂於2014年成立，創辦人是當時26歲的克里斯・馬卡利諾（Chris Vaccarino），公司一開始是為樂團或歌手的粉絲製作周邊商品福袋（有點像美妝公司Birchbox每月寄發的福袋，只不過對象是歌迷）。

接著，到2016年，馬卡利諾結識了傑克・保羅。馬卡利諾之前就發現：雖然越來越多年輕人在網路上成名，而且他們常常做廣告，但這群人似乎缺乏完善的商品策略。「我注意到這群小朋友的Instagram有幾十萬人點讚。」[24]於是我跑去他們的Instagram頁面，看看他們的YouTube頻道，寄電郵給他們。」馬卡利諾對《野獸日報》說。

傑克・保羅是最早一批回覆的。2016年末，兩人發行保羅的第一件運動衫。馬卡利諾很快發現，保羅這些網路創作者與傳統藝術家和明星不同，他們是網路行銷大師。推銷自己在網紅界是家常便飯，不像在傳統娛樂圈那樣受到汙名。

「這些小朋友非常年輕，急於表現。」談到自己那群主要為18到20歲的客戶時，馬卡利諾這樣說：「YouTube明星以前通常沒賣過周邊商品，所以他們的推銷方式和年紀較

第 17 章────廣告末日
The Adpocalypse

長、較傳統的明星截然不同。」

當保羅兄弟這樣的創作者開始推銷周邊商品，他們絕不會放過任何機會。在傑克・保羅 2017 年發行的聖誕節專輯中，許多歌詞都在赤裸裸地推銷。其中甚至有一首叫〈世界粉絲樂〉，歌詞是：「世界粉絲樂淘淘，我的周邊開賣了」。

「他念歌詞給我聽的時候，我的感覺是：『大哥，你認真的嗎？』」馬卡利諾說：「我是說，哪有人這樣搞？換做別人絕不敢出這種歌，但傑克不一樣，他的想法是：『不這樣搞我怎麼衝第一？怎麼拚聲量？』」

同一張專輯的另一首歌叫〈我的聖誕節願望〉，副歌是：「買我周邊。買我周邊。買我周邊。買我周邊。買我周邊。買我周邊。買我周邊。」後面還把他在粉絲樂的周邊商品網址念出來。這張專輯選在 2017 年重大節日購物季發行，據說周邊商品銷售業績衝上幾千萬。根據《紐約雜誌》2018 年的調查，在傑克與羅根・保羅最新的 50 支影片中，兄弟倆催觀眾購買他們的周邊商品至少 195 次。[25]

保羅兄弟為了推銷自己的商品，老練地操作了一連串爆紅噱頭。傑克在洛杉磯梅爾羅斯大道（Melrose Avenue）租了一塊廣告看板，放上哥哥羅根的巨幅照片，再寫上「我喜歡這個周邊！！！手刀買！」也放有傑克粉絲樂商店的連結。羅根還對一個叫 KSI 的內容創作者開玩笑，在兩人拳擊較量前親自送他的獨行俠商品到 KSI 倫敦的家。粉絲樂在 2017 年

已賣出將近一百萬件周邊商品,隨著越來越多創作者嘗試在廣告之外增加收入來源,這家公司在2018年持續成長。

「YouTube即將變成大型商品推銷工廠。」《紐約雜誌》在2018年報導:「以前流行的真情告白、插科打諢、惡作劇正快速退場,讓位給沒完沒了地推銷周邊商品。有什麼不可以?反正現在已經幾乎沒辦法在YouTube賺錢。」[26]

2018年初,PewDiePie也加入戰局,推出新的中性商品品牌Tsuki。差不多同一段時間,大衛・多布里克與粉絲樂合作在紐約蘇活區開快閃店「點擊誘餌」(Clickbait),一萬名粉絲蜂擁而至,驚動警方出面維持秩序。

儘管YouTube巨星乘搭周邊商品的浪潮,年輕粉絲也熱情捧場,但不是每個創作者都能創下百萬佳績。即使是做得到的人,在每日更新的壓力下也疲憊不堪。廣告末日震撼整個系統,餘波仍將衝擊YouTube和其他社群媒體多年。對創作者來說,創作線上內容原是告別上班壓力的美好選擇,誰知道現在也越來越像你死我活的生存競爭。

第 17 章　　廣告末日
The Adpocalypse

註解

1. Rolfe Winkler, et al., "Disney Severs Ties with YouTube Star PewDiePie after Anti-Semitic Posts," *Wall Street Journal*, February 14, 2017, www.wsj.com/arti cles/disney-severs-ties-with-youtube-star-pewdiepie-after-anti-semitic-posts-1487034533.
2. "DaddyOFive Parents Lose Custody 'over YouTube Pranks,'" BBC News, May 2, 2017, www.bbc.com/news/technology-39783670.
3. KC Baker, "DaddyOFive YouTube Parents Lose Custody of Two Kids," *People*, May 3, 2017, people.com/crime/controversial-daddyofive-youtube-parents-lose-custody-of-2-children-featured-in-prank-videos.
4. Amelia Tait, "'It's Just a Prank, Bro': Inside YouTube's Most Twisted Genre," *New Statesman*, April 21, 2017, https://www.newstatesman.com/science-tech/2017/04/its-just-prank-bro-inside-youtube-s-most-twisted-genre.
5. Aja Romano, "YouTube's Most Popular User Amplified Anti-Semitic Rhetoric. Again." *Vox*, December 13, 2018, www.vox.com/2018/12/13/181 36253/pewdiepie-vs-tseries-links-to-white-supremacist-alt-right-redpill.
6. Alexi Mostrous, Head of Investigations, "Big Brands Fund Terror through Online Adverts," *Times*, February 9, 2017, www.thetimes.co.uk/article/big-brands-fund-terror-knnxfgb98.
7. Sapna Maheshwari and Daisuke Wakabayashi, "AT&T and Johnson & Johnson Pull Ads From YouTube," *New York Times*, March 23, 2017, https://www.nytimes.com/2017/03/22/business/atampt-and-johnson-amp-johnson-pull-ads-f rom-youtube-amid-hate-speech-concerns.html.
8. Jamie Grierson, "Google Summoned by Ministers as Government Pulls Ads over Extremist Content," *Guardian*, March 17, 2017, www.theguardian.com/technology/2017/mar/17/google-ministers-quiz-placement-ads-extremist-content-youtube.
9. "Expanded Safeguards for Advertisers," Google blog, March 21, 2017, https://blog.google/technology/ads/expanded-safeguards-for-advertisers.
10. InternetCreatorsGuild(@Internet CreatorsGuild), "Adpocalypse Survey Data Collection," YouTube, April 29, 2017, www.youtube.com/watch?v=KhcXnIp weQg. 234
11. David Pakman Show (@thedavidpakmanshow), "Yes, YouTube Ad Boycott STILL Crushing David Pakman Show," YouTube, April 24, 2017, www.youtube.com/watch?v=22Enxv1m8rU.

12 Sapna Maheshwari, "On YouTube Kids, Startling Videos Slip Past Filters," *New York Times*, November 4, 2017, www.nytimes.com/2017/11/04/business/media/youtube-kids-paw-patrol.html.
13 James Bridle, "Something Is Wrong on the Internet," Medium, November 6, 2017, medium.com/@jamesbridle/something-is-wrong-on-the-internet-c39c471271d2.
14 "Bad Baby with Tantrum and Crying for Lollipops Little Babies Learn Colors Finger Family Sond..," YouTube screen capture, 1:21, *New York Times*, April 11, 2017, https://static01.nyt.com/images/2017/11/04/business/05YOUTUBEKIDS-4/05YOUTUBEKIDS-4-jumbo.jpg.
15 Bridle, "Something Is Wrong on the Internet."
16 Bridle, "Something Is Wrong on the Internet."
17 Mark Bergen, *Like, Comment, Subscribe* (New York: Viking, 2022), 313.
18 Philip DeFranco (@PhilipDeFranco), "Why the Adpocalypse Is Worse than Ever and the NYT under Fire for 'Normalizing Hate,'" YouTube, November 27, 2017, www.youtube.com/watch?v=FgPjX5hDuPo.
19 Daniel Nodar (@epDannyEdge), "so i make one video about my eating disorder and my entire channel is demonetized forever but logan paul can show a dead body and make fun of suicide and # 1 on trending ," Twitter, January 1, 2018, twitter.com/epDannyEdge/status/948043689577807872.
20 Bergen, *Like, Comment, Subscribe*, 323.
21 Bergen, *Like, Comment, Subscribe*, 324.
22 Bergen, *Like, Comment,* Subscribe, x.
23 Taylor Lorenz, "YouTubers Beg Fans: Leave Videos on in the Background," *Daily Beast*, January 18, 2018, www.thedailybeast.com/youtubers-beg-fans-leave-videos-on-in-the-background.
24 Taylor Lorenz, "Who's Getting Rich off All These Loud Teen YouTube Stars? This Guy," *Daily Beast*, December 14, 2017, www.thedailybeast.com/whos-getting-rich-off-all-these-loud-teen-youtube-stars-this-guy.
25 Chris Stokel-Walker, "YouTube Has Turned into a Merch-Plugging Factory," *New York Magazine*, April 20, 2018, nymag.com/intelligencer/2018/04/jake-paul-and-logan-paul-are-youtube-merch-monsters.html.
26 Stokel-Walker, "YouTube Has Turned into a Merch-Plugging Factory."

18 網紅倦勤與崩潰

Breakdown and Burnout

2018年初，19歲的艾兒‧米爾斯（Elle Mills）開始在網路嶄露頭角。米爾斯是加拿大渥太華人，成名的原因也是惡作劇，但她有自己的風格。雖然她的內容未必值得稱道，但遠遠不像許多青少年愛看的影片那樣充滿爭議。

她的第一支爆紅影片在2017年3月發布，是她訪問朋友的Tinder約會對象，對方的回答極為搞笑。接著，她策劃了一連串鬧劇：為自己舉辦遊行和葬禮、竊取弟弟的身分、偷偷刺青嚇父母一跳⋯⋯她在YouTube很快突破百萬訂閱，觀看次數高過七千五百萬。

米爾斯懂得拿捏分寸，在追求觀看次數之餘也負責任地建立個人品牌。保持平衡並不容易。「YouTube惡作劇文化的問題，出在它太容易隨訂閱人數和觀看次數起舞。」[1]米爾斯對我說：「懂了這點，你就知道為什麼有人會做出一些給自己惹麻煩的事。」這次訪問前一個月，有個叫阿爾亞‧莫薩拉（Arya Mosallah）的YouTuber拍了一系列惡作劇影片，

假裝對路人「潑酸」——蹭英國當時發生真實潑酸事件的新聞熱度——引起激烈反彈。

米爾斯有心維持自己的內容輕鬆有趣。有一次她為了拍片，特地飛到拉斯維加斯和閨密的男友合法結婚。雖然這支影片的觀看次數超過兩百七十萬，但收拾善後令米爾斯頭痛不已，她費了九牛二虎之力才以真離婚結束這場兒戲婚姻。她說：「有時候我幾乎為了觀看次數跨過界線。我會冒出一些點子，心想：『這太瘋狂了！以前沒人做過！』」但整體而言，她補充：「我很幸運的是有家人和朋友會提醒我：『喂，這樣太過頭囉！不要做！』」

米爾斯持續走紅，但她也發現網紅的生活極為緊湊。從週二到週日，她必須不斷察看網路新聞，尋找拍片靈感。構思內容需要縝密規劃和大量心血，每次拍片都讓她絞盡腦汁，殫精竭慮。決定內容後，米爾斯還要精心安排拍攝場景，準備各種複雜的道具。拍攝階段也不輕鬆，每支影片大概需要幾小時、甚至幾天才能拍好。剪輯更需要她花上一整個週末。到了週一，她終於可以稍事休息——但也可能不可以。

米爾斯早在 2018 年初便已露出疲態，說拍攝影片帶給她「不健康的龐大壓力」。在一支叫「親愛的觀眾」的影片中，米爾斯對著鏡頭說：「其實我覺得自己什麼事都做得不夠好，其實我每個星期都哭，因為這種生活似乎看不到盡頭。如果要形容我所經歷的一切，我想最好的說法是：一夜之間從幼

稚園讀到大學,而且還要全部得A,不讓任何人失望。」

除了YouTube之外,米爾斯在Instagram上也十分活躍。她同樣發行T恤、連帽衫等周邊商品,印上她的商標:一片加拿大楓葉、一個汽水瓶,以及一台相機。

努力提高知名度的同時,米爾斯開始獲得主流媒體報導,引起贊助商興趣。全國公共廣播電台那年談到米爾斯時說[2],她的作品猶如結合《女孩我最大》(Girls)的莉娜・丹恩和伍迪・艾倫的電影」。新的機會接踵而至。

米爾斯本來已經在勉強硬撐,偏偏此時出現把握良機的額外壓力。這些機會是她好不容易爭取的,她無法拒絕。她開始東奔西跑,到處舉辦粉絲見面會,也和《財星》(Fortune)五百大企業建立合作關係,為溫蒂漢堡(Wendy's)、三星等公司打廣告。她繼續維持繁重的內容創作計畫,背負隨之而來的社群媒體期待,並直接與粉絲和其他創作者互動。

除了這些壓力以外,米爾斯還得應付YouTube和其他平台興起的另一股風潮:主打八卦、扒糞、惹是生非的頻道越來越多。創作者和粉絲在這些頻道中猶如大型肥皂劇的角色,彼此明爭暗鬥。

・・・

八卦成為創作者世界的重頭戲其實並不令人意外。既然YouTube明星擁有幾千萬名粉絲,也越來越像過去的主流明

星,自然會有許多觀眾想窺看他們生活的一切。粉絲爭相討論他們的戀情,猜測他們職業生涯的下一步,以他們的爭議為茶餘飯後的話題。

2014年,網路人稱「Keemstar」的YouTube天王丹尼爾‧金姆（Daniel Keem）創立DramaAlert[3]——這是早期的八卦頻道之一,有「YouTube的TMZ[4]」之稱。DramaAlert一開始只追蹤線上遊戲直播主之間的恩怨,引起關注後擴大編制、增加人手,天天提供頂尖網紅的新聞。

沒過多久,八卦頻道紛紛出現。例如Instagram有Diet Prada報導名人和時尚界動態,有Comments by Celebs揭露好萊塢明星的私下互動和軼事,還有Deuxmoi分享匿名人士提供的明星小道消息。Instagram和YouTube冒出數以千計的八卦帳號（TikTok稍後也出現同樣風潮）,不斷更新各種內容創作者的消息。「部落格酸民」和「滾出我網路」社群（亦見於第60頁）開枝散葉,離開原本的論壇,在各處討論版形成更大的「酸民」網絡,交換特定網紅或特定類型創作者的八卦。2020年,記者莉貝佳‧詹寧斯（Rebecca Jennings）在沃克斯新聞網報導說:「過去五年出現的許多Instagram帳號、Snap頻道、TikTok頁面、營利媒體公司,都把重心放在哪個YouTuber和哪個Twitch直播主正在交往、誰和誰分手、誰可能被劈腿……現在能追蹤的名人遠比傳統八卦小報時代還多。」[5]

第18章──網紅倦勤與崩潰
Breakdown and Burnout

　　有一家叫Famous Birthdays的媒體公司就和八卦小報差不多，全部業務就是追蹤網路名人。2012年，創辦人伊凡・布里登（Evan Britton）看見年輕人對網路創作者越來越有興趣，認為建立方便手機使用的名人百科全書大有可為，因為維基百科仍然依賴傳統的名人標準，而主流媒體往往不會報導網紅，除非他們爆發醜聞。布里登對我說：「我發現，主流媒體認為有名的人是一批，實際上非常有名的人是另一批，兩者之間有龐大差距。」[6] Famous Birthdays一鳴驚人，到2010年代後半，它的網路流量已經超越《娛樂週刊》（Entertainment Weekly），讀者則是《Teen Vogue》的四倍。

　　到2018年，線上八卦產業已然成為吸睛主力，不只衝高觀看次數，連帶還讓全部評論帳號成為目光焦點。同年，全球知名的幾個YouTube美妝巨星發生爭執：從MySpace明星變成YouTube美妝之王的傑弗里・斯塔爾（Jeffree Star），本來和曼尼・古鐵雷斯（Manny Gutierrez，又名Manny MUA）、蘿菈・李（Laura Lee）、妮基塔・椎根（Nikita Dragun）三名YouTube美妝明星是很好的朋友。但沒過多久，四人關係生變。經過一連串爭議後，古鐵雷斯、李、椎根不再和斯塔爾廝混或合作。

　　三人變得和另一個YouTube美妝明星蓋布瑞爾・札摩拉（Gabriel Zamora）更親近。2018年8月，所有新仇舊恨一次爆發[7]：札摩拉在推特上發了一張他和椎根、古鐵雷斯、李

的合照,照片裡的他對著鏡頭比中指,還寫了一句外界普遍認為是針對斯塔爾的話:「臭婊子很痛苦吧?沒有他,我們做得更好。」

這張照片和相關文字在網路上掀起八卦海嘯,被稱為「抓馬吉多頓」(Dramageddon)。[8][9] 八卦頻道窮追不捨,仔細記錄和分析每一則與友誼破裂有關的更新,挖出舊推文、監看創作者的讚和留言、追蹤他們的訂閱人數、把粉絲的反應分門別類。

「因為粉絲非常想多聽一些這場爭執的事,於是YouTube八卦頻道拜報導抓馬吉多頓之賜,全都大幅成長。」[10] 網媒《Insider》說:「以八卦YouTuber達斯汀・戴利(Dustin Dailey)為例,他在精心報導這場八卦之後,有更多影片一飛沖天。」八卦頻道的觀眾似乎十分嗜血,對捧殺網紅樂在其中,即時更新的訂閱數也鼓勵這種行為。

這種緊盯網路的新八卦記者逐漸形成新的產業,規模在往後幾年超越傳統娛樂媒體。他們的報導範圍廣、速度快,讓傳統八卦小報《美國週刊》(US Weekly)和《明星》(Star)相形見絀,何況報導創作者八卦不需要老鳥記者或大型組織。

有的創作者發現,只要製作攻擊或挑釁YouTube巨星的內容,就能快速吸引龐大訂閱。網路人稱科迪・柯(Cody Ko)的科迪・柯羅傑茲克(Cody Kolodziejzyk)是箇中翹楚。千禧世代的科迪・柯曾是Vine明星,Vine結束後轉往

YouTube發展。2018年,他發現只要拋出知名創作者的「尷尬」內容,就能吸引大量觀眾。於是他開始在頻道上數落同行的影片,通常是嘲笑他們的笑話或短劇。

科迪·柯對保羅兄弟和其他惡作劇YouTuber發動攻擊。果然,他瞄準的明星越出名,他的影片觀看次數越高。他也盯上前Vine明星、目前活躍於YouTube和Instagram的莉莉·龐斯,挖苦她的影片,批評她的作品表面上適合兒童觀看,實則帶有明顯性指涉。

平心而論,柯羅傑茲克的多數影片確實打到痛處,指出許多網紅的問題行為。他痛斥創作者為求關注不擇手段的「搏觀看文化」(views culture),認為這種文化會毀掉一個人——在這個惡作劇當道的時代,他說得的確有理。但對被他鎖定的某些創作者來說,這根本是對他們發動一波波騷擾,惡意曲解他們的作品。

創作團體陶布雷(Dobre)兄弟不甘受辱,指控柯羅傑茲克「網路霸凌」。這四個二十出頭的內容創作者還向他下戰帖,邀他以拳頭一決勝負。傑克·保羅後來也拍短片反擊柯羅傑茲克,標題是「對抗網路霸凌者科迪·柯」[11]——這其實十分諷刺,因為保羅自己就有一長串霸凌和騷擾黑歷史。

在柯羅傑茲克的粉絲發動的種種騷擾中,最惡劣的是挑莉莉·龐斯等女性創作者下手。厭女一直是網路世界不變的風氣,從媽媽部落客時代就是如此,茱莉亞·愛莉森和

MySpace奇觀女王都曾深受其害,但女性YouTuber的處境更加嚴苛。人們用不可能達到的標準對她們吹毛求疵,對男性YouTuber卻不曾這樣要求。「科迪・柯把仇恨變成一件很酷的事。」莉莉・龐斯說:「之所以有這麼多人討厭我,都是因為他。」她還說,在科迪・柯開始批評她以後,她出現嚴重的強迫症症狀:「因為他的影片,我心理糾結更多、強迫症更嚴重、情緒起伏更大。」

・・・

從MySpace時代開始,騷擾和霸凌一直是社群媒體平台的嚴重問題。但科技公司從未優先處理,坐視厭女和仇恨到處散播。女性創作者走紅之後,迎面而來的常常是鋪天蓋地的強暴和死亡威脅。隨著八卦頻道不斷搧風點火,許多知名YouTuber已經到了臨界點。

艾兒・米爾斯身在風暴中心。不少人認為女性YouTuber就該創作「有女人味的」內容,例如美妝、時尚、生活風格,而米爾斯主打的惡作劇、表演、喜劇,則是男性的禁臠。雖然萊莎・寇希(Liza Koshy)、莉莉・辛格(Lilly Singh)、柯琳・巴林傑(Colleen Ballinger)、米爾斯等女性創作者成功打破玻璃天花板,但她們每一個都付出高昂代價。

隨著米爾斯越來越紅,網路上也有越來越多人開始攻擊她,放大檢視她的一舉一動。

米爾斯知道自己必須休息,從日復一日的霸凌中抽身,才能重新開始。但休息談何容易,為了在這個競爭日益激烈的領域生存,她和其他創作者無不日以繼夜勤奮工作,每天忙著創作內容。他們得在緊湊的行程裡變時間戲法,捉摸陰晴不定的廠商和平台的奇思異想,頂住在大眾眼前表演的壓力,閃躲騙子的花言巧語,同時還有投機取巧的八卦頻道在一旁虎視眈眈,等著從他們的內容裡挑出最微不足道的一點差錯。正如全螢幕公司藝人總監瓊・布蘭斯(Jon Brence)對全國公共廣播電台所說:「如果你不積極創作,或是跑去旅行,而且在旅行期間沒有積極創作內容發表,你就等著滾到隊伍後面重新排隊。」[12] 線上內容創作者沒有有薪假。

暫停在 YouTube 和 Instagram 貼文或直播的後果,不只是觀看次數和收益暫時降低而已。由於現在演算法偏好頻繁貼文和重複觀看,休息停更等於向它釋出非常負面的訊號。一旦創作者脫離這個循環,生計可能跟著消失。

因此,像米爾斯這種有抱負的創作者無不咬緊牙關,拚命推出新作,大多數站穩腳跟的明星創作者更是幾乎日更。可是到了 2018 年中,駱駝終於再也撐不住另一根稻草。

頂尖內容創作者開始倒下。最初只有少數幾個,接著更多人鼓起勇氣,坦言自己受夠了長時間工作、壓力和惡劣的環境。許多人放棄線上內容創作事業,另一些人決定暫時休息,花點時間重新思考職業生涯。

米爾斯是最早幾個掀起浪潮的人。「這原本是我最想做的事。」[13] 2018 年，米爾斯發布影片「19 歲已燃燒殆盡」，傾訴作為網路創作者的心情：「可是我他媽的為什麼這麼不快樂？」她說自己越來越焦慮、也越來越憂鬱，甚至經常恐慌發作。在影片裡，她上網搜尋自己，讓觀眾看在她表明自己想休息一陣子之後，新聞和 YouTube 評論頻道怎麼討論她。影片裡還有一段是她一個人待在飯店，縮在被窩裡打電話向朋友哭訴，朋友苦口婆心鼓勵她一切都會好轉。影片最後，米爾斯宣布她將無限期離開，專心照顧自己的心理健康。

出現這種感覺的創作者遠遠不只米爾斯。卡西・奈斯塔特也拍了一支「當 YouTuber 的壓力」，細數創作者面臨的問題：「雖然我經常提到當 YouTuber 的壓力，但這種事其實不好開口，畢竟在 YouTube 上成功就像夢想成真。」[14] 他說：「這是天大好事。有這麼多人想在這個平台闖出一片天，而你做到了，你還有什麼好抱怨的？所以我說這件事不容易開口，除非你在這個位置，否則很難體會這種感覺。」

如果連奈斯塔特都有這種感覺，很可能每個人都是如此。當 YouTube 明星一個一個開始談這件事，他們才發現原來彼此都已陷入同樣的困境，像轉輪裡的倉鼠一樣忙個不停。

看見內容創作者紛紛退出，記者茱莉雅・亞歷山大（Julia Alexander）寫下重要報導〈YouTube 頂尖創作者集體倦勤與崩潰〉，一針見血地指出創作者心力交瘁的原因：「平台演算

第18章──網紅倦勤與崩潰
Breakdown and Burnout

法不斷改變、不健康地執著於在高速成長的領域占一席之地,以及社群媒體壓力,讓頂尖創作者幾乎不可能以平台和觀眾期望的速度繼續創作。」[15]

YouTube的黃金時代落幕。這家公司苦心栽培創作者十年,不但早早看出他們的潛力,還設立深具遠見的計畫與創作者分享龐大收益──它這樣做的時候甚至還沒有任何收益,人們也還沒開始使用「創作者」這個詞。而現在,創作網路內容不但是營生的選項,對很多人來說更是夢想職業,只不過YouTuber已經變得和其他工作一樣令人身心俱疲。

• • •

由於所有大型創作者在各大平台都有帳號,一個平台的風波無可避免會擴散到別的平台。Instagram美學在追求精雕細琢多年之後,終於失去魅力。網紅過度光鮮的貼文與多數用戶的日常生活落差太大,人設崩壞之後,這群曾經迷人的偶像個個開始打臉自己。

第一個明顯訊號是Fyre音樂節。2016年末到2017年初,四百多個高知名度網紅和明星被封為「Fyre發起人」[16](其中包括坎達兒・詹納、貝拉・哈蒂〔Bella Hadid〕和海莉・鮑德溫・比伯〔Hailey Baldwin Bieber〕),開始宣傳這個號稱是「十年文化體驗」的音樂節,票價在1,500元到25萬元之間。

2017年3月,數百名明星和內容創作者在Instagram同

時發文,單單貼上一個亮橘色方塊,引導用戶觀看一群明星載歌載舞開派對的影片(其中再次包括貝拉・哈蒂和海莉・鮑德溫・比伯),地點是巴哈馬的一座島嶼。貼文標題大同小異,不外是「很高興宣布第一屆 #fyrefestival @fyrefestival fyrefestival.com」。

幾千人買下昂貴門票準備進場狂歡,最後才知道上了大當。說好的豪華大餐變成起司三明治,奢華住宿變成FEMA帳篷,衛浴設備嚴重不足,排定的音樂活動不見蹤影。音樂節宣布取消——不過是在參加者抵達島上之後。許多人認為這個活動和詐騙無異,參與宣傳的網紅成為眾矢之的。

原來,許多網紅是收了幾千元的報酬宣傳音樂節(坎達兒・詹納則是二十五萬)。[17] 過去對贊助內容照單全收的粉絲和追蹤者開始質疑:難道他們喜愛的內容創作者根本不在乎粉絲,只要有錢什麼都願意推薦?

在FTC要求揭露廣告之後,行銷人員莫不認為贊助內容會引起反彈,雖然當時風平浪靜,沒想到這個結果只是晚了幾年出現。觀眾不再買單的部分原因是Instagram美學已令人生厭。曾在廣告經紀公司DDB擔任數位策略師的泰勒・科恩(Taylor Cohen)說,Instagram美學大約在2018年終到年末盛極而衰。「前後不過一年,情況已大幅不同。」[18] 我在2019年為《大西洋》雜誌採訪她時,她對我說:「Instagram美學的時代結束了。」

第18章　網紅倦勤與崩潰 Breakdown and Burnout

這種轉變從「樂園」（Happy Place）先張後弛就看得出來。「樂園」是Instagram博物館，2017年在洛杉磯盛大開幕，自稱是「美國最Instagram的快閃店」。[19]「樂園」門票要價將近三十元（VIP通行證199元），一開始人們趨之若鶩，可是到2019年中抵達波士頓時，已經乏人問津。[20]

同一段時間，用戶也變得更為自覺，意識到Instagram的精緻化風格與實際的落差。隨著創作者有意讓自己看來更親民，「Instagram vs. 現實」相片對比在2019年蔚為風潮。[21]在2019年於紐約舉辦的美妝節Beautycon上，Instagram明星提到他們現在不用環形光，轉而在陽光下露臉。[22]

隨著大眾更加意識到贊助貼文氾濫，美妝網紅也逐漸捨棄商品宣傳照，改成上傳「空瓶照」（展示他們實際使用後的空瓶）。許多帳號因為爆料明星或網紅做過哪些整容手術，吸引幾十萬人追蹤。網紅也開始主動道出保持完美背後的辛酸，以及隨之而來的倦怠感、精神問題和壓力。[23]

「大家都想讓自己看起來更真實。」社群媒體行銷公司Later Media的內容行銷師可希·卡朋（Lexie Carbone）說：「照片說明寫得更長……我認為一切都在回頭，現在沒人想看網美站在你已經看過幾千次的牆前面拍照。我們想看的是新的東西。」

這種「新東西」在更年輕的世代手上誕生。千禧世代網紅追求的是完美照片，他們會不辭辛苦帶數位單眼相機去海

邊取景，精通各種複雜的相片編輯軟體。可是到了2019年，Z世代樂於用手機拍照直出。事實上，許多青少年開始嘗試降低相片品質。[24] 結果，Huji Cam這款應用程式因為能模仿老式即可拍相機的質感，在2018年被下載超過一千六百萬次。另外，由於太多人想為照片添加顆粒感，Instagram開始為限時動態加入能降低照片品質的濾鏡。

那時，Z世代創作者梨絲・布魯斯坦（Reese Blutstein）對我說：「就我的世代而言，大家現在更傾向作自己，沒興趣製造假形象。」[25] 布魯斯坦的照片無濾鏡、低製作，穿搭風格多變，才一年多就超過二十三萬八千人追蹤。老派網紅多半受不了無濾鏡、無修圖的照片，布魯斯坦的同溫層則大多看不慣擺拍。[26]

潮流轉變既反映出用戶品味的變化，也是對最終造成頂尖網紅倦勤的美學標準的反彈。「我們都知道這招行不通了。」文化策略師麥特・克萊恩（Matt Klein）說：「我們都弄過擺拍。我們都清楚這樣做的壓力和焦慮。我們也都看透了這一切。文化像鐘擺，而鐘擺正在擺動。並不是說每一個人都不會再上傳完美無瑕的照片。而是風向變了。」

這種轉變不只令主流網紅摸不著頭腦，甚至頗有山雨欲來之勢。Fohr公司的詹姆斯・諾德說：「以前有效的，現在不再有效。」在2018年，創作者把指甲修得漂漂亮亮端杯咖啡，拍照上傳，就能獲得一大堆讚；可是到2019年，這種

照片會讓追蹤者退追。據Fohr統計，到2019年末，他們旗下十萬人以上追蹤的網紅，有六成月月掉粉。諾德說：「情況岌岌可危。如果你是那種（到2019年）還站在Instagram牆前拍照的網紅，恐怕很難生存。」

一名Instagram用戶說：「大家只想看有感覺的東西。粉紅牆和酪梨吐司再也沒人想看了。」

和YouTube的情況一樣，曾讓網紅產業在Instagram勃興的助力，現在反而成為阻力。到2019年末，Instagram變成現實動態、「IGTV」、照片和短片的大雜燴。許多用戶發布照片只是為了用說明文字和留言抒發情緒。[27]

• • •

YouTube和Instagram並沒有從此一蹶不振，反而是創作者世界出現重大轉向。

如果要舉一個人代表這次轉向，這個人一定是艾瑪・錢伯倫（Emma Chamberlain）。錢伯倫從2015年開始嘗試製作影片，當時她只是平凡的中學生，住在舊金山，在學校參加啦啦隊和體操隊。她用網路攝影機拍自己、朋友和自己編的舞，剪輯後貼上Instagram，2017年才在YouTube上傳第一支影片。之後不到兩年，她成為全球知名的YouTube紅星，不但成長速度名列前茅，還徹底顛覆創作者在YouTube的表現方式。

在其他頂尖創作者一一倦勤之時，錢伯倫為自己開出一片天。到2019年，她在Instagram有超過七百萬人追蹤，在YouTube有超過八百萬人訂閱。她一開播客，馬上在五十個國家衝上榜首。[28]她被譽為「YouTube的素人美女」，「毫無疑問是YouTube的青少年女王」，參與度足以令任何YouTuber飲泣。曾與多名頂尖YouTuber合作的製作人兼YouTube策略師阮梅琳（音譯：MaiLinh Nguyen）說：「她的成長速度真他媽的扯。」

2010年代末已幾乎沒有YouTuber一夕成功的故事。從2005年YouTube成立後，一代又一代的YouTuber起起落落，可是到錢伯倫開設頻道的2017年，大多數人都認為：創作新人想在YouTube發展，就必須不斷更新、與大型頻道合作，別無他途。

錢伯倫在YouTube開頻道時並沒有多大抱負。她和許多同齡女生一樣，只把YouTube當成表達自我的地方。她早期的影片大多和時尚有關，例如「城市靈感夏日造型2017」、「鞋面裝飾：自己動手貼玫瑰貼片」。她拍片記錄考駕照的過程[29]，也曾對著鏡頭閒聊自己為什麼需要指尖陀螺。

2017年7月27日，她上傳了改變網路的影片：一元商店「開箱」秀，展示她在一元商店買的各種東西。她對《W》雜誌說：「我拍了一支一元商店片，顯然剛好搭上YouTube當時的風潮，結果對我有利。」[30]搜尋這個主題的人不少，

第18章　　網紅倦勤與崩潰
Breakdown and Burnout

這支影片獲得五十萬次觀看。反觀她以前的影片,平均大約一千次觀看。

她的頻道在這支影片發布後迅速竄紅,每支影片的觀看次數突然暴增幾十萬。青少女尤其喜歡,因為她們以前從沒見過這種作品——大多數網紅的影片雕琢過度,縮圖經過精心挑選,標題不但全部大寫,還布滿點擊誘餌。錢伯倫的影片則畫質普通,內容只是中學生的日常生活,字形是預設的,配色技巧有待加強,標題全部小寫,看起來就差了一截。影片裡的她常常像是剛睡醒,而且她出了名地討厭化妝,有時甚至直接跳過晨浴。她不在乎自己看起來是不是怪怪的,也不理會拍攝角度好不好看。有一次她邊開車邊錄影,直接把手機放在腿上,鏡頭仰角對著自己的臉。

錢伯倫的影片之所以吸引人,泰半歸功於她剪輯功力精湛,讓她的幽默更添一分。她懂得把自己的個性和剪輯風格融合,二十分鐘的影片如行雲流水,讓人意猶未盡。

錢伯倫的另一個魅力是她善於添加臉部扭曲和縮放效果(後者類似Instagram限時動態的縮放功能)。她擅長運用對焦、慢動作等技巧凸顯內容,也不時加入瘋狂的音樂和音效。她會將自己後製時的反應剪入影片,彷彿與觀眾收看時的感想一同入鏡。阮梅琳說:「這是非常迷因式的剪輯風格。」

阮梅琳說:「艾瑪是最早一批改變風氣的人,扭轉社群媒體那種非常雕琢、但所有網紅都叫攝影師照抄的美學。」

錢伯倫的影片完全沒有沾染「一流」氣味。

Instagram當時已經出現捨棄過度雕琢的風向，錢伯倫讓這種樸實風格在YouTube擴散開來。她的崛起很大部分是對YouTube傳統網紅風格影片的反撲，而且正逢許多頂尖創作者苦於倦怠的時刻。她現在搬到洛杉磯，無疑已腰纏萬貫，重點是她沒把自己看得太重。她和意氣相投的同伴正帶領一場運動，反抗主宰YouTube和Instagram多年的美學。在許多方面，這場運動是回歸YouTube早年那種動人的魅力。

錢伯倫建立的風格被人稱為「懶鬼YouTube」或「親民YouTube」（relatable YouTube）。雖然她到2019年已經成為少女YouTuber的同義詞，但她不是唯一一個因為「親民」而快速走紅的人。當時20歲桑茉・麥基恩（Summer McKeen）從13歲起成為V落客，到2019年已有230萬人訂閱她的YouTube頻道。「我不認為拍片時得裝模作樣或換上另一張臉，我只當作和朋友廝混。」麥基恩說：「我的鏡頭就是我的朋友，一直如此。」

不過，讓影片看來輕鬆隨興還是得花不少工夫。錢伯倫每支影片要花二、三十個鐘頭剪輯。「每上傳一支影片我都會哭好幾次。」[31]她對《W》雜誌說：「和生孩子一樣，感覺就像『天啊，這真是傑作』。對我來說，每支影片都是如此。每支影片都嘔心瀝血，我真不知道自己怎麼活下來的。」麥基恩同樣每支影片都花很多時間。她說：「工作量其實不

第18章——網紅倦勤與崩潰
Breakdown and Burnout 355

會比以前少。只是感覺上比較隨興而已。」不同的是，她的時間不是花在讓自己看起來更完美，而是讓影片更能展現自己的幽默和個性——對許多女性YouTuber來說，這已經如釋重負。

然而即使如此，「親民YouTube」這個名稱還是有名不符實之處。雖然錢伯倫她們對許多人來說十分親民，但不是每個人都有同感。從過去到現在，位於創作者世界頂端的幾乎全是白人。錢伯倫她們反抗了一種主流美學，但這場運動仍然只有一種膚色。

在「親民白人女孩潮」這支影片裡，YouTube頻道AsToldByKenya的年輕黑人女子挖苦道：「親民白人女孩的標準是什麼呢？你得漂亮、風趣，得會罵髒話，但不能髒到別人覺得你很粗魯——不過你還是得罵幾句髒話，別人才會覺得你和他們零距離。你得穿得可愛⋯⋯而且是個少女。如果你不是少女，很抱歉，你資格不符⋯⋯你得對男生有吸引力，但不能讓人覺得你是個狐狸精。」

年輕黑人YouTuber唐・比比（Don Bbw）也為此拍了一支影片：「我當親民YouTuber的一天！[32]咳，艾瑪・錢伯倫。」他說：「我其實不知道什麼是親民，因為對你來說親民的對我未必親民。」他也開玩笑說：「忘了親民YouTuber最親民的部分吧——青春痘。」

藝人經理艾比・阿德桑雅（Abby Adesanya）對我說：「我

覺得這種美感風格百分之百是郊區白人女孩風。」〔33〕她也補充，這種風格是大多數有色人種YouTuber沒有的：「有色人種YouTuber給人的整體感覺，就是和桑茉們、漢娜們、艾瑪們很不一樣。」在社群媒體這種贏家通吃的世界，這代表真正賺大錢的是白人創作者，有色人種YouTuber只有啃骨頭的份。最好的例子是「炫斃了」（on fleek）這種說法，雖然一開始是16歲黑人女生凱拉・路易斯（Kayla Lewis）在Vine短片裡發明的，後來在亞莉安娜・格蘭德的影片和丹尼連鎖餐廳（Denny's）的廣告裡都出現過，但路易斯一毛錢也沒拿到。這讓我們很難不去想：如果這種說法不是出自一名黑人女生，結果或許不是如此。

第18章────網紅倦勤與崩潰
Breakdown and Burnout

註解

1. Taylor Lorenz, "The Teen Taking Back Practical Jokes from YouTube's Bros," *Daily Beast*, February 1, 2018, www.thedailybeast.com/the-teen-taking-back-practical-jokes-from-youtubes-bros.
2. Laura Sydell, "The Relentless Pace of Satisfying Fans Is Burning out Some YouTube Stars," NPR, August 13, 2018, www.npr.org/2018/08/13/633997148/the-relentless-pace-of-satisfying-fans-is-burning-out-some-youtube-stars.
3. Taylor Lorenz, "How DramaAlert Became the TMZ of YouTube," *Daily Beast*, January 18, 2018, www.thedailybeast.com/how-drama-alert-became-the-tmz-of-youtube.
4. 譯註：福斯公司旗下之八卦新聞網站。
5. Rebecca Jennings, "The Gossip Accounts Telling You Which TikTok Star Is Dating Which YouTuber," *Vox*, February 12, 2020, https://www.vox.com/the-goods/2020/2/12/21127014/famous-birthdays-charli-damelio-chase-hudson.
6. Taylor Lorenz, "Custom Photo Filters Are the New Instagram Gold Mine," *Atlantic*, November 13, 2018, www.theatlantic.com/technology/archive/2018/11/influencers-are-now-monetizing-custom-photo-filters/575686/.
7. Lindsay Dodgson,"Why the Beauty Community on YouTube Is One of the Most Turbulent and Drama-Filled Places on the Internet," *Insider*, October 2, 2019, www.insider.com/why-beauty-youtube-is-full-of-drama-and-scandals-2019-5.
8. Lindsay Dodgson,"How YouTube's Beauty Community Fell Apart with an Explosive Feud Called 'Dramageddon,'" *Insider*, August 28, 2021, https://www.insider.com/dramageddon-youtube-jeffree-star-manny-mua-laura-lee-gabriel-zamora-2021-8.
9. 譯註：聖經末日決戰地哈米吉多頓（Armageddon）之諧音。
10. Dodgson, "How YouTube's Beauty Community Fell Apart."
11. Jake Paul (@jakepaul), "confronting internet bully cody ko..." YouTube, May 18, 2019, https://www.youtube.com/watch?v=xf7vX3D8_ME; Morgan Sung, "Jake Paul's Attempt at Calling out 'Cyberbully' Cody Ko Backfired Beautifully," Mashable, May 20, 2019, mashable.com/article/jake-paul-cody-ko-cyberbully.
12. Sydell, "The Relentless Pace."
13. Elle Mills (@ElleOfTheMills), "Burnt out at 19," YouTube, May 18, 2018, www.youtube.com/watch?v=WKKwgq9LRgA.
14. Casey Neistat (@casey), "The Pressure of being a YouTuber," YouTube, May 28, 2018, www.youtube.com/watch?v=G38ixvYVNyM.
15. Julia Alexander, "YouTube's Top Creators Are Burning Out and Breaking Down

En Masse," *Polygon*, June 1, 2018, https://www.polygon.com/2018/6/1/17413542/burnout-mental-health-awareness-youtube-elle-mills-el-rubius-bobby-burns-pewdiepie.

16 @BaddieLambily, "Opps! Kendall better delete this.... #fyrefestival," Twitter, April 28, 2017, https://twitter.com/BaddieLambily/Status/857 866995936751616.

17 Lizzie Plaugic, "Fyre Fest Reportedly Paid Kendall Jenner $250K for a Single Instagram Post," *Verge*, May 4, 2017, www.theverge.com/2017/5/4/155477 34/fyre-fest-kendall-jenner-instagram-sponsored-paid.

18 Taylor Lorenz, "Influencers Are Abandoning the Instagram Look," *Atlantic*, April 23, 2019, www.theatlantic.com/technology/archive/2019/04/influencers-are-abandoning-instagram-look/587803/.

19 Laura Studarus, "Meet Happy Place, Los Angeles' Newest Instagram-Friendly Experience," *Forbes*, December 1, 2017, www.forbes.com/sites/laura studarus/2017/12/01/meet-happy-place-los-angeles-newest-in stagram-friendly-experience/?sh=54f1d804307b.

20 Murray Whyte, "'Happy Place; Comes to Boston, and It's Hell," *Boston Globe*, April 3, 2019, www.bostonglobe.com/arts/art/2019/04/03/happy-place-comes-boston-and-hell/GLJ2mdvgp0P9cwr1tcwk5H/story.html.

21 Olivia Wheeler, "Millie Mackintosh Flaunts Her Toned Figure in Instagram vs Reality Pic," *Daily Mail*, April 16, 2019, www.dailymail.co.uk/tvshowbiz/article-6928577/Millie-Mackintosh-showcases-washboard-abs-peachy-posterior-Instagram-vs-reality-post.html.

22 Cheryl Wischhover, "The Biggest YouTube Beauty Secret Has Nothing to Do with Makeup," Racked, June 2, 2016, www.racked.com/2016/6/2/11828904/beauty-vlogger-youtube-ring-lights/; Todd Perry, "Fitness Blogger Forever Exposed the Difference between Real Life and Instagram in Photos," *Good*, December 11, 2020, https://www.good.is/articles/ig-versus-reality-exposed/; Francesca Gariano, "Nutritionist Makes a Statement with 'Instagram vs. Reality' Pics," TODAY.com, January 20, 2019, https://www.today.com/style/nutritionist-shares-powerful-instagram-vs-reality-pics-promote-self-acceptance-t147119; Elizabeth Holmes, "What I Learned at Beautycon, Where 'Everyone Wants to Be Extra,'" *New York Times*, July 29, 2018, https://www.nytimes.com/2018/07/29/insider/beautycon-beauty-trade-show-kylie-jenner.html/.

23 Eve Peyser, "The Instagram Face-Lift," *New York Times*, April 18, 2019, https://www.nytimes.com/2019/04/18/opinion/instagram-celebrity-plastic-surgery.

html/; Roséline Lohr, "Social Media Burnout & the End of the Online Influencer Phenomenon," TIG, July 26, 2018, www.thisisglamorous.com/2018/07/social-media-burnout-the-end-of-the-online-influencer-phenomenon.html/.
24 Joshua Bote, "What's the Deal with Huji Cam, This Year's Trendiest Photo App?" *New York Magazine*, July 11, 2018, nymag.com/intelligencer/2018/07/what-is-huji-cam-this-years-hottest-photo-app.html.
25 Taylor Lorenz, "The Instagram Aesthetic Is Over," *Atlantic*, April 23, 2019, https://www.theatlantic.com/technology/archive/2019/04/influencers-are-abandoning-instagram-look/587803.
26 Leah White, "It's Time Someone Said It: 'Candid' Influencers Are Just as Fake as the Old Ones," *Fashion Journal*, April 29, 2019, https://fashionjournal.com.au/life/candid-influencers-just-fake-old-ones/.
27 Ruth La Ferla, "The Captionfluencers," *New York Times*, March 27, 2019, https://www.nytimes.com/2019/03/27/style/instagram-long-captions.html/; Taylor Lorenz, "How Comments Became the Best Part of Instagram," *Atlantic*, January 4, 2019, www.theatlantic.com/technology/archive/2019/01/how-comments-became-best-part-instagram/579415/.
28 Melody Chiu, "YouTube Star Emma Chamberlain's Podcast Hits No. 1 in 50 Countries — All about the Latest Episode," *People*, April 18, 2019, people.com/celebrity/youtube-star-emma-chamberlain-new-podcast-number-one-50-countries/.
29 Emma Chamberlain (@emmachamberlain), "Taking My Driving Test...," YouTube, July 15, 2017, www.youtube.com/watch?v=Nqv_vKMjiUQ.
30 Emma Chamberlain (@emma chamberlain), "We All Owe the Dollar Store an Apology," YouTube, July 27, 2017, www.youtube.com/watch?v=Y5-6f1T9qsc/; Lauren McCarthy, "Creating Emma Chamberlain, the Most Interesting Girl on YouTube," *W*, June 10, 2019, https://www.wmagazine.com/story/emma-chamberlain-youtube-interview.
31 McCarthy, "Creating Emma Chamberlain."
32 Don's Life (@donslife6345), "I Was A Relatable Youtuber For A Day! *cough* Emma Chamberlain," YouTube, December 13, 2018, www.youtube.com/watch?v=eSGEWXIzVzo&t=13s.
33 Taylor Lorenz, "Emma Chamberlain Is the Most Important YouTuber Today," *Atlantic*, July 3, 2019, www.theatlantic.com/technology/archive/2019/07/emma-chamberlain-and-rise-relatable-influencer/593230/.

PART 6

網路影響無所不在
INFLUENCE EVERYWHERE

19 TikTok稱霸
TikTok Dominates

　　2018年8月2日，Musical.ly在一百多個國家以TikTok的面目重新推出。對這些國家的大多數人來說，這兩個應用程式幾乎沒有差別，可是對Muser來說，這是紅色警報。

　　「我很害怕。我真的很害怕。」Musical.ly三大巨星之一艾瑞兒・馬丁說：「我的整個職涯都是在Musical.ly上建立的。我天天做Musical.ly影片好幾年了。」

　　主要創作者在變動發生之前曾經先獲告知。他們明白Musical.ly即將被高價收購，也聽說新應用程式的雄心。公司員工向憂心忡忡的頂尖Muser說明：新的應用程式會更像YouTube，也更適合手機收看，不只能表演對嘴唱和音樂，也適合其他表演形式。用戶屆時能在新應用程式上收看各種短影片，從烹飪、時尚、科技、生活風格到工作，無所不包。公司也請Muser放心，保證會把他們的內容和追蹤者全部轉移到新的應用程式。

　　TikTok重新包裝Musical.ly的決定是場豪賭。重新推出

的應用程式有新商標、新名稱、新行銷,是字節跳動打進美國市場計畫的一部分。

「我當時的感覺是:『我該怎麼辦?他們究竟想做什麼?』」馬丁回憶道:「他們表現出來的態度一直像:『沒問題的,放心。你在那裡什麼都能做,想拍化妝影片也可以。』」她知道公司想多元化發展,但這個轉變似乎大得滑稽。

馬丁最後還是想出在 TikTok 創造大量內容的辦法。然而,雖然她一路走紅靠的是領先群倫的對嘴唱風格,但現在連她自己都逐漸厭倦這種表演方式。她開始尋找出路,設法把自己的線上影響力兌換成傳統娛樂圈的門票。她回憶道:「Musical.ly 關閉逼我不得不更積極地投入演藝事業。」很快地,她獲邀在迪士尼頻道的《殭屍高校生》(*Zombies*)中粉墨登場,也在尼克兒童頻道電影《比克斯勒高級私家偵探》(*Bixler High, Private Eye*)中演出(2019年上映)。

儘管馬丁三不五時還是會在 YouTube 和 TikTok 發文,但她已大幅撤離網路。雖然她站在頂端,但她認為當網路創作者不夠穩定。此外,在轉換跑道之後,她更清楚看見網紅生涯對心理健康的傷害。「我其實個性敏感,但社群媒體是個有毒環境。網路上的人可以非常恐怖。為了我和我的心理健康,我得好好學習不要一直上網。」她對我說:「我每天都把自己的生活攤在世人眼前,讓大家對我的朋友、家人、分手、我弟弟在學校發生的事指指點點,我受不了了。」

事實上，其他頂尖Muser轉往TikTok之後，也產生了同樣的疑問。在Musical.ly享有超高人氣的德國雙胞胎姊妹莉莎（Lisa）與萊娜（Lena），也在TikTok推出幾個月後選擇引退，理由同樣是為了心理健康。她們說網路現在充滿仇恨，也看不出TikTok有心保留讓Muser紅極一時的特色。[1]

有些Muser選擇擁抱TikTok，也成功轉換跑道。蘿倫‧格雷（Loren Gray）從2015年13歲起就開始上傳對嘴唱影片，到2019年3月莉莎與萊娜離開TikTok之後，17歲的格雷迅速衝上TikTok熱門榜榜首。她因為貼文內容在高中遭到霸凌，選擇輟學，全力經營社群媒體。隨著TikTok成長，格雷將她在Musical.ly的追蹤者轉到新的平台，主打短片、喜劇、舞蹈影片、自剖影片和贊助內容，在TikTok重新建立自己的帝國。

影片剪輯天才札克‧金也順利地從Musical.ly轉到TikTok。金曾是頂尖Viner，對每個社群媒體平台都有經營。雖然他的專長不是對嘴唱，而是將短片剪輯得天衣無縫，有如特效魔術，他在Musical.ly還是廣受歡迎。等到Musical.ly成為TikTok，金的定位和TikTok一網打盡各式內容的方針一拍即合。他的名次在2019年逐漸上升，終於成為新平台的頂尖帳號，好幾支影片的觀看次數屢創新高。

Musical.ly對網路的影響仍在。如果沒有Musical.ly，也不會有TikTok明星。TikTok開創了以行動裝置影片為重的

時代，它的剪輯工具直到現在還沒有別的平台可以取代，它讓一整個世代（Z世代）都能輕鬆分享和發布自己的影片，將創作的內容在網路上公開。

「Musical.ly讓社群媒體更貼近一般人。」艾瑞兒・馬丁說：「雖然現在很多人忘記了，可是在以前，你要有攝影機和剪輯軟體才能成為YouTuber；Vine只給你六秒呈現有趣的東西──所以統統是喜劇。Musical.ly讓你能用完全不同的方式表現自己，想做什麼就做什麼，幾乎隨心所欲。」

雖然許多Muser對改變不安，但TikTok龐大的行銷資源在第一年就發揮效果，全球各地新用戶穩定增加，新一代網紅也在TikTok崛起。目前紅極全球的TikTok網紅查莉・達梅利奧（Charli D'Amilio），便是在2019年5月註冊TikTok，她的竄紅速度之快已經成為迷因。現在全球關注人數高居前五的愛蒂森・伊斯特林（Addison Easterling），則是在2019年7月註冊。查莉的姊姊狄可希・達梅利奧（Dixie D'Amelio）當時18歲，也開始走紅。她們的影片多半是跳舞和對嘴唱──典型的Musical.ly風格。拜TikTok的「為你推薦」頁面之賜，她們的名次在接下來一年快速上升，吸引數千萬人關注。

「為你推薦」頁面是TikTok作為社群媒體平台最大的創新。這個頁面運用AI編輯符合演算法的動態牆，將最可能引起用戶興趣的內容推送給他們。其他社群媒體應用程式置頂的，是用戶追蹤的帳號發布的貼文，TikTok的推薦引擎

則根本不管你追蹤誰,只注意你停下來看哪些內容、哪些內容滑過不看。一旦發現你對某類影片看得較久,它就推送更多同類內容給你。對創作者而言,只要你的內容吸引夠多人觀看,演算法就幫你推廣,在幾分鐘內把它推送到幾百萬人眼前,就算完全沒人關注你也一樣。

這項創新把爆紅循環加速到極致,但箇中機制令部分觀察家困惑。「每次有TikTok新明星靠跳舞或搞笑吸引百萬粉絲,就有更多人想問:他們憑什麼紅?」[2]莉貝佳・詹寧斯在沃克斯新聞網寫道:「一夕爆紅又立刻引起反彈的循環將不斷重演。」

貝拉・波奇(Bella Poarch)竄紅便是TikTok演算法發威的好例子。2020年4月,這名23歲的菲律賓裔美籍女子開始試拍TikTok影片,內容多半是角色扮演或對嘴唱。到8月初,她在TikTok已經有十萬人關注。8月17日,她發布短片,對嘴唱米莉・B(Millie B)的〈M致B(給索芙・阿斯平)〉(M to the B〔Soph Aspin Send〕),在鏡頭前擠眉弄眼。這支影片只有短短十秒,對大多數人來說稱不上傑作。但「為你推薦」演算法大力推廣,讓它全球瘋傳。波奇的追蹤者一天之內衝上兩百萬,這支影片也成為TikTok最多人按讚的影片之一。波奇持續上傳對嘴唱影片,每天增加將近百萬粉絲。在第一支爆紅影片發布後短短一個月,她的追蹤人數突破兩千兩百萬,在TikTok排行榜上躍入前二十名。

第19章 ── TikTok 稱霸
TikTok Dominates

波奇爆紅一事無可避免引起八卦頻道批評。後續一連串芝麻綠豆爭議又讓她不斷成為話題，圍繞她形成一群黑粉和另一群認定她被冤枉的鐵粉。這是塑造粉絲的完美條件，她的名氣從這時開始到達臨界質量（critical mass），足以自動招聚更多名氣。即使過了幾年，波奇的知名度仍持續上升。現在，她不但是TikTok的前三大帳號，也已經將快速累積的名氣擴散到其他平台，不僅YouTube頻道和其他社群媒體帳號都經營得有聲有色，還發行了好幾首熱門單曲。

• • •

到2019年末，Musical.ly的昔日明星在TikTok上不再享有優勢，將網路天王天后的位子讓給達梅利奧姊妹、伊斯特林和其他幾十名Z世代明星。同年聖誕節，14名創作者身穿牛仔褲、白T恤，擠在一面白色布景前做鬼臉，一起宣布一項即將主導TikTok早期方向的計畫──他們決定組成新的創作者團體和內容屋「紅人館」（Hype House）。[3]

協作屋（又稱內容屋）此時已是網紅世界行之有年的傳統。第一間內容屋是幾名YouTuber在威尼斯海灘成立的「總站」。2014年，YouTube協作頻道Our Second Life的成員一起搬到洛杉磯，住進後來稱為「02L屋」（02L Mansion）的豪宅。[4] 2015年，幾乎所有頂尖Vine明星都住在Vine街1600號的公寓大樓。2017年，YouTuber內容屋遍布洛杉磯[5]；

Vlog隊（Vlog Squad）成員群居影視城；威力幫在好萊塢山（Hollywood Hills）租下價值一千兩百萬的豪宅；傑克・保羅聲名狼籍的YouTuber團體第十隊則是先住在西好萊塢，後來又一起搬到卡拉巴薩斯（Calabasas）。

紅人館發布那張頗有新好男孩（Backstreet Boys）風格的照片後，消息在幾個小時內傳遍全網，引爆熱議，它的帳號不到一週已破百萬追蹤，新團體似乎成為所有18歲以下TikTok用戶的話題。TikTok出現標記「#紅人館」的影片後，短短幾天就累積近六千萬次觀看，一年後更衝向七十億次。

幕後籌劃紅人館的是切斯・哈德森（Chase Hudson）和湯馬斯・佩特魯（Thomas Petrou）。哈德森17歲，成名於TikTok，網路暱稱「Lilhuddy」；佩特魯21歲，成名於YouTube，曾是傑克・保羅第十隊的成員。兩人加起來有四千萬粉絲。2019年11月，他們開始與紅人館其他成員討論合創內容屋，兩週後就在恩西諾（Encino）租下一間大房子。

紅人館本身是一棟西班牙風格的豪宅，座落於恩西諾山丘，出入街道有門禁管制，有廣大的後院和游泳池，還有寬敞的廚房、餐廳和生活空間。雖然紅人館的創始成員多達17名，但真的完全住在那裡的只有切斯・哈德森、湯馬斯・佩特魯、黛西・基奇（Daisy Keech）、艾力克斯・華倫（Alex Warren）和姑芙・安農（Kouvr Annon），查莉和狄可希等人只有保留房間，到恩西諾時才住進來。日復一日，紅人館不斷

有舉足輕重的網路名人造訪,向這些網路新秀致意。詹姆斯・查理(James Charles)和大衛・多布里克都在其中。

紅人館是這個團體所有成員的福利,但你若想成為其中一份子,就一定要每天產出內容。「如果有人一直犯錯,就不再屬於這個團體。」2019年,湯馬斯對我說:「你不能跑來和我們住了一個星期,卻什麼影片也沒拍。這樣不行。」這種穩定的內容產出不但為紅人館成員創造回饋回路,不斷衝高他們的追蹤人數和觀看次數,也為TikTok加添燃料,鞏固它在Z世代中的霸主地位。

「這些平台的要角選擇相互拉抬,是非常漂亮的一著。」YouTuber兼科技專家山姆・薛佛(Sam Sheffer)說:「『成就別人就是成就自己』是老生常談,可是對新世代TikTok網紅來說確實如此。」

隨著紅人館興起,洛杉磯各地冒出好幾十家協作屋(但往往成為當地居民的惡夢)。有的協作屋是團體所有,有的則是由管理公司經營,仿效矽谷孵化器的作法為創作者建立新的模式:管理公司經營的豪宅可以從創作者住戶的收益中抽成;社群媒體明星用與廠商合作所賺的錢支付租金,享有折扣;管理公司負責其餘一切,包括剩下的租金、水電、環境清潔,以及每個成員的行銷、公關、法律服務等等。

2020年1月,紅人館成立後不到一個月,一群18到20歲的年輕男子選擇在洛杉磯貝萊爾區(Bel Air)落腳,入住

安靜街道裡的一間七千八百平方呎豪宅。他們是經常被稱為「TikTok的一世代」的團體「搖擺男孩」（Sway boys），這間協作屋也因此被稱為搖擺屋（Sway House）。[6] 這個團體包括網路上最紅的幾個男性Z世代TikTok創作者：布萊斯・霍爾（Bryce Hall）、傑登・霍斯勒（Jaden Hossler）、喬許・理查茲（Josh Richards）、昆頓・格里格斯（Quinton Griggs）、安東尼・里弗斯（Anthony Reeves）、吉歐・賽爾（Kio Cyr）、葛里芬・強森（Griffin Johnson）。他們全部隸屬管理公司TalentX，由TalentX租下房子，住戶免費入住，但與廠商合作的收益要讓TalentX抽成。搖擺男孩生活吵鬧，經常三更半夜大聲播放音樂或舉辦狂歡派對，最後被鄰居趕出這一區。其中幾個在好萊塢山租了新家。

儘管發生這種爭議，這股熱潮並未退卻。新的協作屋如雨後春筍般出現在洛杉磯，接著散布到全美國、甚至全世界。拉斯維加斯內容屋「沒人要屋」（The House That Nobody Asked For）成為另類青少年最愛，洛杉磯也出現越來越多Z世代內容屋，如風格屋（Vibe House）、阿法屋（Alpha House）、潮屋（Drip Crib）等等。在紅人館遭批沒有黑人後，有些TikTok網紅開始商議成立「黑色素屋」（Melanin Mansion）。

很快地，最早的紅人館開始開枝散葉。網路遊戲玩家團體FaZe幫接手小賈斯汀在柏本克區（Burbank）的舊家，讓它成為電競界的麥加。[7] 紅人館則搬進FaZe幫在好萊塢山的

舊房子。紅人館共同創辦人黛西‧基奇決定自立門戶，和別人合作創辦新協作屋「俱樂部屋」（Clubhouse）。

2020年11月，俱樂部屋將孵化器模式再推進一步[8]，成為第一家上市交易的內容屋，讓粉絲突然能買頂尖內容屋的股份。但不到兩年，俱樂部屋股價崩跌，幾乎一文不值。

廠商也想插手內容屋生意。電商平台Wish和社群媒體應用程式Clash都租下豪宅，請創作者為他們製作獨家內容。其他廠商也紛紛在洛杉磯設立快閃協作屋。

隨著洛杉磯年輕網紅競爭白熱化，隨著TikTok協作屋搶盡鋒頭，過去一向自認網路菁英地位穩固的YouTuber，突然感受到新生代網紅的威脅。

「TikTok帶來一批更年輕的創作者，他們的創作能量對許多年紀較大的創作者形成壓力。」同樣住在協作屋、擁有將近四百萬人追蹤的19歲TikTok網紅喬許‧薩多斯基（Josh Sadowski）說。YouTube明星真切感受到後生可畏，開始瘋狂與Z世代TikTok網紅接觸，希望能一起拍攝影片。2020年10月，為引起年輕觀眾共鳴，45歲的吧台椅體育新聞（Barstool Sports）創辦人大衛‧波諾（Dave Portnoy）親自出馬，邀搖擺男孩成員喬許‧理查茲合作錄製播客，暢談Z世代TikTok網紅的八卦。

傳統娛樂圈也想趁協作屋熱潮分一杯羹。住滿俊男美女的協作屋原本就是實境節目的絕佳主題，何況這群年輕人已

經有龐大粉絲基礎。2020年7月第一週,一起事件更加挑起娛樂圈幾家大型製作公司的興趣。而當然,這起事件和兩大協作屋的八卦有關。

週一深夜,搖擺屋的人在好萊塢山街頭狂飆,直奔紅人館而去。他們要找TikTok明星切斯・哈德森算帳,因為他在網路上數落搖擺男孩。

這場夜襲是整個週末口水戰的高潮,由於雙方都是TikTok巨星,這場爭執被稱為「TikTok決戰」(TikTokalypse)。幾個月來,雙方互指對方於公於私涉及欺騙和背叛。在TikTok影片、推文、Instagram直播和長篇留言推波助瀾之下,緊張局面逐漸沸騰。各種指控鋪天蓋地,猶如多媒體雪崩。塔娜・蒙格奧(Tana Mongeau)等熱門YouTuber見有機可「蹭」,也利用直播搧風點火。

那個週一深夜,搖擺男孩一下車就被狗仔隊包圍。紅人館成員立刻將他們迎進自己一萬四千平方呎的家,私下化解爭端。「我們談過了。沒吵架。擺平了。」[9] 19歲的傑登・霍斯勒推文說。

「這可以拍電視影集。」[10] 製片賀曼特・庫馬(Hemanth Kumar)推文談TikTok決戰:「有人舉手了嗎?」

一時之間,每個大型TikTok團體都開始尋找演出實境節目的機會。製片公司操舵室(Wheelhouse)和紅人館合作,為Netflix製作實境節目《紅人館》。[11] 達梅利奧一家也

在串流頻道Hulu推出實境節目《達梅利奧秀》(The D'Amelio Show)。[12]俱樂部屋雖然在藝人經紀公司ICM協助下四處毛遂自薦，但沒有成功。

事實上，傳統娛樂圈對社群媒體的認識還落後一截，不但仍把TikTok當成青少年跳舞的應用程式，也沒意識到社群媒體本身就是二十四小時不間斷的實境節目，用年輕人更感興趣的方式播送，對新生代的吸引力遠甚於傳統電視。有了TikTok，2000年代的實境節目文化和傳統名氣終於結合。年輕觀眾既然能在網路即時收看網紅最新動態，且完全免費，何必苦等串流頻道花六個月製作他們偶像的實境節目？

隨著「TikTok決戰」爆發，幾百萬名年輕粉絲湧入Instagram帳號@TikTokRoom。這個頁面是伊蕾莎與奈特（Elasia and Nat）兩名青少年在2015年開設的，原本是模仿Instagram上報導名人新聞的The Shade Room。伊蕾莎與奈特一開始分享的是Musical.ly網紅的新聞，TikTok取代Musical.ly之後，他們改變名稱、也調整內容，每天發布幾十則八卦新聞。TikTok決戰期間，經營Instagram八卦新聞專頁@M3ssyM0nday的希希・普萊斯（Cece Price）也獲得大量關注。這兩個帳號有一段時間追蹤數旗鼓相當，雙雙突破五十萬。

Z世代有自己的實境節目和應用程式，即時自好萊塢直播，不需要透過電視螢幕，也不需要娛樂圈高層介入。

註解

1. Pippa Raga, "While Lisa and Lena Are No Longer on TikTok, Their New YouTube Channel Is a Must-Watch," *Distractify*, September 9, 2019, www.distractify.com/p/why-did-lisa-lena-delete-tiktok-account.
2. Rebecca Jennings, "The Year TikTok Became Essential," *Vox*, December 8, 2020, www.vox.com/the-goods/2020/12/8/22160034/tiktok-top-100-bella-poarch.
3. Hype House (@thehypehousela), "'Merry Christmas from the Hype House Photos by @Bryant,'" Instagram, December 25, 2019, www.instagram.com/p/B6gMaDaldmf.
4. Our2ndLife (@Our 2ndLife), "O2L HOUSE TOUR IN 60 SECONDS," YouTube, February 13, 2014, www.youtube.com/watch?v=2aVoaohvQK8.
5. Danni Holland, "David Dobrik House: Exclusive Photos of The Vlog Squad House!" *Velvet Ropes*, April 19, 2021, https://www.velvetropes.com/backstage/david-dobrik-house; Taylor Lorenz, "Meet the Teens and Parents Who Spend Hours Standing in the Hot Sun Outside Jake Paul's House," *Mic*, July 31, 2017, www.mic.com/articles/183081/meet-the-teens-and-parents-who-spend-hours-standing-in-the-hot-sun-outside-jake-pauls-house/; "Clout House – Here's Who Lives in the Million Dollar Mansion," *Vlogfund*, May 13, 2018, https://www.vlogfund.com/en/blog/clout-house/; Alex Williams, "How Jake Paul Set the Internet Ablaze," *New York Times*, September 8, 2017, https://www.nytimes.com/2017/09/08/fashion/jake-paul-team-10-youtube.html/.
6. Hanna Lustig, "When 2 Famous TikTok House Members Were Arrested on Drug Charges, They Were Road-Tripping across the US in a Controversial Mid-Pandemic Adventure," *Insider*, May 27, 2020, www.insider.com/bryce-hall-arrest-drug-sway-house-jaden-hossler-charges-2020-5.
7. Taylor Lorenz, "Can FaZe Clan Build a Billion-Dollar Business?" *New York Times*, November 15, 2019, https://www.nytimes.com/2019/11/15/style/faze-clan-house.html; @FaZe Clan, "Revealing the New $30,000,000 FaZe House," YouTube, March 16, 2020, www.youtube.com/watch?v=-PZQqZ6n25k.
8. Taylor Lorenz, Peter Eavis, and Matt Phillips, "TikTok Mansions Are Publicly Traded Now," *New York Times*, November 20, 2020, www.nytimes.com/2020/11/20/style/clubhouse-tiktok-tongji-west-of-hudson.html.
9. Jaden Hossler (@jxdn), "we talked. no fighting. it's settled. i was heated asf but now i'm calm bc talking can resolve everything. it's over," Twitter, July 7, 2020, twitter.com/jxdn/status/1280371053793951745.

10 Hemanth Kumar (@crhemanth), "This is a Tv series waiting to be made. Who's calling dibs on this one?," Twitter, July 8, 2020, twitter.com/crhemanth/status/1280879916934787074.
11 "Wheelhouse Media | Video Production Studio – Charlotte NC," Wheelhouse Media, www.wheelhousemedia.tv/.
12 Alexandra Jacobs, "The D'Amelios Are Coming for All of Your Screens," *New York Times*, August 28, 2021, https://www.nytimes.com/2021/08/28/style/charli-dixie-damelio-hulu-show.html.

20 解鎖
Unlocked

　　2020年3月，新冠肺炎疫情迫使每一個人足不出戶，世界也變得更加依賴網路。隨著網路成為與人接觸的主要工具，原本抗拒網路的人也不得不參與其中。我們從手機螢幕經歷了政治和文化巨變。各種網路創作者的觀看次數直線上升。TikTok、Twitch等應用程式下載量暴增，用戶基礎急速擴大。隨著電視主持人也開始從家中播報，傳統娛樂和社群媒體的生產價值漸趨平等。珊珊來遲的用戶，終於承認網路創作者並不低人一等。

　　到這時，社群媒體已經成為許多人日常生活的一部分，例如服務業便普遍擁抱TikTok。服務業需要長時間值班，值班時又有許多空檔，於是不少這業界的員工開始用TikTok讓人一窺他們的生活。在疫情重創服務業那段時間，這些員工運用TikTok為自己和雇主宣傳募款活動。

　　TikTok在疫情早期也扮演關鍵公衛角色，成為前線工作者教育民眾的平台，讓他們以第一手經驗宣導新冠肺炎相

關知識。急診護理師、醫生、衛生工作者透過TikTok說明為什麼戴口罩很重要、為什麼新冠肺炎非常危險，也透過TikTok駁斥疫苗假消息。[1]病人以TikTok記錄自己的康復旅程，在病床上與百萬觀眾線上連結。[2]

疫情期間的烹飪與烘焙熱潮也是拜社群媒體之賜，其中又以TikTok的角色最為重要。是TikTok讓迷你鬆餅和楓糖咖啡蔚為風潮[3]，也是TikTok造就新一代的食物創作者，例如18歲的烹飪新寵艾坦・伯納斯（Eitan Bernath）。在學校停止實體授課期間，老師和學生不只透過Zoom視訊上課，也利用TikTok和YouTube遠距學習。[4]學生組成直播讀書會，彼此互助完成功課。

年輕用戶被關在家裡後，開始在社群媒體上搬演想像的人生。雖然角色扮演在線上世界不是新鮮事，但疫情期間的表演更加別出心裁。為了拍好第一人稱影片，年輕人精心編造虛構的故事和場景。[5]成千上萬青少年開始扮演跨國企業[6]，或是奉他們喜愛的TikTok創作者為「教主」，建立搞笑荒謬的「邪教」。不少十幾二十歲的女性拍片推薦書籍，加上主題標籤「＃BookTok」，將新書和舊書推上排行榜。[7]

在這段孤立、寂寞、人心惶惶的日子，線上連結比以往任何時候都來得重要。2020年網路的活力和朝氣帶給無數人安慰。即使只有短短幾分鐘，它讓人們相信世界終將恢復正常，未來依然樂觀。

∙ ∙ ∙

OnlyFans將社群媒體的焦點從保羅・史密斯的粉紅牆轉向閨房。如果Vine、Instagram、TikTok的成功之道是讓用戶窺看名人的私生活，OnlyFans承諾會讓觀眾看見更私密的內容。OnlyFans之所以能一鳴驚人，一方面是它結合了情色產業和迅速擴張的網路創作者世界，另一方面是它運用了讓社群媒體深具顛覆性的能力：繞過傳統把關者和直接變現內容的能力。OnlyFans給予成人表演者力量，讓她們創作和變現自己的影像，不必再像過去一樣受制於成人娛樂公司。

OnlyFans於2016年在倫敦成立，創辦者是提姆（Tim）和湯馬斯・史托克利（Thomas Stokely）兄弟。[8]OnlyFans從一開始就把焦點放在訂閱制色情內容。表演者能分得八成的訂閱收益，周邊商品收益則全歸表演者所有。

由於Apple和Google明令禁止色情內容，OnlyFans和其他社群媒體平台不一樣，沒有應用程式版。但它的網站還是經營得有聲有色，疫情期間成長尤其快速。從2020到2021年，OnlyFans的稅前利潤從六千一百萬增加到四億三千三百萬。同時期活躍用戶增加128%，至2021年將近一億八千八百萬人；表演者人數則增加三分之一，剛好突破兩百萬；表演者進帳總計四十億，是前一年的兩倍多。[9]

第20章──解鎖
Unlocked   379

許多表演者有意在別的社群平台推銷自己，尤其是TikTok、Instagram和YouTube。她們也嘗試和線上色情及特殊性癖社群培養關係。但從零開始建立追蹤者基礎絕非易事，如果你是性工作者，更是難上加難。主流社群媒體平台已明白表示不歡迎成人內容，經常刪除或限流性工作者，阻撓她們使用可貴的宣傳管道。

雖然OnlyFans獲利甚豐，但若以為網站上的性工作者大多賺滿荷包，恐怕過於天真。[10]據2021年《快公司》月刊報導，OnlyFans內容創作者自網站成立以來已賺進三十億，但文章並未清楚說明表演者平均收入。[11]同年，OnlyFans發言人對《紐約時報》的夏綠蒂・沈恩（Charlotte Shane）說：收入「超過一百萬」的創作者已「超過三百人」。

然而，對某些創作者來說，OnlyFans解開了諸多束縛。事實上，OnlyFans反映出更大的轉變：從2020年初期開始，創作者透過訂閱收益直接從粉絲賺錢。疫情的經濟衝擊讓許多人驚覺廣告收益波動高、變數多，創作者紛紛將收益多元化，不再只靠贊助內容獲利。在此同時，隨著越來越多人看見網路創作者的價值，願意為數位內容付費的用戶也大增。

以Patreon為例，這個平台讓創作者按月收取訂閱費用，提供粉絲專屬內容。Patreon成長迅速，據網媒TechCrunch報導，光是2020年3月就有超過三萬名創作者加入。[12]到了9月，Patreon成功完成新一輪融資，市值超過十二億。[13]

雖然疫情初期Patreon和OnlyFans的榮景只是曇花一現，但它們為新一波變現模式奠下基礎。到2022年，幾十家「創作者經濟」新創公司獲得創投資金支持，讓每一個人更容易變現生活中的任何面向[14]——不論吃什麼東西、和什麼人廝混，都有潛在獲利機會。便於小額支付和分潤的工具出現以後，微變現一個人的網路活動變得更加方便。

・・・

在2020年，擁有廣大TikTok觀眾的青少年其實不只上傳跳舞和搞笑內容，他們也利用TikTok評論政治和發動社運。[15] 2020年是新冠肺炎之年，也是唐納・川普和喬・拜登爭奪總統大位之年，以及喬治・佛洛伊德（George Floyd）死於明尼亞波里斯警察之手的一年。

TikTok上的政治內容當時已經變多了一段日子[16]，2020年總統大選顯然是第一場「TikTok大選」，多數年輕人從TikTok接收新聞和取得相關議題的即時資訊。透過討論墮胎、槍枝管制、氣候變遷、全民健保等問題，內容創作者獲得幾百萬次觀看，經營新聞和聊天頻道的創作者觀看次數暴增。Twitch供創作者和觀眾討論各種話題的「隨便聊聊」（Just Chatting）大受歡迎，連帶造就一批新的網路明星，例如點評新聞和政治的左翼網紅哈桑・派克（Hasan Piker）。

青少年也開始組成線上政治合作社團，並以知名網紅

團體「紅人館」為名。右派有 @conservativehypehouse、@theconservativehypehouse 和 @TikTokrepublicans。@therepublicanhypehouse 不到一個月就超過二十一萬七千人追蹤，後來雖然因為散播選舉舞弊陰謀論而遭禁，但在此之前已突破百萬追蹤。左派陣營較著名的有 @liberalhypehouse 和 @leftist.hype.house。中間派有跨黨派紅人館和另一個較小的帳號 @theneutralhouse。

一時之間人人關心政治，並在網路上找到符合自己興趣或立場的社群。網路上出現猶太教紅人館、穆斯林紅人館等宗教紅人館，為特定宗教社群發聲。每一個州、許多主要城市和各大學也組成紅人館（光是密西根州就有至少三個）。2020年初，以LGBT為主的TikTok網紅團體「六號艙」（Cabin Six）在TikTok舉行公開甄選。另一個TikTok合作團體「多元大學」（Diversity University）也在洛杉磯設立快閃屋。

年輕人希望獲得切合自身背景和經驗的資訊，但主流媒體往往忽略他們的需求。在這種情況下，這些為具有特定訴求的選民發聲的合作團體，正好填補這個新聞真空。TikTok網紅對政治對話能發揮龐大影響力，而且也樂於插手。舉例來說，為了讓更多人想起麥克・彭斯（Mike Pence）縮限同志權利的紀錄[17]，LGBTQIA+TikTok網紅齊推一則彭斯反同的迷因（在那則迷因裡，彭斯表示他要把LGBT人士全部送進同志轉化營）。皮特・布塔朱吉（Pete Buttigieg）的綽號「美

乃滋皮特」（Mayo Pete）也是起於TikTok（這個綽號曾在他競選關鍵時刻破壞他的公眾形象）。[18] 此外，不論是伊朗核戰威脅，或是川普總統第一次彈劾案，這些政治風波之所以成為Z世代熱烈討論的話題，都是在TikTok網紅廣泛散播迷因之後。[19]

黑命貴運動（BLM，Black Lives Matter）蔓延全國期間，社群媒體平台成為第一線報導中心。這場抗議運動起於17歲的姐內拉・弗拉澤（Darnella Frazier）出於義憤，將喬治・佛洛伊德的遇害過程上傳臉書和Instagram，接著Twitch直播主和TikTok創作者開始報導黑命貴運動。[20] 創作者卡里姆・拉赫瑪（Kareem Rahma）拍下明尼蘇達一場黑命貴抗議活動[21]，上傳TikTok，觀看次數超過五千四百萬次，散播之快、範圍之廣，遠非傳統有線新聞頻道之所能及。

2020年6月底，TikTok用戶集體索取幾千張川普造勢活動的門票，但無意出席，讓川普對著空蕩蕩的大型體育場演講。這次惡搞行動引起主流媒體關注，也證明TikTok具備進行政治動員的能力。[22]

不巧的是，2020年也是假訊息猖獗到TikTok不得不處理的一年。那年10月，TikTok終於出手打擊QAnon和披薩門陰謀論。[23][24] 然而，其他陰謀論仍持續發酵，不論是「家具商Wayfair涉嫌拐賣兒童」，或是各種性販運理論，都在TikTok流傳好一段時日。[25]

隨著選舉接近、川普威脅禁止TikTok，數百名TikTok網紅組成「Z世代挺拜登」，鼓勵年輕人用選票下架川普。選舉當晚，隨著各州陸續開票，數百萬名青少年上TikTok緊盯結果。[26]大選結束後，「Z世代挺拜登」改為「Z世代挺改變」，與拜登政府密切合作，推廣疫苗接種和兒童稅收減免等重大政策。2022年春，政府開始就重大事件（如烏克蘭戰爭）為TikTok創作者舉辦記者會。[27]

・・・

拜社群媒體之賜，無數邊緣人在線上找到歸屬、意義，甚至新的收入來源。可是在網路重塑世界的同時，世界也在影響網路。有心煽動仇恨之人也能循網紅模式發揮影響力，極右翼極端主義者即為一例。在南方貧困法律中心（Southern Poverty Law Center）的《仇恨與極端主義年度報告書》(The Year in Hate and Extremism)中，戰略對話研究所（Institute for Strategic Dialogue）分析師佳朗・歐康諾（Ciaran O'Connor）說：「對這些人而言，最重要的是內容。原因何在？[28]因為他們只想創作能上網分享的內容，這樣才能吸引捐款、增加觀看次數，之後再以短影片散播。」

創作者社群中也存在潛藏的成見，通常涉及將別人的創新挪為己用，藉此提高自身知名度，也增加潛在的收入。和線下世界一樣，這種挪用侵害的常常是黑人創作者的權益。

2020年，一支渾名「背叛」（the Renegade）的舞蹈在網路爆紅。一時之間，網路和公共場合到處是跳「背叛」的青少年，讓這支舞進一步瘋傳。不只青少年為之瘋狂，連明星麗珠（Lizzo）[29]、考特妮·卡戴珊和韓團Stray Kids都跟著跳。

「背叛」氣勢如虹之餘，有一個人卻沒有因為它得到關注——「背叛」的原創者、14歲的亞特蘭大女孩賈萊雅·哈曼（Jalaiah Harmon）。

2019年9月25日，哈曼放學回家，問她在Instagram認識的朋友有沒有興趣一起編舞。聽過亞特蘭大饒舌歌手K-Camp的〈樂透〉（Lottery）之後[30]，她為副歌編了複雜的舞步，融入「波浪」（wave）和「哇」（whoa）等熱門動作。哈曼先自拍舞步上傳，發表在類似短影片應用程式Dubsmash的小型平台，後來又和朋友一起跳，上傳到自己擁有兩萬人追蹤的Instagram帳號。

幾週之內，這支舞先是在Dubsmash和Instagram用戶間傳開，不久又傳到TikTok。TikTok的大型創作者開始跳「背叛」上傳，但沒有一個注明原創是哈曼，逼得哈曼一面應付九年級課程、一面上舞蹈課，一面還要設法讓大家知道她才是原創。她去好幾支影片底下留言，要求那些網紅標注她，但沒有人理會。

為了衝高追蹤數，創作者往往會跨平台分享自己的舞蹈、迷因或資訊。但如果沒人知道你是原創，你就得不到隨

作品爆紅而來的機會。熱門舞步創作者如Backpack Kid和Shiggy都因作品成為網紅，累積大量追蹤人數，從而獲得品牌合約、媒體曝光機會，以及更寬廣的職涯選擇。[31]

對Dubsmash用戶和Instagram舞蹈社群來說，標注舞蹈創作者和歌手的帳號是禮貌，使用主題標籤也有助於追蹤一支舞的演進。可是TikTok沒這種規矩。

1月17日，Dubsmash創作者領袖芭莉・賽格爾（Barrie Segal）上傳一系列影片，要求TikTok網紅注明「甜甜圈店」（Donut Shop）這支舞的原創是D1 Nayah，情勢一觸即發（D1 Nayah是Dubsmash的當紅舞者，在Instagram有超過百萬人追蹤）。@TikTokRoom立刻報導這場爭議，引來無數留言評論。[32]

我在《紐約時報》報導了「背叛」的起源之後，賈萊雅終於得到應有的肯定，品牌合約和機會源源而來。賈萊雅的遭遇在創作者產業中掀起一波討論，關於挪用，也關於原創者如何爭取應有的肯定。雖然黑人創作者創作也帶動許多大型網路潮流，但他們獲得的品牌合約一直比白人同業少。[33] @InfluencerPayGap等帳號不斷提出呼籲，希望能喚醒社會關注黑人與白人網紅報酬不平等的問題。[34]黑人創作者較少受邀參加廠商廣告宣傳，參與品牌贊助活動得到的待遇往往也較低。[35]報導到創投公司時，黑人創辦人經常不成比例地被忽略。[36]

距離賈萊雅・哈曼創作「背叛」的地點不遠，身在亞特蘭大的藝人經理人凱斯・杜錫（Keith Dorsey）一路緊盯發展，興味盎然地觀察2020年的這些事件。[37] 他親眼看見內容屋蔚為風潮，但也發現主流社會還沒有全黑人創作者組成的內容屋，於是，他打算自己創立一間。

2020年夏，杜錫旗下的許多年輕TikTok明星高中畢業，急著離家自立，重拾疫情隔離期間被剝奪的線下社交生活。由於協作屋當時在洛杉磯已十分普遍，杜錫和旗下創作者決定以它們為藍本，在亞特蘭大建立全黑人內容屋：協作倉（Collab Crib）。差不多在同一段時間，二十多位Z世代創作者也創建了效力倉（Valid Crib），成為當地另一間全黑人內容屋。

哈曼討回「背叛」原創功勞的經歷只是冰山一角，它讓我們看見廣大而令人不安的文化偏見。亞特蘭大協作倉戰功彪炳，幾名成員曾成功掀起好幾十波爆紅潮流，也經常登上大型迷因或Worldstar、Shade Room等Instagram帳號。[38] 但即使如此，這兩個團體還是很難獲得贊助。有些廠商曾經展現興趣，後來卻不了了之，其中一個潛在贊助對象還轉而支持全白人創作者的內容屋。還有家居產品公司說他們的粉絲族群不符品牌需求，後來連電話都不接。

隨著爭取種族平等的抗議傳遍全美，人們開始嚴格檢視網紅產業，畢竟，長期主宰這個領域的是年輕貌美的白人直男直女。

數位創作者克莉希・路瑟福德（Chrissy Rutherford）說：「種族主義甚至影響到演算法，以致黑人創作者的追蹤人數往往比較少。」[39] 路瑟福德也是品牌顧問公司2BG顧問（2BG Consulting）的創辦人，以多元與包容為公司宗旨。

「實情就是我們被剝削了，這是黑人在勞動市場上始終面臨的核心問題。」[40] 黑人內容創作者艾瑞克・路易斯（Erick Louis）對我說：「我們得到這麼多讚，應該能換成別的東西。問題是，我們到底能如何掙到像樣的錢和權力，還有我們本來就應該得到的合理回報？」

黑人創作者開始發聲，要求各界正視自己的貢獻，將爆紅舞蹈、口號、迷因的功勞還給原創者。一時，廠商紛紛邀請黑人創作者參加廣告活動和網紅巡演。但好景不常。到2023年中，業界再次走上回頭路，這段時間多元性的進展幾乎回到原點。[41]

協作倉最後轉型為工作室，成員可以到那裡見面、工作，之後各自回家。效力倉則是在成立一年後就難以為繼。雖然許多黑人創作者依然堅信自己可以成功，但大家都清楚這條路會比想像的難走。

「許多廠商抱怨找不到追蹤數龐大的黑人創作者。」[42] 路瑟福德那時對我說：「可是你們有沒有想過，你們基本上只和白人創作者互動、只追蹤他們，也只為他們按讚？現在這種情況不完全是我們的問題。」

388 EXTREME ONLINE
The Untold Story of Fame, Influence, and Power on the Internet

註解

1. Shira Ovide, "A TikTok Doctor Talks Vaccines," *New York Times*, December 14, 2020, www.nytimes.com/2020/12/14/technology/a-tiktok-doctor-talks-vaccines.html.
2. Sarah Wildman, "My Daughter, TikTok Warrior," *New York Times*, December 29, 2020, www.nytimes.com/2020/12/29/opinion/sunday/cancer-tiktok.html.
3. Naomi Tomky, "Pancake 'Cereal' Is Basically Homemade Cookie Crisp for Teens (and Parents)," Kitchn, May 7, 2020, https://www.thekitchn.com/pancake-cereal-tiktok-23035559/; Jesse Szewczyk, "I Tried the 'Whipped Coffee' Trend That's Taking Over the Internet. Here's How It Went," Kitchn, March 20, 2020, https://www.thekitchn.com/whipped-coffee-trend-review-23017225; Naomi Tomky, "This Wildly Popular Recipe Turns Carrots into 'Bacon' in Just 10 Minutes," Kitchn, April 23, 2020, https://www.thekitchn.com/vegan-carrot-bacon-tiktok-23030278/; Trilby Beresford, "Chef, TikTok Star Eitan Bernath Signs With WME (Exclusive)," *Hollywood Reporter*, May 4, 2020, https://www.hollywoodreporter.com/business/business-news/tiktok-star-youtuber-eitan-ber nath-signs-wme-1292864/; Rachel E. Greenspan, "How a Teenage Chef Created a Social Media Empire with Millions of Views, from Quarantine Cooking to an Appearance on 'Chopped,'" *Insider*, March 17, 2020, https://www.insider.com/eitan-ber nath-chef-food-influencer-tiktok-cooking-videos-2020-4.
4. Amelia Nierenberg and Adam Pasick "Streaming Kindergarten on TikTok," *New York Times*, September 18, 2020, https://www.nytimes.com/2020/09/18/us/remote-learning-tiktok.html.
5. Caroline Haskins, "Why Teens Love TikTok," *Vice*, 23 July 2019, www.vice.com/en/article/bj9qq5/this-meme-explains-why-tiktok-isnt-like-any-other-social-media.
6. Taylor Lorenz, "Step Chickens and the Rise of TikTok 'Cults,'" *New York Times*, May 26, 2020, www.nytimes.com/2020/05/26/style/step-chickens-tiktok-cult-wars.html.
7. Elizabeth A. Harris, "How Crying on TikTok Sells Books," *New York Times*, March 20, 2021, www.nytimes.com/2021/03/20/books/booktok-tiktok-video.html?searchResultPosition=2.
8. Shanti Das, "Meet the King of Homemade Porn—A Banker's Son Making Millions," *Sunday Times* (UK), July 26, 2020, https://www.thetimes.co.uk/article/meet-the-king-of-homemade-porn-a-bankers-son-making-millions-z9vhq9c9s.
9. Kaya Yurieff, "OnlyFans' Sustained Pandemic Boom; Twitter Finally Tests Edit Button," Information Archive, September 1, 2022, archive.is/JXdRk#selection-609.0-609.68.
10. Charlotte Shane, "OnlyFans Isn't Just Porn," *New York Times*, May 18, 2021, www.

nytimes.com/2021/05/18/magazine/onlyfans-porn.html.
11 K. C. IIfeanyi, "The NSFW Future of OnlyFans, Where Celebs, Influencers, and Sex Workers Post Side by Side," *Fast Company*, March 26, 2021, www.fastcom pany. com/90611207/the-nsfw-future-of-onlyfans-where-celebs-influencers-and-sex-workers-post-side-by-side.
12 Sarah Perez, "Over 30K Creators Joined Patreon This Month, as COVID-19 Outbreak Spreads," *TechCrunch*, March 26, 2020, techcrunch.com/2020/03/26/over-30k-creators-joined-patreon-this-month-as-covid-19-outbreak-spreads/.
13 Maria Armental, "Patreon Tops $1 Billion Valuation as Pandemic Brings a Surge in Creators to Platform," *Wall Street Journal*, September 1, 2020, archive.is/retji#selection-229.1-232.0.
14 Taylor Lorenz, "Everything on Social Media Is for Sale," *Atlantic*, November 27, 2018, https://www.theatlantic.com/technology/archive/2018/11/young-artists-and-producers-embrace-micro-monetizing/576 682/.
15 Anna Cafolla, "How Young People Are Using TikTok to Get Political This General Election," Dazed, December 12, 2019, https://www.dazeddigital.com/politics/article/47105/1/general-election-tiktok-memes-boris-johnson-jeremy-corbyn-tory-labour.
16 Rebecca Jennings, "TikTok Never Wanted to Be Political. Too Late," *Vox*, January 22, 2020, www.vox.com/the-goods/2020/1/22/21069469/tiktok-memes-funny-ww3-politics-impeachment-fires.
17 Joseph Longo, "Welcome to Mike Pence's Gay Teen Summer Camp," *MEL Magazine*, January 6, 2020, melmagazine.com/en-us/story/camp-pence-tiktok-memes-lgbtq-conversion-therapy.
18 Joseph Longo,"Teens on TikTok Are Roasting the Hell out of 'Mayo Pete,'" *MEL Magazine*, November 19, 2019, melmagazine.com/en-us/story/mayo-pete-memes-buttigieg-tiktok-teens.
19 Charlie Beall (@charlie91bea), "This TikTok has been really keeping me going lately. An interpretative dance of @SpeakerPelosi announcing impeachment inquiries," Twitter, October 19, 2019, twitter.com/charlie91bea/status/1185622860611674112; John Herrman, "Welcome to TrumpTok, a Safe Space from Safe Spaces," *New York Times*, May 13, 2019, www.nytimes.com/2019/05/13/style/trump-tiktok.html.
20 Kellen Browning, "Where Black Lives Matter Protesters Stream Live Every Day: Twitch," *New York Times*, June 19, 2020, www.nytimes.com/2020/06/18/tech nology/protesters-live-stream-twitch.html.
21 Kareem Rahma (@Kareemrahma), TikTok profile, www.tiktok.com/@kareemrahma.

22 Taylor Lorenz, Kellen Browning, and Sheera Frenkel, "TikTok Teens and K-Pop Stans Say They Sank Trump Rally," *New York Times*, June 21, 2020, www.nytimes.com/2020/06/21/style/tiktok-trump-rally-tulsa.html.

23 譯註：2016年，右翼陣營傳言民主黨利用華府一家披薩店拐賣兒童，導致披薩店員工遭受網路霸凌與死亡威脅。同年12月，一名男子以營救兒童之名持槍進店開槍，所幸無人傷亡。

24 Bobby Allyn, "TikTok Tightens Crackdown on QAnon, Will Ban Accounts That Promote Disinformation," NPR, October 18, 2020, www.npr.org/2020/10/18/925144034/tiktok-tightens-crackdown-on-q anon-will-ban-accounts-that-promote-disinformation.

25 E. J. Dickson, "A Wayfair Child-Trafficking Conspiracy Theory Is Flourishing on TikTok, despite It Being Completely False," *Rolling Stone*, July 14, 2020, www.rollingstone.com/culture/culture-news/wayfair-child-traf ficking-conspiracy-theory-tiktok-1028622/.

26 Taylor Lorenz, "Election Night on TikTok: Anxiety, Analysis and Wishful Thinking," *New York Times*, November 4, 2020, www.nytimes.com/2020/11/04/style/tiktok-election-night.html.

27 Taylor Lorenz, "The White House Is Briefing TikTok Stars about the War in Ukraine," *Washington Post*, March 11, 2022, www.washington post.com/technology/2022/03/11/tik-tok-ukraine-white-house/.

28 Cassie Miller and Rachel Rivas, "The Year in Hate & Extremism Report 2021," Southern Poverty Law Center, March 9, 2022, www.splcenter.org/20220309/year-hate-extremism-report-2021.

29 Jules (@bangchannies), "CHAN AND FELIX TAKING THE RENEGADE DANCE SO SERIOUSLY SENDS," Twitter, February 7, 2020, twitter.com/bangchannies/status/1225950060569075712.

30 Dance Tutorials Live (@DanceTutorialsLive), "ARM WAVE TUTORIAL | How to Dance to Dubstep: WAVING» Beginner Hip Hop Moves W/ @MattSteffanina," YouTube, March 23, 2013, www.you tube.com/watch?v=6CPtOe3GVwk/; Eli Unique (@eliuniquee), "HOW to DO the WOAH DANCE & PLENTY of WAYS!!!" YouTube, July 7, 2018, www.youtube.com/watch?v=ZPNfN63WgXw.

31 "Backpack Kid Russell Horning, Creator of the Floss Dance, Becomes the Latest to Sue Fortnite," ABC News (Australia), December 18, 2018, https://www.abc.net.au/news/2018-12-19/floss-dance-creator-backpack-kids-sues-fortnite/10633962; Allie Yang, "Shiggy on How the 'in My Feelings Challenge' Changed His Life,"

ABC News, December 21, 2018, abcnews.go.com/Entertainment/shiggy-feelings-challenge-changed-life/story?id=59782945.

32 Taylor Lorenz, "The Original Renegade," *New York Times*, February 13, 2020, www.nytimes.com/2020/02/13/style/the-original-renegade.html/; D1 Nayah (@thereald1.nayah), Instagram profile, www.instagram.com/thereald1.nayah/.

33 Ashley Carman, "Black Influencers Are Underpaid, and a New Instagram Account Is Proving It," *Verge*, July 14, 2020, www.theverge.com/21324116/insta gram-influencer-pay-gap-account-expose.

34 Tiffany Trotter, "New Instagram Account Exposes Pay Disparities among Black Influencers," *Black Enterprise*, August 18, 2020, www.black enterprise.com/new-instagram-account-exposes-pay-disparities-among-black-influencers/.

35 Imogen Learmouth, "The Dote Scandal and How It Reflects YouTube's Racism Problem," Thred Website, May 17, 2019, thred.com/culture/the-dote-scandal-and-how-it-reflects-youtubes-racism-problem/.

36 Amanda Silberling, "Atlanta-Based Black Influencer Collective Swapped Collab House for Studio," *TechCrunch*, August 5, 2022, techcrunch.com/2022/08/05/collab-crew-black-influencer-collective-studio-atlanta/.

37 Lorenz, "The Original Renegade."

38 Jenna Wortham, "Instagram's TMZ," *New York Times*, April 14, 2015, www.nytimes.com/2015/04/19/magazine/instagrams-tmz.html.

39 Taylor Lorenz, "The New Influencer Capital of America," *New York Times*, December 11, 2020, www.nytimes.com/2020/12/11/style/atlanta-black-tiktok-creators.html/; Nicky Campbell, "CFDA," Cfda.com, July 27, 2020, cfda.com/news/chrissy-rutherford-and-dan ielle-prescod-launch-consulting-agency-2bg.

40 Taylor Lorenz and Laura Zornosa, "Are Black Creators Really on 'Strike' from TikTok?" *New York Times*, June 25, 2021, www.nytimes.com/2021/06/25/style/black-tiktok-strike.html.

41 Brianna Holt, "Black Content Creators Receive Less Money than Their White Counterparts. They Are Relying on the Strength of the Creator Community to Lessen the Pay Gap," *Insider*, January 8, 2023, https://www.insider.com/how-black-content-creators-trying-to-lessen-influencer-pay-gap-2023-1/; Daysia Tolentino, "Black Creators Say They 'Have to Be Perfect' to Get Promotional Products from Brands. They Want That to Change," NBC News, December 27, 2022, www.nbcnews.com/news/nbcblk/black-creators-call-out-inequity-in fluencer-gifting-rcna61923.

42 Lorenz, "The New Influencer Capital of America."

21 競爭與擴張

The Scramble and the Sprawl

多年以來,許多實力雄厚的矽谷投資家鄙視網紅,覺得他們愚蠢而輕浮,根本不把網路創作者放在眼裡。但隨著疫情到來,新局漸漸明朗。這群投資家感覺到風向變化,開始大舉投資相關新創公司,似乎只要與網路創作者有關都願意加碼。「創作者經濟」成為時髦用語,進入矽谷炒作週期。有些投資家多長了一個心眼,有意利用自己創立的應用程式擴大自己的網路影響力。

矽谷創投公司對創作者產業趨之若鶩,加上TikTok大放異彩,讓一度停滯的消費者社群產業重新復興。「新冠疫情是一大轉折,」風險投資家李津(音譯:Li Jin)說:「感覺上又到了一爭高下的時候⋯⋯TikTok崛起讓大家覺得,對耶,消費者社群領域還有創新空間。TikTok最大的不同是把創作者當一等公民。」

然而,矽谷普遍不懂消費者社群產業。

由於不少科技業男性講到「網紅」就想到女性,而且有

第 21 章　　競爭與擴張
The Scramble and the Sprawl　393

意和自己過去鄙視網紅的言論切割，所以他們轉而提倡「創作者」和「創作者經濟」這兩個用語，打算以新名稱指稱如今規模龐大、舉足輕重的產業。可惜他們對創作者產業實在太過陌生，只忙著投資自己眼中的市場先鋒，殊不知競爭對手早在這個領域發展成熟。舉例來說，有矽谷高層興致勃勃，打算投資有電子商務能力的推薦碼平台，似乎渾然不知RewardStyle的存在。

科技新聞網《Information》估計，光是2021年上半年，創投公司便投資至少五十家以創作者為重心的新創公司，金額超過二十億元。[1]進入下半年後，數字有增無減。[2]這段時間最誇張的估值或許是俱樂部屋（與黛西・基奇的內容屋無關，後者沒多久就歸於沉寂），一個讓用戶主持實況聊天對話（或聽別人的即時聊天秀）的即時語音應用程式。有些矽谷高層取代TikTok心切，急於推出新社群平台，便一口氣投資俱樂部屋幾百萬元。2021年4月，俱樂部屋在安德里森・霍羅維茲公司（Andreessen Horowitz）主導的融資輪中籌得兩億元，讓公司估值上升到四十億左右。[3]大型平台如Spotify、臉書、推特都急著複製俱樂部屋。

然而，俱樂部屋自毀長城：投資金主用它推銷自己的個人品牌，試圖把自己變成網紅，讓仍待成長的用戶群大失所望。此外，由於俱樂部屋拒絕設立基本用戶安全措施，讓熱門創作者大為光火。即使俱樂部屋的女性創作者遭到惡毒霸

凌、跟蹤和肉搜，平台管理方仍置若罔聞。俱樂部屋不到一年就失去熱度。

看到許多矽谷人對網路文化如此顢頇，有些網紅決定自己成為風險投資家。2021年3月，傑克・保羅宣布他將第二次嘗試創立創投公司。〔4〕一個月後，TikTok明星和前搖擺男孩喬許・理查茲、葛里芬・強森、諾亞・貝克（Noah Beck）等人攜手合作，創立自己的創投公司「動物資本」（Animal Capital）。〔5〕

另一些創作者也想搭上這波資金潮，設立自己的新創公司。2021年2月，大衛・多布里克募集兩千萬元成立了Dispo，一個模仿拋棄式相機的攝影和社群平台應用程式。Dispo估值兩億，是那年頗受矚目的新社群平台。豈料僅僅一個月後，多布里克的YouTube惡作劇團隊「Vlog隊」爆出醜聞——據網媒《Insider》記者凱特・坦巴吉調查，其中一名成員涉嫌性侵。〔6〕消息一出，多布里克成為眾矢之的，Dispo的金主紛紛與他切割，聲明將把這筆投資的獲利全部捐給性侵受害者組織。多布里克數度向粉絲公開道歉。這又是一次血淋淋的教訓：水能載舟，亦能覆舟，觀眾龐大能讓創作者功成名就，也能讓創作者身敗名裂。

・・・

到2022年，創作者產業已經成為主流，規模大到連中

小型藝人都知道不能免費創作。大型平台和科技公司高層很快意識到：如果想和網路創作者分一杯羹，就必須支付網紅報酬——他們的確做到了，只不過有時候過頭了一點。在短影片應用程式Triller付不出帳單、積欠幾十名黑人創作者報酬之前[7]，它討好TikTok頂尖明星從不手軟，不但為查莉・達梅利奧租了一台有「TRILLER」車牌的白色勞斯萊斯，也為搖擺男孩喬許・理查茲租了一台賓士。

Snapchat同樣為創作者砸下重金，推出類似TikTok的Spotlight，每天提供一百萬元獎金給觀看數前幾名的創作者。推特讓創作者將內容放在付費牆後，每月收取訂閱費用。臉書再次嘗試籠絡創作者，提供數百萬元請頂尖網紅使用Instagram Reels——臉書模仿TikTok的產品。

很快地，科技巨頭開始以更傳統的方法讓藝人獲利。方法並不特殊，正是YouTube領先超過十年的老辦法：廣告分潤。Instagram宣布與Reels創作者分享廣告收益的計畫。[8]TikTok也推出「Pulse」計畫，在平台前4%的內容投放廣告，與創作者分享廣告收益。[9]2023年初，YouTube也為它仿自TikTok的短片（Shorts）提出分潤計畫。社群媒體巨頭紛紛增加功能，讓用戶「斗內」創作者，跟上由Patreon、OnlyFans、Substack（電子報出版平台）引領的直接變現潮。

疫情期間，上網購物的人數突破新高，但廠商跟不上社群媒體創造新網紅的速度。許多創作者為了增加收益，轉向

聯盟行銷。亞馬遜在這方面起步得較早，成立後沒有多久就歡迎第三方協助銷售，2017年更成立「亞馬遜網紅」計畫，協助內容創作者開設自己的亞馬遜商店，每賣出一件商品都能分得一小部分收益。現在，亞馬遜更加速招募幾千名新TikTok內容創作者，為他們創設獨特的人名連結，方便追蹤者記憶並找到他們的店面。

　　沃爾瑪（Walmart）在2022年成立網紅計畫，宣布「人人都能成為創作者」。和亞馬遜一樣，沃爾瑪計畫裡的創作者能販售上萬件商品賺取佣金。這些轉變加上電商平台和直運（drop-shipping）興起，讓網紅比過去更容易成為電商巨賈。

　　2023年，雖然「創作者經濟」新創公司募資潮趨緩，但創作者的經濟實力持續增加。[10] 據高盛（Goldman Sachs）預測[11]，到2027年，創作者產業的市場規模將增長一倍，估值五千億元。這種轉變的結果是個人創作者現在更有野心，希望能賺取過去只有大企業才能達成的獲利。艾瑪・錢伯倫和查莉・達梅利奧分別推出自己的咖啡和鞋子品牌，卡戴珊家利用自己的社群媒體影響力成立了好幾家公司（如Skims塑身衣和凱莉美妝），而且規模都在十億元之譜。2022年，藝名「野獸先生」的YouTuber吉米・唐納森（Jimmy Donaldson），據估從他的幾個頻道可賺得一億一千萬元。儘管如此，唐納對《富比士》說：「許多人還是把YouTuber當成次級網紅，不願意真正了解許多創作者的影響力。」[12]

第21章 競爭與擴張
The Scramble and the Sprawl

傳統公司是先開發商品,再尋找向消費者推銷的管道;創作者則是先建立受眾,再為他們已經擁有的粉絲開發量身定做的商品。

創作者產業爆炸性成長,是幾十年來客戶驅動的平台革命的高峰。網路連結起全世界,讓有才華的創作者能繞過傳統把關者,直接建立狂熱的受眾。談到「媒體」的時候,我們想到的常常是報紙或新聞節目,但今天的「媒體」其實是創作者。他們主宰的媒體景觀只會越來越數位化,也越來越分散。爆紅循環正在加速。網路影響力能讓你一夕成為娛樂巨星、商業鉅子,甚至將你送進白宮。這些轉變必將與科技進展(如人工智慧崛起)結合,拒絕適應的傳統機構將持續式微,終至被人遺忘。

EXTREME ONLINE
The Untold Story of Fame, Influence, and Power on the Internet

註解

1. TI Creator Economy Database," *Information*, https:/www.theinformation.com/creator-economy-data base.
2. Kaya Yurieff, "What We Learned from TI's Creator Economy Database," Archive.ph, June 28, 2021, archive.ph/Gg4Eh.
3. Alex Heath, "Briefing: Clubhouse Confirms New Funding Round Led by Andreessen Horowitz," *Information*, April 18, 2021, www.theinforma tion.com/briefings/ca4cc3.
4. Edward Ongweso, "Jake Paul Is Turning His Massive Audience into Fodder for His New VC Fund," *Vice*, March 31, 2021, www.vice.com/en/article/n7v87g/jake-paul-is-turning-his-massive-audience-into-fodder-for-his-new-vc-fund.
5. Ongweso, "Jake Paul Is Turning His Massive Audience Into Fodder."
6. Kat Tenbarge, "A Woman Featured on YouTube Star David Dobrik's Channel Says She Was Raped by a Vlog Squad Member in 2018 the Night They Filmed a Video about Group Sex," *Business Insider*, March 16, 2021, www.businessinsider.com/vlog-squad-durte-dom-rape-allegation-david-dobrik-zeglaitis-video-2021-3.
7. Taylor Lorenz, "A TikTok Rival Promised Millions to Black Creators. Now Some Are Deep in Debt," *Washington Post*, August 3, 2022, www.wash ingtonpost.com/technology/2022/08/01/triller-app-black-creators-pay/.
8. Garett Sloane, "Meta Puts New Ads in Facebook Reels and Will Share Revenue with Creators," *Ad Age*, October 4, 2022, adage.com/article/digital-marketing-ad-tech-news/meta-puts-new-ads-facebook-reels-and-will-share-revenue-creators/2438186.
9. Aisha Mailk, "YouTube Rolls out New Partner Program Terms as Shorts Revenue Sharing Begins on February 1," *TechCrunch*, January 9, 2023, techcrunch.com/2023/01/09/youtube-new-partner-program-terms-shorts-revenue-sharing-february-1/.
10. Mahira Dayal, "The Creator Economy's Next Chapter: Living with Less," *Information*, January 3, 2023, https://www.theinformation.com/articles/the-cre ator-economys-next-chapter-living-with-less.
11. "The Creator Economy Could Approach Half-a-Trillion Dollars by 2027," Goldman Sachs, April 19, 2023, https://www.goldmansachs.com/insights/pages/the-creator-economy-could-approach-half-a-trillion-dollars-by-2027.html.
12. Chloe Sorvino, "Could MrBeast Be The First YouTuber Billionaire?" *Forbes*, November 30, 2022, https://www.forbes.com/sites/chloesorvino/2022/11/30/could-mrbeast-be-the-first-youtuber-billionaire.

結語
Epilogue

　　我們已經看到網路在21世紀改變多大,以及我們因此改變多大。隨著線上與線下世界逐漸融合,這種轉變正在加速。一個用戶一夜之間就能改變平台的方向,平台創辦人幾乎無法預見自己的作品最後會變成什麼用途。二十多年來,隨著社群媒體景觀的每一次疊代,一個前所未見的創新社群已成功自我更新。網路創作者不只生產內容,也定義他們使用的媒介的規範與動能。

　　展望下一代科技產品時,使用者必須看見自己擁有的力量,切莫將決策權讓給矽谷高層。我們有機會創造更好的系統,擴大獨立的聲音,拋棄傳統媒體和機構的缺陷。科技公司創辦人或許能掌控原始碼,但用戶能塑造產品。

　　我們的故事起於網路降低出版門檻,讓獨立作者能直接接觸受眾,服務先前被忽視的社群。社群平台興起後吸引一般民眾上網,讓他們學會為受眾貼文。隨著各平台規模擴大,它們引入公開指標,推出新內容格式,吸引到廣告商,

為用戶打下重新定義名氣和利用新經濟機會的基礎。大方與頂尖用戶合作的平台得到豐厚回報（其中以YouTube腳步最先、成效最顯著），忽視、甚至對抗創作者的平台則自食惡果。但隨著創作者爭相以吸睛為務，注意力軍備競賽終於導致內容極化、收益不穩和個人倦怠。在TikTok於美國大幅擴張、疫情讓原本抗拒網路的人紛紛上網、「創作者經濟」迫使商界重擬策略之後，這種態勢更加強勁。

　　社群媒體興起和用戶的創意，讓我們比以前更有機會直接從工作獲利。對許多過去會被拒於傳統機構門外的人來說，這樣的機會甚至能改變他們的人生。網路創作者的創意與韌性對傳統把關者造成空前挑戰，其結果經常是在社會上和經濟上達成突破。

　　同時從無到有的是一個價值兩千五百億的產業，但其中的工作者幾乎沒有任何保障。每一個人都被迫將自己商品化、將自己的人生商品化、將自己的人際關係商品化，而且手段越來越極端。我們正面對一場以網紅散播的假訊息和仇恨為形式的嚴重傳染病。換作過去，這群人因為預算有限，也無法接觸到這麼多受眾，不可能有這麼大的影響力。

　　內容創作者是新媒體。不論你多想避開他們，你都在他們的線上世界之中。即使你不是社群媒體活躍用戶，別人還是會在網路上張貼關於你的資訊，代替你創造數位形象，而且這個形象會比你的線下形象傳播得更遠。這些資訊來自

數位公共紀錄，來自你親友上傳的相片和影片，來自報紙報導，也來自畢業紀念冊的照片。之所以出現這股線上內容洪流，是因為科技發展已經推倒生產高品質內容的藩籬。我們使用的工具也脫胎換骨，從笨重的35釐米攝影機換成AI輔助的多鏡頭智慧手機，不僅能有效儲存無數圖像和影片，也能快速瀏覽、編輯、分享、附加、張貼這些內容。有了網路，世界比過去更像表演舞台。

這為我們如何生活帶來奇怪的變化：我們似乎更急於尋求可以分享的內容，而非實際去做即將記錄和分享的事。舉一個極端的例子：1月6日攻擊國會山莊的許多人，似乎更有興趣記錄自己暴力洗劫國會的過程，而非推翻美國民主制度——殊不知他們追求網路爆紅的欲望，反而為執法機關後續追訴提供了豐富的證據。如果我們了解對越來越多人來說，線上世界往往比我們的物質世界更「真實」，就多少能懂這種對記錄和傳播的執迷。

這種轉變背後是一種潛在的人類欲求：我們想證明自己的存在，而網路存在逐漸成為證明自己存在的標準。那麼，一個人該怎麼在網路上證明自己？透過連結，透過生產的內容受到關注。尋求連結本身是值得樂觀的，因為這代表我們相信連結比孤獨好。我們的連結有時親密而直接（例如友誼），但連結也可以是基於崇拜或共同愛好而形成的羈絆。最有影響力的網路創作者是創造這種羈絆的箇中翹楚，他們

有辦法和觀看他們的影片、閱讀他們的貼文、聆聽他們說話的人建立連結。他們表演、兜售、惹是生非、自我炫耀、提出建議，用盡各種方式讓陌生人覺得「我想和這個人產生連結」──也暗自希望陌生人想與他們建立連結。

　　這些時刻讓我們看見：因為網路，人與人之間的相互連結已變得密不可分。雖然科技巨頭掌握權力後經常對個人不利，獵食你的隱私、內容和注意力，但我們應該汲取網路生活前二十年的教訓，運用這些經驗打造更好的網路。換言之，我們全都必須成為創作者，影響我們身處的網路世界。

致謝

Acknowledgments

沒有塑造早期網路的那群充滿創意的傑出人士,就沒有這本書。感謝每一位與我分享記憶、協助訴說這個故事的消息來源。網路世界遼闊、美麗、無邊無際。由於篇幅的關係,許多故事不得不割愛,但願有朝一日仍有機會寫下它們。

由衷感謝 Simon & Schuster 出版社的 Stephanie Frerich,是她不懈的努力讓這本書問世。我深深感謝她無盡的耐心,不論在任何時區都樂於提供協助。感謝我的經紀人 Pilar Queen 堅定支持這個計畫,也為我這個第一次寫書的人提供無數重要指引。大大感謝 Jon Cox 和 Geoff Shandler 悉心編輯、Andy Young 詳盡查核事實,還有 Franck Germain 在晚上和週末加班整理引文。

感謝每一位提供背景知識、閱讀本書草稿的科技業、娛樂業、媒體業人士。尤其感謝無比慷慨的 Brendan Gahan 在過程中不遺餘力地幫我、提姆・謝伊提供無數資訊,以及 Joshua Cohen 多年來熱心為我和多名消息來源牽線。

雖然科技報導一直由男性主導，但對我幫助最大的是報導線上世界和創作者產業的女性記者。Katie Notopoulos 的作品和創意為這個領域畫下藍圖。如果沒有凱特・坦巴吉改變網路的獨家報導、莉貝佳・詹寧斯深入的分析、EJ Dickson 對網路性工作和 OnlyFans 的廣泛報導、Kaya Yuriff 對創作者經濟的每日報導、Kalhan Rosenblatt 的專業趨勢解析、Kate Lindsey 不容錯過的新聞通訊、Morgan Sung 的網紅報導、Kelsey Weekman 令人難忘的網路文化作品、Daysia Tolentino 引人入勝的 YouTuber 報導、Amanda Siberling 的即時科技新聞、Madison Kircher 躍然紙上的人物側寫、Jessica Lucas 令人驚艷的線上社群專輯、Sydney Bradley 和 Amanda Perelli 對創作者世界商業面鍥而不捨的追蹤、Brandy Zadrozny 對網路充滿同理的專題報導、Sapna Maheshwari 對網紅和電子商務產業詳盡的報導，以及 Rachel Greenspan 的線上專業知識，我不可能寫出這本書。雖然還有許多作者我無法一一點名，但對於書中引用作品的所有記者，我均表感謝。

這本書在許多層面是我為自己寫的歷史。寫部落格（尤其是 Tumblr）給了我一切。我永遠感謝 Kelly Bergin 領我進入這個平台，我的人生因此改變。感謝每一位傳授我技巧、轉貼我的文章、邀我參加聚會的部落客，也感謝每一位 Tumblr 早期員工，你們創造的作品拯救了我的人生。

致謝
Acknowledgments

感謝Cooper Fleishman讓我首次在《每日點報》(*Daily Dot*)「正式」發表文章，也讓我在《Mic》自由尋找主題和發展自己的專業領域。

參加由Andy Baio和Andy McMillan籌劃、2012年在波特蘭（Portland）舉辦的第一屆XOXO節，激勵我真正開始寫關於網路的作品。

十分有幸能為尼詹・齊默曼做事，沒有他，我對爆紅的機制不會知道這麼多。

感謝@taylorlorenz3.0全體社群，從書名到封面，他們一直給予我回饋。

這本書幾乎是在床上寫成的。我在醫學上是比較脆弱的那群（現在還是如此！），寫作期間不但得設法熬過疫情，還得面對網路最糟糕的角落中某些人的肉搜、跟蹤、騷擾和攻擊。好在網路上也有人伸出援手，幫助我度過那段黑暗的日子，他們讓我對網路和科技恢復信心。

非常感謝我的父母和家人，雖然他們看到我在網路上遭到攻擊而備受衝擊，卻從來不曾動搖對我的支持。感謝在我眼裡最棒的讀者，謝謝你在這段時間以各種方式支持我，沒有你我不可能做到。

沒有Simon & Schuster出版社許多人的努力，這本書不可能問世。感謝編輯部Brittany Adames、Emily Simonson、Priscilla Painton；行銷部Stephen Bedford；宣傳部Elizabeth

Herman、Martha Langford、Julia Prosser；常務編輯 Amanda Mulholland、Lauren Gomez、Zoe Kaplan；製作編輯 Amy Medeiros；內頁設計與排版 Lexy East；製作 Beth Maglione、Navorn Johnson、Samantha Cohen；Mikaela Bielawski 處理電子版；審稿 Rachelle Mandik；校對 Ashley Patrick 和 Vivian Reinert；美編 Jackie Seow；設計 Math Monahan 和 Emma Shaw；Tom Spain 處理有聲書；Ray Chokov 和 Nicole Moran 負責印前作業；Marie Florio 和 Mabel Taveras 處理附屬權利；Lyndsay Brueggemann 和 Winona Lukito 制訂需求計畫；Simon & Schuster 社長 Jonathan Karp、副社長 Irene Kheradi。感謝 Book Designers 的 Alan Dino Hebel and Ian Koviak 設計封面。

FOCUS 35

流量國度
從人氣變現到掌握影響力，網紅如何造就自媒體盛世

EXTREME ONLINE
The Untold Story of Fame, Influence, and Power on the Internet

作　　者	泰勒・羅倫茲（Taylor Lorenz）
譯　　者	朱怡康
責任編輯	林慧雯
封面設計	黃暐鵬

出　　版	行路／遠足文化事業股份有限公司
發　　行	遠足文化事業股份有限公司（讀書共和國出版集團）
地　　址	231新北市新店區民權路108之2號9樓
電　　話	（02）2218-1417；客服專線　0800-221-029
客服信箱	service@bookrep.com.tw
郵撥帳號	19504465　遠足文化事業股份有限公司

法律顧問	華洋法律事務所　蘇文生律師
印　　製	韋懋實業有限公司
出版日期	2025年3月　初版一刷
定　　價	580元
ＩＳＢＮ	9786267244845（紙本）
	9786267244821（PDF）
	9786267244838（EPUB）

有著作權，侵害必究。缺頁或破損請寄回更換。
特別聲明　本書中的言論內容不代表本公司／出版集團的立場及意見，由作者自行承擔文責。

行路 Facebook
www.facebook.com/
WalkingPublishing

儲值「閱讀護照」，
購書便捷又優惠。

線上填寫
讀者回函

國家圖書館預行編目資料

流量國度：從人氣變現到掌握影響力，
網紅如何造就自媒體盛世
泰勒・羅倫茲（Taylor Lorenz）著；朱怡康譯
一初版一新北市：行路出版，
遠足文化事業股份有限公司發行，2025.03
面；公分（Focus；35）
譯自：Extremely Online: The Untold Story of Fame,
Influence, and Power on the Internet
ISBN 978-626-7244-84-5（平裝）
1.CST：網路社群　2.CST：網路媒體　3.CST：網路行銷
496　　　　　　　　　　　　　　114000738

EXTREMELY ONLINE: The Untold Story of Fame,
Influence, and Power on the Internet
Copyright © 2023 by Taylor Lorenz
Published by arrangement with the original publisher,
Simon & Schuster, Inc.
through Andrew Nurnberg Associates International Limited
Complex Chinese Translation copyright © 2025
by The Walk Publishing,
a division of Walkers Cultural Enterprise Ltd.
ALL RIGHTS RESERVED.